"十三五"普通高等教育本科部委级规划教材
纺织科学与工程一流学科建设教材

纺织数理统计

顾伯洪　主编

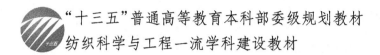中国纺织出版社有限公司

内 容 提 要

纺织工业具有多工序、多参数的特点,涉及的数据量大、面广。本书结合纺织和数理统计两个学科的特点,以纺织生产、检测和贸易等环节数据分布特征为基础,介绍概率论基本知识、纤维长度分布特征、纺织数据统计特征、纺织参数估计、假设检验、方差分析、正交实验设计、回归分析、时间序列分析方法、应用数学计算通用软件包 MATLAB 进行常用数理统计分析计算。通过学习,学生能揭示纺织加工制造、产品检验和贸易分析等各参数间的关系,进行纺织品的抽样检验和试制新产品的试验设计与数据处理,采用较简单易行的方法得到参数的基本信息,指导和优化纺织生产及纺织品贸易。

本书是纺织科学与工程国家一流学科本科专业基础课教材,也可作为轻工技术与工程一级学科本科的教学参考用书。

图书在版编目（CIP）数据

纺织数理统计 / 顾伯洪主编. --北京：中国纺织出版社有限公司, 2020.9（2024.7重印）

"十三五"普通高等教育本科部委级规划教材. 纺织科学与工程一流学科建设教材

ISBN 978-7-5180-6623-0

Ⅰ. ①纺… Ⅱ. ①顾… Ⅲ. ①纺织工业-数理统计-高等学校-教材 Ⅳ. ①TS1

中国版本图书馆 CIP 数据核字（2019）第 190292 号

责任编辑：符 芬 责任校对：寇晨晨 责任印制：何 建

中国纺织出版社有限公司出版发行
地址：北京市朝阳区百子湾东里 A407 号楼 邮政编码：100124
销售电话：010—67004422 传真：010—87155801
http://www. c-textilep. com
中国纺织出版社天猫旗舰店
官方微博 http://weibo. com/2119887771
北京虎彩文化传播有限公司印刷 各地新华书店经销
2024 年 7 月第 1 版第 3 次印刷
开本：787×1092 1/16 印张：17
字数：403 千字 定价：88.00 元

纺织生产和贸易中存在大量随机变量,例如,棉纤维长度和横截面形态、纱线条干和拉伸断裂强力值、单位面积布面疵点数量、布面色差、纺织品在一段时间内的销售量等。这些随机变量的分布特征和数字特征是优化纺织生产技术、合理配置产能的重要指标。

纺织生产流程长、工序多、品种广,从天然纤维和化学纤维开始,到各种类型纱线和织物、色彩和款式各异的服装、满足不同生活需求的家用纺织品、功能繁多的产业用纺织品等,构成纺织品的大千世界。纺织品也是我国商品贸易的大宗产品,国内和国际贸易量呈现周期性和季节性特征。如何正确采集、描述和处理纺织生产和贸易中产生的大量数据,指导纺织生产和贸易,是接受纺织教育的学生和纺织从业人员应该掌握和了解的基本技能。

编写本教材的目的是结合纺织和数理统计两个学科的知识,为纺织学科的本科生和从事纺织相关工作的专业人士提供纺织数理统计基本知识。主要内容包括概率论基本知识、纤维长度分布特征、纺织数据统计特征、参数估计、假设检验、方差分析、试验设计、回归分析、纺织品销售的时间序列分析等内容,同时,介绍运用目前广泛使用的 MATLAB 软件包进行纺织概率和数理统计的基本计算。希望通过学习本教材,能运用数理统计基本方法,从纺织生产和贸易数据中发现数据背后的信息,应用于实操中的数据估计、检验和预测,进而优化纺织生产技术工艺,合理配置纺织物质资源。

我国数理统计教材种类极多,但专门的纺织数理统计教材相对匮乏,不计各校内部印刷的自用教材,公开出版的仅有两本:(1)严灏景编著的《纺织工程数理统计》由纺织工业出版社于 1957 年 6 月出版;(2)郁宗隽、李元祥、洪仲秋、潘元庆编著的《数理统计在纺织工程中的应用》由纺织工业出版社于 1984 年 8 月出版。本教材编者们在东华大学纺织学院为本科生讲授"纺织数理统计"课程十余年,一直苦于没有新版的纺织数理统计教材,为此,根据现有教学资料编写本书用于教学。

本书各章编写分工是:第一、第三章由刘晓艳编写,第二、第五章由刘洪玲编写,第四、第九章由陈霞编写,第六、第七章由顾伯洪编写,第八章由纪峰编写,第十章由顾伯洪和刘洪玲共同编写。全书由顾伯洪统稿。感谢薛有松在书稿排版和资料收集中付出的大量时间和劳动。

需要说明的是,本教材没有涉及纺织中很深奥的专门问题,例如,短纤纱中纤维空间分布的统计特性、毛羽分布、纱线条干的统计特性、纺织品物理和化学性质统计特性与纺织品结构的关系、纺织品贸易时间序列分析的随机过程分析等。这些专门问题可从纺织专业期刊论文等资料中找到答案。

由于时间和水平有限,书中肯定会存在不足和错误,敬请大家批评指正,以使本书在实际使用中不断完善。

编 者
2020 年 5 月

目录

第1章 概率论基本知识

1.1 引　言

　　"衣、食、住、行"是人类永久的需求,"衣"不单纯指衣服,它几乎可以涵盖所有纺织产品。纺织工业是我国国民经济的传统支柱产业和重要的民生产业,也是国际竞争优势明显的产业,对扩大就业、积累资金、出口创汇、带动相关产业和促进区域经济发展发挥了重要作用,所以,纺织工业健康平稳发展,事关国计民生和社会稳定大局。我国是世界上最大的纺织生产和出口国,占世界纤维加工总量50%以上。纺织工业正在全面实现产业升级,不断提升纺织强国发展目标和内涵质量。

　　纺织加工制造过程和纺织品贸易流程长,因素多,产生的中间数据量大。纺织工业将天然纤维和化学纤维加工成各种纱、丝、线、带、织物及其染整制品,通过各种贸易渠道进入消费环节。在纺织生产中,需要对原材料进行测试,以了解原材料是否符合生产要求;需要对半成品或设备进行测试,以控制生产过程的稳定性,保证生产产品符合要求;需要对最终产品进行测试,以划分产品等级类别,保证产品质量。比如,对纱线的细度测量、对布匹的疵点计数等。在纺织品贸易中,纺织品质量、库存、款式、色彩、季节和气候等因素会明显影响纺织品销售,销售量呈一定季节性规律。在纺织加工和贸易中,影响因素众多,各因素间并不存在明确的数学关系,采用数理统计方法分析和处理纺织加工、制造和贸易等数据,将能快速有效发现各因素间的关系,应用于指导生产和工艺优化、贸易中的销量和库存配备等环节。

1.2　纺织随机事件及其概率

1.2.1　随机事件

　　在自然界,人们在实践活动中所遇到的现象一般分为两类。一类现象是,在一定的条件下,必然会出现某种确定的结果,称作确定性现象(必然现象)。如向空中抛一物体,由于重力作用,物体最后必然落向地面;在标准大气压下将水加热至100℃必沸腾。另一类现象则是,在一定的条件下,可能会出现各种不同的结果,称作随机现象(或偶然现象)。如向同一目标射击,各次弹着点可能都不相同;买一张彩票是否会中奖等。

在相同的条件下,对随机现象进行大量的重复试验(观测),其结果总能呈现出某种规律性,称为统计规律性。

为了研究随机现象的统计规律性,概率论中,将对随机现象的观察,或为观察随机现象而进行的试验称为随机试验,它应具备以下三个特征。

①每次试验的可能结果不止一个,且事先明确知道试验的所有可能性结果。

②进行试验之前不能确定哪一个结果会发生。

③试验可以在相同条件下重复进行。

随机试验简称试验,通常用字母 E, E_1, E_2, …表示随机试验。随机试验 E 的每一个基本结果,称为样本点,记为 ω, ω_1, ω_2, …;样本点的全体组成的集合称为样本空间,记为 Ω,即 $\Omega = \{\omega_1, \omega_2, \cdots\}$。

例 1-1 试验 E_1:单位面积织物表面是否存在疵点?有多少疵点?

解:样本空间 $\Omega = \{\omega_1, \omega_2, \cdots\}$,其中样本点 ω 表示疵点个数。

例 1-2 试验 E_2:测量 n 根某种纤维的直径(可能是 $20\mu m$, $21\mu m$, $23\mu m \cdots$)

解:样本空间 $\Omega = \{\omega_1, \omega_2, \cdots, \omega_i\}$,其中样本点 ω_i 表示测试的 n 个样品中第 i 个样品的直径值。

例 1-3 试验 E_3:测试某纱线拉伸强力值,可能是 10N,20N,30N…

解:样本空间 $\Omega = \{\omega_1, \omega_2, \cdots, \omega_i\}$,其中样本点 ω_i 表示纱线拉伸强力。

试验的结果中发生的现象称为事件,在每次试验的结果中,如果某事件一定发生,则称为必然事件;如果某事件一定不发生,则称为不可能事件。在试验的结果中,可能发生,也可能不发生的事件称为随机事件。通常用字母 $A,B,C,\cdots$ 表示随机事件。

例如:在 0,1,2,…,9 中任取一数的随机试验 E 中,可以用字母 A 表示取到 0 这个数字,B 表示取到 5 这个数字,C 表示取到奇数,D 表示取到 3 的倍数,这些都是随机事件。

事件是样本点的集合,任一随机事件都是样本空间 Ω 的一个子集。必然事件就等于样本空间,必然事件即可记作 Ω。不可能事件是不包含任何样本点的空集,记作 ϕ。

1.2.2 事件间的关系及运算

(1)事件的包含

若事件 A 发生必然导致事件 B 发生,则称事件 B 包含事件 A,或称事件 A 包含于事件 B。记作 $B \supset A$ 或 $A \subset B$。这时,集合 A 中的样本点一定属于集合 B,但集合 B 中的样本点不一定属于集合 A。用图形表示如图 1-1 所示。

(2)事件的相等

若事件 A 包含事件 B,且事件 B 也包含事件 A,即 $A \supset B$ 且 $B \supset A$,则称事件 A 与事件 B 相

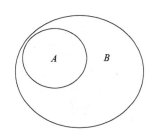

图 1-1　事件的包含

等，记作 $A=B$。这时集合 A 与集合 B 的样本点是相同的。

（3）事件的并

两个事件 A 与 B 中至少有一个事件发生，这一新事件称为事件 A 与 B 的并，记作 $A\cup B$。显然，这个事件是由两个集合 A 与 B 中所有的样本点组成的集合。事件的并的概念可以推广到有限个或可列无穷多个事件的情形。

"n 个事件 $A_1,A_2,\cdots,A_n$ 中至少有一个事件发生"这一新事件称为这 n 个事件的并，记作 $A_1\cup A_2\cup\cdots\cup A_n$（简记为 $\overset{n}{\underset{i=1}{\cup}}A_i$）。

"可列无穷多个事件 $A_1,A_2,\cdots,A_n,\cdots$ 中至少有一个事件发生"这一新事件称为这些事件的并，记作 $\overset{\infty}{\underset{i=1}{\cup}}A_i$。用图形表示如图 1-2 所示。

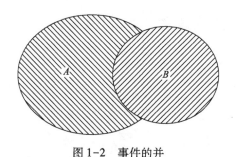

图 1-2　事件的并

（4）事件的交

两个事件 A 与 B 同时发生，这一新事件称为事件 A 与 B 的交，记作 $A\cap B$ 或 AB。这个事件是由两个集合 A 与 B 中共同的样本点组成的集合。

事件的交的概念可以推广到有限个或可列无穷多个事件的情形。

"n 个事件 $A_1,A_2,\cdots,A_n$ 同时发生"这一新事件称为这 n 个事件的交，记作 $A_1\cap A_2\cap\cdots\cap A_n$（简记为 $\overset{n}{\underset{i=1}{\cap}}A_i$）。

"可列无穷多个事件 $A_1,A_2,\cdots,A_n,\cdots$ 同时发生"这一新事件称为这些事件的交，记作 $\overset{\infty}{\underset{i=1}{\cap}}A_i$。用图形表示如图 1-3 所示。

（5）互不相容事件

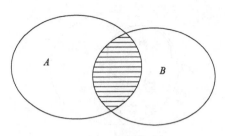

图1-3 事件的交

若两个事件 A 与 B 不可能同时发生，即 $AB = \varnothing$，则称事件 A 与事件 B 是互不相容的（或互斥的）。这时，两个集合 A 与 B 没有共同的样本点。

若 n 个事件 $A_1, A_2, \cdots, A_n$ 中任意两个事件不可能同时发生，$A_i A_j = \varnothing \, (1 \leqslant i < j \leqslant n)$ 则称这 n 个事件是互不相容的（或互斥的）。

若可列无穷多个事件 $A_1, A_2, \cdots, A_n, \cdots$ 中任意两个事件不可能同时发生，则称这些事件是互不相容的（或互斥的）。

把互不相容事件 A 与 B 的并记作 $A + B$。把 n 个互不相容事件 $A_1, A_2, \cdots, A_n$ 的并记作 $A_1 + A_2 + \cdots + A_n$ 简记为 $\sum\limits_{i=1}^{n} A_i$。把可列无穷互不相容事件 $A_1, A_2, \cdots, A_n, \cdots$ 的并记作 $A_1 + A_2 + \cdots + A_n + \cdots$ 简记为 $\sum\limits_{i=1}^{\infty} A_i$。

这一新事件称为这些事件的交，记作 $\bigcap\limits_{i=1}^{\infty}$，如图1-4所示。

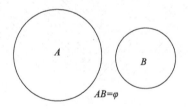

$AB = \varphi$

图1-4 互不相容事件

（6）对立事件

如图1-5所示，若两个互不相容事件 A 与 B 中必有一个事件发生，即 $AB = \varnothing$ 且 $A + B = \Omega$，则称事件 A 与 B 是对立的，也称事件 B 是事件 A 的对立事件（或逆事件）；同样，事件 A 也是事件 B 的对立事件，记作 $B = \bar{A}$ 或 $A = \bar{B}$。$\bar{\bar{A}} = A$，$A\bar{A} = \varnothing$，$A + \bar{A} = \Omega$。

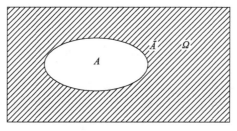

图 1-5　对立事件

交换律$:A \cup B = B \cup A; AB = BA$

结合律$:(A \cup B) \cup C = A \cup (B \cup C); (AB)C = A(BC)$

分配律$:A(B \cup C) = AB \cup AC; A \cup (BC) = (A \cup B)(A \cup C)$

德摩根定律$:\overline{A \cup B} = \overline{A}\ \overline{B}; \overline{AB} = \overline{A} \cup \overline{B}$

对于 n 个事件,有 $\overline{\bigcup\limits_{i=1}^{n} A_i} = \bigcap\limits_{i=1}^{n} \overline{A_i}; \overline{\bigcap\limits_{i=1}^{n} A_i} = \bigcup\limits_{i=1}^{n} \overline{A_i}$

1.2.3　随机事件的频率与概率

(1)频率

对于随机事件 A,若在 n 次试验中出现了 n_A 次,则比值 $\dfrac{n_A}{n}$ 称为随机事件 A 的频率,记作

$$f_n(A) = \frac{n_A}{n} \tag{1-1}$$

由公式可知,任一随机事件 A 的频率 $f_n(A)$ 具有下列性质。

①非负性$:f_n(A) \geqslant 0$。

因为在 n 次试验中随机事件 A 发生的次数 $n_A \geqslant 0$,所以

$$f_n(A) = \frac{n_A}{n} \geqslant 0$$

②规范性$:f_n(\Omega) = 1$。

因为在 n 次试验中事件 Ω 发生的次数 $n_\Omega = n$,所以

$$f_n(\Omega) = \frac{n_\Omega}{n} = 1$$

③有限可加性:设 l 个事件 $A_1, A_2, \cdots, A_l$ 是互不相容的,则

$$f_n\left(\sum_{i=1}^{l} A_i\right) = \sum_{i=1}^{l} f_n(A_i) \tag{1-2}$$

因为若在 n 次试验中 l 个互不相容事件 $A_1, A_2, \cdots, A_l$ 分别发生了 $n_1, n_2, \cdots, n_l$ 次,则他们的并 $\sum_{i=1}^{l} A_i$ 就应恰好发生 $\sum_{i=1}^{l} n_i$ 次,由此得

$$f_n\left(\sum_{i=1}^{l} A_i\right) = \frac{1}{n}\sum_{i=1}^{l} n_i = \sum_{i=1}^{l} \frac{n_i}{n} = \sum_{i=1}^{l} f_n(A_i)$$

(2)概率

随机试验 E 中的事件 A,在 n 次重复试验中出现的频率为 $f_n(A)$,当 n 很大时,$f_n(A)$ 稳定地在某一数值 p 的附近摆动,且随着 n 的增大,摆动幅度会减小,则称 p 为随机事件 A 发生的概率,记为 $P(A) = p \approx f_n(A)$,这称为概率的统计定义。

设试验的样本空间为 Ω,对于任一随机事件 $A(A \subset \Omega)$,都有确定的实值函数 $P(A)$,满足下列性质。

①非负性: $P(A) \geqslant 0$。

②规范性: $P(\Omega) = 1$。

③有限可加性:对于 l 个互不相容事件 $A_1, A_2, \cdots, A_l$,有

$$P\left(\sum_{i=1}^{l} A_i\right) = \sum_{i=1}^{l} P(A_i)$$

④可列可加性:对于可列无穷多个互不相容事件 $A_1, A_2, \cdots$ 有

$$P\left(\sum_{i=1}^{\infty} A_i\right) = \sum_{i=1}^{\infty} P(A_i)$$

则称 $P(A)$ 为随机事件 A 的概率。

由随机事件的概率的定义,不难得到概率的某些基本性质如下。

①不可能事件的概率等于零,即 $P(\varphi) = 0, P(\Omega) = 1$。

②关于对立事件 A 与 $\bar{A}$,有

$$P(A) = 1 - P(\bar{A})$$

证:因为 $A + \bar{A} = \Omega$,所以有

$$P(\Omega) = P(A + \bar{A}) = P(A) + P(\bar{A}) = 1 \tag{1-3}$$

③若事件 A 包含于事件 B，即 $A \subset B$，则

$$P(A) \leqslant P(B)$$

证：若 $A \subset B$，则有

$$B = A + \bar{A}B$$

由概率的有限可加性得

$$P(B) = P(A) + P(\bar{A}B) \tag{1-4}$$

④对于任一随机事件 A，有

$$P(A) \leqslant 1$$

证：因为 $A \subset \Omega$，由性质③即得

$$P(A) \leqslant P(\Omega) = 1$$

⑤对于任意两个随机事件 A 与 B，有

$$P(A \cup B) = P(A) + P(B) - P(AB) \tag{1-5}$$

证：因为

$$A \cup B = A + \bar{A}B$$

由概率的有限可加性得

$$P(A \cup B) = P(A) + P(\bar{A}B)$$

又因为

$$B = AB + \bar{A}B$$

所以有

$$P(B) = P(AB) + P(\bar{A}B)$$

两式相减得

$$P(A \cup B) - P(B) = P(A) - P(AB)$$

式(1-5)：$P(A \cup B) = P(A) + P(B) - P(AB)$ 通常称为概率加法公式。

概率加法公式可以推广到更多个事件的情形。例如，对于任意三个事件 A、B、C，有

$$P(A \cup B \cup C) = P(A) + P(B) + P(C) - P(AB) - P(AC) - P(BC) + P(ABC) \tag{1-6}$$

1.3 条件概率公式

考虑事件 A 的概率,有时不仅依赖于已知的关于事件 A 的信息,而另一事件 B 的发生也有可能影响事件 A 的概率。在事件 B 发生的条件下,事件 A 的概率称为 A 对 B 的条件概率,记作 $P(A|B)$。

一般,条件概率 $P(A|B)$ 与概率 $P(A)$ 是不相等的。

1.3.1 条件概率

定义:设 A 与 B 是两个随机事件,若 $P(B) > 0$,则

$$P(A|B) = \frac{P(AB)}{P(B)} \tag{1-7}$$

$P(A|B)$ 称为事件 A 在事件 B 发生的条件下的条件概率。

对式(1-7)可以这样理解:在事件 B 发生的条件下,样本空间已不再是 Ω,而是缩减为 Ω_B(即 Ω 的子集 B);这时,事件 A 发生显然就是 A 与 B 同时发生(即 AB 发生),所以 $P(A|B)$ 与 $P(AB)$ 成正比,且比例系数为 $\frac{1}{P(B)}$,这是因为对于新的样本空间 Ω_B 应有 $P(\Omega_B|B) = 1$。

不难证明,条件概率具有非负性、规范性及可列规范性。所以,条件概率也是概率,并具有概率的一切性质。

例 1-4 在 10 个产品中有 7 个正品,3 个次品,按不放回抽样,每次一个,抽取两次,求第一次取到次品,第二次又取到次品的概率。

解:
$$P(B|A) = \frac{2}{9} = \frac{\dfrac{3 \times 2}{10 \times 9}}{\dfrac{3}{10}} = \frac{P(AB)}{P(A)}$$

1.3.2 概率乘法公式

由条件概率的公式(1-7),可以得到下面的定理:

定理 1-1:设 A、B 为两个随机事件,若 $P(B) > 0$,则事件 A 与 B 的交的概率

$$P(AB) = P(B)P(A|B) \tag{1-8}$$

或者,若 $P(A) > 0$,则

$$P(AB) = P(A)P(B|A) \tag{1-9}$$

式(1-8)及式(1-9)都称为概率乘法公式。

概率乘法公式还可以推广到更多个事件的情形：

设 $A_1,A_2,\cdots,A_n$ 为 n 个随机事件，且 $P(A_1A_2\cdots A_{n-1}) > 0$，则有

$$P(A_1A_2\cdots A_n) = P(A_1)P(A_2|A_1)P(A_3|A_1A_2) * \cdots * P(A_n|A_1A_2\cdots A_{n-1}) \tag{1-10}$$

例1-5　盒中有 3 个红球，2 个白球，每次从袋中任取一只，观察其颜色后放回，并再放入一只与所取之球颜色相同的球，若从盒中连续取球 4 次，试求第 1、第 2 次取得白球，第 3、第 4 次取得红球的概率。

解：设 A_i 为第 i 次取球时取到白球，则

$$P(A_1A_2\overline{A_3}\overline{A_4}) = P(A_1)P(A_2|A_1)P(\overline{A_3}|A_1A_2)P(\overline{A_4}|A_1A_2\overline{A_3})$$

$$P(A_1) = \frac{2}{5};\ P(A_2|A_1) = \frac{3}{6};\ P(\overline{A_3}|A_1A_2) = \frac{3}{7};\ P(\overline{A_4}|A_1A_2\overline{A_3}) = \frac{4}{8}$$

1.4　全概率公式与贝叶斯（Bayes）公式

设样本空间为 $\Omega,B_1,B_2,\cdots,B_n$ 是 n 个互不相容事件，且

$$\sum_{i=1}^{n} B_i = \Omega, P(B_i) > 0 (i = 1,2,\cdots,n)$$

则对于任一随机事件 A，有

(1) $P(A) = \sum_{i=1}^{n} P(B_i)P(A|B_i) \tag{1-11}$

称为全概率公式。

(2) $P(B_i|A) = \dfrac{P(B_i)P(A|B_i)}{\sum_{j=1}^{n} P(B_j)P(A|B_j)}$ $(i = 1,2,\cdots,n) \tag{1-12}$

称为贝叶斯公式，如图 1-6 所示。

证：因为 $B_1,B_2,\cdots,B_n$ 互不相容，所以 $AB_1,AB_2,\cdots,AB_n$ 也互不相容，于是按概率可加性与概率乘法公式得

$$P(A) = P(A\Omega) = P\left[A\left(\sum_{i=1}^{n} B_i\right)\right]$$

$$= P\left[\sum_{i=1}^{n}(AB_i)\right] = \sum_{i=1}^{n} P(AB_i)$$

$$= \sum_{i=1}^{n} P(B)_iP(A|B_i)$$

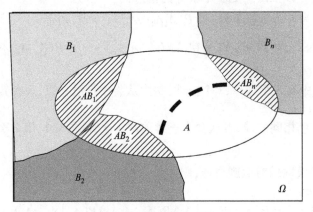

图1-6 贝叶斯公式图

按条件概率的定义、概率乘法公式及全概率公式得

$$P(B_i \mid A) = \frac{P(AB_i)}{P(A)} = \frac{P(B_i)P(A \mid B_i)}{\sum\limits_{j=1}^{n} P(B_j)P(A \mid B_j)} (i = 1,2,\cdots,n)$$

例1-6 每箱产品有10件,其中次品数从0到2是等可能的。开箱检验时,从中依次抽取两件(不重复),如果发现有次品,则拒收该箱产品。试计算:(1)一箱产品通过验收的概率;(2)已知该箱产品通过验收,求该箱产品中有2个次品的概率。

解: 设 A_i = "箱中有 i 件次品"($i=0,1,2$);B = "该箱产品通过验收"。则

$$A_i A_j = \phi(i \neq j);\ \bigcup_{i=0}^{2} A_i = \Omega,\text{且}\ P(A_i) = \frac{1}{3}(i = 0,1,2)$$

$$P(B \mid A_0) = 1;P(B \mid A_1) = \frac{C_9^2}{C_{10}^2};P(B \mid A_2) = \frac{C_8^2}{C_{10}^2}$$

(1) $P(B) = P(A_0)P(B \mid A_0) + P(A_1)P(B \mid A_1) + P(A_2)P(B \mid A_2)$

$$= \frac{1}{3} \times 1 + \frac{1}{3} \times \frac{C_9^2}{C_{10}^2} + \frac{1}{3} \times \frac{C_8^2}{C_{10}^2} = 0.807$$

(2) $P(A_2 \mid B) = \dfrac{P(A_2)P(B \mid A_2)}{P(B)} = \dfrac{\dfrac{1}{3} \times \dfrac{C_8^2}{C_{10}^2}}{0.087} = 0.257$

1.5 随机事件的独立性

一般,条件概率 $P(A \mid B)$ 与概率 $P(A)$ 是不相等的。然而,在某些情况下,它们也可能

相等。

设在 10 个元件中有 7 个一等品,放回地连续抽取两次,每次抽取一个元件,设事件 A_i 表示"第 i 次取得一等品"($i=1,2$),则因为第一次取得的元件已放回,所以第二次抽取时仍然是在 10 个元件中有 7 个一等品,有

$$P(A_2) = \frac{7}{10}; P(A_2|A_1) = \frac{7}{10}$$

由此可见,事件 A_2 的条件概率 $P(A_2|A_1)$ 等于概率 $P(A_2)$,即

$$P(A_2|A_1) = P(A_2)$$

这表明事件 A_1 的发生不影响事件 A_2 的概率。

应当指出,对于两个随机事件 A 与 B,若 $P(A)>0,P(B)>0$,则当等式

$$P(A|B) = P(A) \tag{1-13}$$

成立时,等式

$$P(B|A) = P(B) \tag{1-14}$$

也成立。有

$$P(B|A) = \frac{P(AB)}{P(A)} = \frac{P(B)P(A|B)}{P(A)} = \frac{P(B)P(A)}{P(A)} = P(B)$$

同理可知,当式(1-14)成立时,等式(1-13)也成立。

这时,概率乘法公式就有了更简明的形式

$$P(AB) = P(A)P(B)$$

于是,给出下面的定义。

定义: 对任意两个随机事件 A 与 B,若

$$P(AB) = P(A)P(B) \tag{1-15}$$

则称事件 A 与 B 是相互独立的(简称为独立的)。

由上述定义,可证明下面的定理。

定理 1-2: 若事件 A 与 B 相互独立,则下列各对事件 A 与 $\bar{B}$,$\bar{A}$ 与 B,$\bar{A}$ 与 $\bar{B}$ 也相互独立。

证: 这里只证明事件 A 与 $\bar{B}$ 相互独立(其他类似)

因为

$$A = AB + A\bar{B}$$

从而

$$P(A) = P(AB) + P(A\bar{B})$$

由此得

$$P(A\bar{B}) = P(A) - P(AB)$$
$$= P(A) - P(A)P(B)$$
$$= P(A)[1 - P(B)]$$
$$= P(A)P(\bar{B})$$

所以,事件 A 与 $\bar{B}$ 相互独立。

对于三个或更多个事件,我们给出下面的定义:

定义:设有 n 个事件 $A_1, A_2, \cdots, A_n (n \geq 3)$,若其中任意两个事件 A_i 与 $A_j (1 \leq i \leq j \leq n)$ 有

$$P(A_i A_j) = P(A_i)P(A_j) \tag{1-16}$$

则称这 n 个事件是两两独立的。

定义:设有 n 个事件 $A_1, A_2, \cdots, A_n (n \geq 3)$,若其中 k 个事件 $A_{i_1}, A_{i_2}, \cdots, A_{i_k} (2 \leq k \leq n)$ 有

$$P(A_{i_1} A_{i_2} \cdots A_{i_k}) = P(A_{i_1})P(A_{i_2}) \cdots P(A_{i_k}) \tag{1-17}$$

则称这 n 个事件是相互独立的。

由上述定义可知,若 n 个事件 $A_1, A_2, \cdots, A_n$ 相互独立,则这 n 个事件一定是两两独立的;反之,却不一定成立。

例1-7 从四张分别写有三位数字 $\{001\}, \{010\}, \{100\}, \{111\}$ 的卡片中任取一张,设事件 A_i 表示"取出的卡片上第 i 位数字是 0"($i = 1, 2, 3$)。

解:易知

$$P(A_i) = \frac{1}{2}, i = 1, 2, 3$$

$$P(A_i A_j) = \frac{1}{4}, 1 \leq i \leq j \leq 3$$

于是有

$$P(A_i A_j) = P(A_i)P(A_j), 1 \leq i \leq j \leq 3$$

由此可见,事件 A_1, A_2, A_3 两两独立。但是,这三个事件却不是相互独立的,因为

$$P(A_1 A_2 A_3) = 0 \neq P(A_1)P(A_2)P(A_3)$$

在实际应用中,事件的独立性通常不是按定义来判别,而是根据实际情况直观地做出判断。由定义可以得到相互独立事件的概率乘法公式。

定理1-3:设 n 个事件 $A_1, A_2, \cdots, A_n$ 相互独立,则有

$$P(A_1 A_2 \cdots A_n) = P(A_1)P(A_2) \cdots P(A_n) \tag{1-18}$$

例1-8 图1-7中开关 a、b、c 开或关的概率都是 0.5,且各开关是否关闭相互独立。

求灯亮的概率以及若已见灯亮,开关 a 与 b 同时关闭的概率。

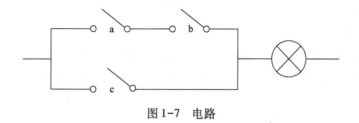

图 1-7　电路

解：令 A、B、C 分别表示开关 a、b、c 关闭，D 表示灯亮。

$$P(D) = P(AB + C) = P(AB) + P(C) - P(ABC)$$
$$= P(A)P(B) + P(C) - P(A)P(B)P(C)$$
$$= 0.5 \times 0.5 + 0.5 - 0.5 \times 0.5 \times 0.5$$
$$= 0.625$$

由于 $AB \subset D, ABD = AB, P(ABD) = P(AB)$

$$P(AB \mid D) = \frac{P(ABD)}{P(D)} = \frac{P(AB)}{P(D)} = \frac{0.5 \times 0.5}{0.625} = 0.4$$

习题一

1. 从 1,2,3,4 中随机取出两个数,则组成的两位数是奇数的概率是多少?
   事件"其中一个数是另一个数的两倍"的概率是多少?

2. 有 r 个球,随机地放在 n 个盒子中($r \leqslant n$),则某指定的 r 个盒子中各有一球的概率为多少?

3. 把 3 个球随机放入编号为 1,2,3 的三个盒子(每个盒子能容纳多个球),则三个盒子各放入一球的概率是多少?

4. 设 A,B 为随机事件,$P(A) = 0.7$,$P(A - B) = 0.3$,则 $P(\bar{A} \cup \bar{B})$ 为多少?

5. 事件 A 发生必然导致事件 B 发生,$P(A) = 0.1$,$P(B) = 0.2$,则 $P(A \mid B)$ 为多少?

6. 盒中有 6 个大小相同的球,4 个黑球 2 个白球,甲乙丙三人先后从盒中各任取一球,取后不放回,则至少有一个取到白球的概率是多少?

7. 今有 1 张电影票,4 个人都想要,他们用抓阄的办法得到这张票,试证明每人得电影票的概率都是 1/4。

8. 设每人的生日在一年 365 天中的任一天是等可能的,任意选取 n 个人($n < 365$),求至少有两人生日相同的概率。

9. 某球员进行投篮练习,设各次进球与否相互独立,且每次进球的概率相同,已知他三次投篮至少投中一次的概率是 0.875,则他的投篮命中率是多少?

10. 已知 $P(A) = 0.1$,$P(B) = 0.2$,在下列两种情况下分别求 $P(A \cup B)$ 和 $P(A \mid B)$；
    (1)如果事件 A、B 互不相容；
    (2)如果事件 A、B 相互独立。

11. 盒中有 3 个黑球,7 个白球,从中任取一球,不放回,再任取一球,求:

(1)若第一次取出的是白球,求第二次取出白球的概率;

(2)两次都取出白球的概率;

(3)第二次取出白球的概率;

(4)若第二次取出的是白球,求第一次取出白球的概率。

12. 玻璃杯整箱出售,每箱 12 个,假设各箱中有 0,1,2 个残次品的概率分别为 0.85,0.10,0.05。顾客购买一箱玻璃杯时,售货员任意取一箱,而顾客开箱随机查看 4 个,若未发现残次品,则买下该箱玻璃杯,否则不买,求:

(1)顾客买下该箱玻璃杯的概率是多少?

(2)在顾客买下的一箱玻璃杯中确实没有残次品的概率。

13. 由于随机干扰,在无线电通信中发出信号"·",收到信号"·""不清""—"的概率分别为 0.7,0.2,0.1;发出信号"—",收到信号"·""不清""—"的概率分别为 0.0,0.1,0.9。已知在发出的信号中,"·"和"—"出现的概率分别为 0.6 和 0.4,试分析,当收到信号"不清"时,原发信号为"·"还是"—"的概率哪个大?

14. 甲、乙两个实验员各自独立地做同一实验,且知甲、乙实验成功的概率分别为 0.6,0.8,求实验取得成功的概率。

15. 设一个系统由三个原件连接而成,如图 1-8 所示,各个元件独立工作,且每个元件能正常工作的概率为 $p(0<p<1)$,求系统能正常工作的概率。

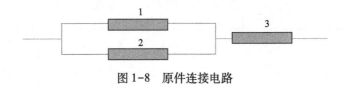

图 1-8　原件连接电路

习题一答案

第2章　随机变量及其分布

在随机试验中,人们除对某些特定事件发生的概率感兴趣外,往往还关心某个与随机试验的结果相联系的变量。由于这一变量的取值依赖于随机试验结果,因而被称为随机变量。与普通的变量不同,对于随机变量,人们无法事先预知其确切取值,但可以研究其取值的统计规律性。本章将介绍两类随机变量及描述随机变量统计规律性的分布。

2.1　随机变量的概念

概率论是从数量上来研究随机现象内在规律性的,为了更方便有力地研究随机现象,就要用数学分析的方法来研究,因此,为了便于数学上的推导和计算,就需将任意的随机事件数量化。当把一些非数量表示的随机事件用数字表示时,就建立了随机变量的概念。

2.1.1　随机变量的定义

定义:设随机试验 E 的样本空间是 $\Omega=\{\omega\}$。如果对于每一个 $\omega\in\Omega$,变量 X 都有一个实数 $X(\omega)$ 与之对应,则 X 是定义在 Ω 上的单值实值函数,即 $X=X(\omega)$,称这样的变量 X 为随机变量。

由此可见,随机变量是一个函数,它与普通的函数有着本质区别,普通函数是定义在实数轴上的,而随机变量是定义在样本空间上的(样本空间的元素不一定是实数)。而且随机变量随着试验的结果不同而取不同的值,由于试验的各个结果的出现具有一定的概率,因此,随机变量的取值也有一定的概率规律。

2.1.2　引入随机变量的意义

随机变量概念的产生是概率论发展史上的重大事件。引入随机变量后,对随机现象统计规律的研究,就由对事件及事件概率的研究转化为随机变量及其取值规律的研究,使人们可利用数学分析的方法对随机试验的结果进行深入的研究。

随机变量因其取值方式不同,通常分为离散型和非离散型两类。而非离散型随机变量中最重要的是连续型随机变量。今后,主要讨论离散型随机变量和连续型随机变量。

例 2-1　在抛掷一枚硬币进行积分时,若规定出现正面时抛掷者积 1 分,出现反面时扣1分。

解：样本空间为 $\Omega=\{正面,反面\}$，

记积分为随机变量 X，则 X 作为样本空间 Ω 的实值函数定义为

$$X(\omega)=\begin{cases}1,\omega=正面\\-1,\omega=反面\end{cases}$$

例2-2 有1000件产品，其中有10件次品，用放回抽样方法，每次抽取1件，共抽取两次，设可能抽取到的次品件数是随机变量 X，试确定其可能值及其对应概率。

解：抽取两次，其样本空间 $\Omega=\{0,1,2\}$。

由古典概率定义得：$P\{抽到次品\}=0.01$，$P\{抽到正品\}=0.99$；

$P\{X=0\}=0.99\times0.99=0.9801$；

$P\{X=1\}=2\times0.01\times0.99=0.0198$；

$P\{X=2\}=0.01\times0.01=0.0001$；

并且 $P\{X=0\}+P\{X=1\}+P\{X=2\}=0.9801+0.0198+0.0001=1.0000$。

例2-3 在测试灯泡寿命的试验中，每一个灯泡的实际使用寿命可能是 $[0,+\infty)$ 中任何一个实数，用 X 表示灯泡的寿命（小时）。

解：X 是定义在样本空间 $\Omega=\{t|t\geq0\}$ 上的函数，即 $X=X(t)=t$ 是随机变量。

2.2 离散型随机变量及其概率分布

2.2.1 离散型随机变量及其概率分布

凡随机变量所取的可能值是有限多个或无限可列个，叫作离散型随机变量。如抽样检查的次品数、单位质量的棉网、棉条或细纱上的棉结杂质粒数和布机台时断头数等都是离散型随机变量。

定义：设离散型随机变量 X 的所有可能取值为 $x_i(i=1,2,\cdots)$，称

$$P\{X=x_i\}=p_i, i=1,2,\cdots$$

为 X 的概率分布或分布律，也称概率函数。

常用表格形式来表示 X 的概率分布，见表2-1。

表2-1 X 的概率分布

X	x_1	x_2	$\cdots$	x_n	$\cdots$
p_i	p_1	p_2	$\cdots$	p_n	$\cdots$

2.2.2 常用的离散分布

常用的离散分布有两点分布、二项分布和泊松分布。泊松分布是概率论中最重要的几个分布之一。实际问题中许多随机现象都服从或近似服从泊松分布。

例2-4 装有外形相同的管纱一袋,其中棉纱占60%,化纤纱占40%。用放回抽样方法每次从袋中抽取一只管纱,共抽取两次。设随机变量 X 为可能抽取到的棉纱的个数,求 X 的分布列。

解: X 可取 0,1,2 为值。

$P\{X=0\}=0.4\times0.4=0.16$; $P\{X=1\}=2\times0.6\times0.4=0.48$;

$P\{X=2\}=0.6\times0.6=0.36$; 且 $P\{X=0\}+P\{X=1\}+P\{X=2\}=1$。

于是,X 的概率分布见表2-2。

表2-2 X 的概率分布

X	0	1	2
P_i	0.16	0.48	0.36

(1)两点分布

定义:满足 $P\{X=1\}=p,P\{X=0\}=q$ 的分布称为两点分布或者0-1分布。

例2-5 200件产品中,有196件是正品,4件是次品,今从中随机地抽取一件,若规定

$$X=\begin{cases}1,\text{取到正品}\\0,\text{取到次品}\end{cases}$$

求 X 的分布。

解: $P\{X=1\}=\dfrac{196}{200}=0.98,P\{X=0\}=\dfrac{4}{200}=0.02$。

于是,X 服从参数为0.98的两点分布。

(2)二项分布

定义:在 n 重伯努利试验中,设事件 A 发生的概率为 p。事件 A 发生的次数是随机变量,设为 X,则 X 可能取值为 $0,1,2,\cdots,n$。

$$P(X=k)=P_n(k)=C_n^k p^k q^{n-k} \tag{2-1}$$

其中, $q=1-p$, $0<p<1$, $k=0,1,2,\cdots,n$,则称随机变量 X 服从参数为 n,p 的二项分布。记为 $X\sim B(n,p)$。

当 $n=1$ 时,$P(X=k)=p^k q^{1-k}$,$k=0$ 或 1,这就是两点分布,所以两点分布是二项分布的特例。

例2-6 已知100个产品有5个次品,现从中有放回地取3次,每次任取1个,求在

所取的 3 个产品中恰有 2 个次品的概率。

解：因为这是有放回地取 3 次，因此，这 3 次试验的条件完全相同且独立，它是伯努利试验，依题意，每次试验取到次品的概率为 0.05。

设 X 为所取的 3 个中的次品数，则 $X \sim B(3, 0.05)$，所求概率为：

$$P\{X = 2\} = C_3^2 (0.05)^2 \times 0.95 = 0.007125$$

注 若将本例中的"有放回"改为"无放回"，那么各次试验条件就不同了，已不是伯努利概型，此时，只能用古典概型求解。

$$P\{X = 2\} = \frac{C_{95}^1 C_5^2}{C_{100}^3} \approx 0.00618$$

例 2-7 某人进行射击，设每次射击的命中率为 0.02，独立射击 400 次，试求至少击中两次的概率。

解：将一次射击看成是一次试验。设击中的次数为 X，则 $X \sim B(400, 0.02)$

X 的分布律为 $P\{X = k\} = C_{400}^k (0.02)^k (0.98)^{400-k}$，$k = 0, 1, \cdots, 400$

$P\{X \geq 2\} = 1 - P\{X = 0\} - P\{X = 1\} = 1 - (0.98)^{400} - 400 \times 0.02 \times (0.98)^{399} = 0.9972$

例 2-8 设有 80 台同类型设备，各台工作是相互独立的，发生故障的概率都是 0.01，且一台设备的故障能由一个人处理。考虑两种配备维修工人的方法，其一是由 4 人维护，每人负责 20 台；其二是由 3 人共同维护 80 台。试比较这两种方法在设备发生故障时不能及时维修的概率的大小。

解：第一种方法

以 X 记"第 1 人维护的 20 台中同一时刻发生故障的台数"，以 $A_i (i=1,2,3,4)$ 表示"第 i 人维护的 20 台中发生故障不能及时维修"，则知 80 台中发生故障不能及时维修的概率为 $P(A_1 \cup A_2 \cup A_3 \cup A_4) \geq P(A_1) = P\{X \geq 2\}$。

而 $X \sim B(20, 0.01)$，故有

$$P\{X \geq 2\} = 1 - \sum_{k=0}^{1} P\{X = k\} = 1 - \sum_{k=0}^{1} C_{20}^k (0.01)^k (0.99)^{20-k} = 0.0169$$
$$即 \ P(A_1 \cup A_2 \cup A_3 \cup A_4) \geq 0.0169$$

第二种方法

以 Y 记 80 台中同一时刻发生故障的台数。此时 $Y \sim B(80, 0.01)$ 故 80 台中发生故障而不能及时维修的概率为

$$P\{Y \geq 4\} = 1 - \sum_{k=0}^{3} C_{80}^k (0.01)^k (0.99)^{80-k} = 0.0087$$

结果表明，在后一种情况尽管任务重了（每人平均维护约 27 台），但工作效率不仅没有降

低,反而提高了。

（3）泊松分布

定义：设随机变量 X 的分布律为

$$P(X = k) = \frac{\lambda^k}{k!}\mathrm{e}^{-\lambda}, \ \lambda > 0, \ k = 0, 1, 2, \cdots \tag{2-2}$$

则称随机变量 X 服从参数为 λ 的泊松分布,记为 $P(\lambda)$。

泊松分布为二项分布的极限分布（$np = \lambda, n \to \infty$）。

单位面积织物表面疵点数呈现泊松分布。

例 2-9 某一城市每天发生火灾的次数 X 服从参数 $\lambda = 0.8$ 的泊松分布,求该城市一天内发生 3 次或 3 次以上火灾的概率。

解：由概率的性质,得

$$P\{X \geqslant 3\} = 1 - P\{X < 3\} = 1 - P\{X = 0\} - P\{X = 1\} - P\{X = 2\}$$

$$= 1 - \mathrm{e}^{-0.8}\left(\frac{0.8^0}{0!} + \frac{0.8^1}{1!} + \frac{0.8^2}{2!}\right) \approx 0.0474$$

（4）二项分布的泊松近似

当二项分布的 n 很大,p 很小（$np = \lambda$）时有以下近似式

$$C_n^k p^k (1 - p)^{n-k} \approx \frac{\lambda^k \mathrm{e}^{-\lambda}}{k!} \text{（其中 } \lambda = np\text{）} \tag{2-3}$$

也就是说,以 n, p 为参数的二项分布的概率值可以由参数 $\lambda = np$ 的泊松分布的概率值近似。上式也能用来做二项分布概率的近似计算。

例 2-10 某公司生产的一种产品 300 件,根据历史生产记录知废品率为 0.01,问现在这 300 件产品经检验废品数大于 5 的概率是多少?

解：把每件产品的检验看作一次伯努利试验,它有两个结果：

$A = \{$正品$\}, \overline{A} = \{$废品$\}$。

检验 300 件产品就是做 300 次独立的伯努利试验。

用 X 表示检验出的废品数,则

$$X \sim B(300, 0.01)$$

例题要求计算 $P\{X > 5\}$,对 $n = 300, p = 0.01$,有 $\lambda = np = 3$,于是,得

$$P\{X > 5\} = \sum_{k=6}^{\infty} b(k; 300, 0.01) = 1 - \sum_{k=0}^{5} b(k; 300, 0.01) \approx 1 - \sum_{k=0}^{5} \frac{3^k}{k!}\mathrm{e}^{-3}$$

查泊松分布表,得

$$P\{X > 5\} \approx 1 - 0.916082 = 0.08$$

例 2-11 自 1875 年至 1955 年中的某 63 年间,上海市夏季(5~9月)共发生大暴雨 180 次,试建立上海市夏季暴雨发生次数的概率分布模型。

解: 每年夏季共有 $n = 153$ ($= 31+30+31+31+30$)天,每次暴雨发生以 1 天计算,则夏季每天发生暴雨的概率 $p = 180/(63 \times 153)$ 。

将暴雨发生看作稀有事件,利用泊松分布来建立上海市一个夏季暴雨发生 $k(k=0, 1, 2, \cdots)$ 次的概率分布模型。

设 X 表示夏季发生暴雨的次数,由于

$$\lambda = np = 153 \times \frac{180}{63 \times 153} = 2.9$$

得上海市暴雨发生次数的概率分布模型为

$$P\{X = k\} = \frac{2.9^k}{k!} e^{-2.9}, k = 0, 1, 2, \cdots$$

由上述 X 的概率分布计算 63 年中上海市夏季发生 k 次暴雨的理论年数 $63P\{X=k\}$,并将它与资料记载的实际年数作对照,这些值及 $P\{X=k\}$ 的值均列入表 2-3。

表 2-3 上海市夏季发生暴雨的情况

k	0	1	2	3	4	5	6	7	8	9	10
$P\{X=k\}$	0.055	0.160	0.231	0.224	0.162	0.094	0.045	0.019	0.007	0.002	0.001
理论年数	3.5	10.1	14.6	14.1	10.2	5.9	2.8	1.2	0.44	0.12	0.05
实际年数	4	8	14	19	10	4	2	1	1	0	0

由表 2-3 可见,按建立的概率分布模型计算的理论年数与实际年数总体符合性较高,这表明所建立的模型能近似描述上海市夏季暴雨发生次数的概率分布。

2.3 随机变量的分布函数

当描述一个随机变量时,不仅要说明它能够取哪些值,而且还要指出它取这些值的概率。只有这样,才能真正完整地刻画一个随机变量,为此,引入随机变量的分布函数的概念。

2.3.1 随机变量的分布函数

定义: 设 X 是一个随机变量,称 $F(x) = P(X \leq x)$ ($-\infty < x < +\infty$)为 X 的分布函数。有时记作 $X \sim F(x)$ 或 $F_X(x)$ 。

2.3.2 离散型随机变量的分布函数

设离散型随机变量 X 的概率分布见表 2-4。

表 2-4 X 的概率分布

X	x_1	x_2	...	x_n	...
p_i	p_1	p_2	...	p_n	...

则 X 的分布函数为

$$F(x) = P(X \leqslant x) = \sum_{x_i \leqslant x} P(X = x_i) = \sum_{x_i \leqslant x} p_i \tag{2-4}$$

由定义可知：

(1)若 X 是离散随机变量，并有概率函数 $p(x_i)$，$i=1,2,\cdots$，则 $F(x) = \sum_{x_i \leqslant x} p(x_i)$。

(2)若 X 是连续随机变量，并有概率函数 $f(x)$，则 $F(x) = \int_{-\infty}^{x} f(t)\,\mathrm{d}t$，且在 $f(x)$ 的连续点 x 处，有 $f(x) = F'(x)$。

分布函数的性质

① $0 \leqslant F(x) \leqslant 1$，$x \in (-\infty, \infty)$。

② $F(x_1) \leqslant F(x_2)$，$(x_1 < x_2)$。

③ $F(-\infty) = \lim_{x \to -\infty} F(x) = 0$，$F(\infty) = \lim_{x \to \infty} F(x) = 1$。

④ $\lim_{x \to x_0^+} F(x) = F(x_0)$，$(-\infty < x_0 < \infty)$。

即任一分布函数处处右连续，如图 2-1 所示。

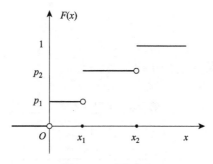

图 2-1 函数分布

$$F(x) = \begin{cases} 0, & x<0 \\ p_1, & 0 \leqslant x < x_1 \\ p_2, & x_1 \leqslant x < x_2 \\ 1, & x \geqslant x_2 \end{cases}$$

重要公式:

①$P\{a<X \leqslant b\} = F(b) - F(a)$。　　　　　　　　　　　　　　　　(2-5)

②$P\{X>a\} = 1 - F(a)$。　　　　　　　　　　　　　　　　　　　　(2-6)

例 2-12　抛掷均匀硬币,令 $X = \begin{cases} 1, & \text{出正面} \\ 0, & \text{出反面} \end{cases}$

求随机变量 X 的分布函数。

解: $p\{X=1\} = p\{X=0\} = \dfrac{1}{2}$

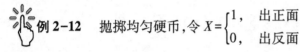

当 $x<0$ 时,$F(x) = P\{X \leqslant x < 0\} = 0$;

当 $0 \leqslant x < 1$ 时,$F(x) = P\{X \leqslant x\} = P\{X=0\} = \dfrac{1}{2}$;

当 $x \geqslant 1$ 时,$F(x) = P\{X \leqslant x\} = P\{X=0\} + P\{X=1\} = \dfrac{1}{2} + \dfrac{1}{2} = 1$

得 $F(x) = \begin{cases} 0, & x<0 \\ \dfrac{1}{2}, & 0 \leqslant x < 1 \\ 1, & x \geqslant 1 \end{cases}$

例 2-13　设随机变量 X 的分布律见表 2-5。

表 2-5　X 的分布律

X	0	1	2
p_i	1/3	1/6	1/2

求 $F(x)$。

解: $F(x) = P\{X \leqslant x\}$;

当 $x<0$ 时,$\{X \leqslant x\} = \varnothing$,故 $F(x) = 0$;

当 $0 \leqslant x < 1$ 时,$F(x) = P\{X \leqslant x\} = P\{X=0\} = \dfrac{1}{3}$;

当 $1 \leqslant x < 2$ 时, $F(x) = P\{X=0\} + P\{X=1\} = \dfrac{1}{3} + \dfrac{1}{6} = \dfrac{1}{2}$;

当 $x \geqslant 2$ 时, $F(x) = P\{X=0\} + P\{X=1\} + P\{X=2\} = 1$。

$$F(x) = \begin{cases} 0, & x < 0 \\ 1/3, & 0 \leqslant x < 1 \\ 1/2, & 1 \leqslant x < 2 \\ 1, & x \geqslant 2 \end{cases}$$

$F(x)$ 的图形是阶梯状的图形, 在 $x = 0, 1, 2$ 处有跳跃, 其跃度分别等于 $P\{X=0\}$; $P\{X=1\}$; $P\{X=2\}$。

例 2-14　设随机变量 X 的分布函数为

$$F(x) = \begin{cases} 0, & x < 1 \\ 9/19, & 1 \leqslant x < 2 \\ 15/19, & 2 \leqslant x < 3 \\ 1, & x \geqslant 3 \end{cases}$$

求 X 的概率分布。

解：由于 $F(x)$ 是一个阶梯型函数, 故知 X 是一个离散型随机变量, $F(x)$ 的跳跃点分别为 $1, 2, 3$, 对应的跳跃高度分别为 $9/19, 6/19, 4/19$, 如图 2-2 所示。

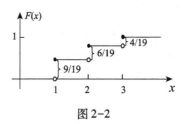

图 2-2

故 X 的概率分布见表 2-6。

表 2-6　X 的概率分布

X	1	2	3
p_i	9/19	6/19	4/19

2.4 连续型随机变量及其概率密度

连续型随机变量的可能值可以充满某一区间。对于这类随机变量,除用分布函数描述外,在很多场合下,用与分布函数密切联系的概率密度函数来描述是非常方便的。下面介绍连续型随机变量和概率密度函数的一般定义。

2.4.1 连续型随机变量及其概率密度

定义: 如果对随机变量 X 的分布函数 $F(x)$,存在非负可积函数 $f(x)$,使得对于任意实数 x 有

$$F(x) = P\{X \leqslant x\} = \int_{-\infty}^{x} f(t)\,\mathrm{d}t \tag{2-7}$$

则称 X 为连续型随机变量,称 $f(x)$ 为 X 的概率密度函数,简称为概率密度或密度函数。

关于概率密度的说明如下。

(1)对一个连续型随机变量 X,若已知其密度函数 $f(x)$,则根据定义,可求得其分布函数 $F(x)$,同时,还可求得 X 的取值落在任意区间 $(a,b]$ 上的概率:

$$P\{a < X \leqslant b\} = F(b) - F(a) = \int_{a}^{b} f(x)\,\mathrm{d}x \tag{2-8}$$

(2)连续型随机变量 X 取任一指定值 $a(a \in R)$ 的概率为 0。

(3)若 $f(x)$ 在点 x 处连续,则

$$F'(x) = f(x) \tag{2-9}$$

概率密度性质

① $f(x) \geqslant 0$。

② $\int_{-\infty}^{+\infty} f(x)\,\mathrm{d}x = 1$。

③ $P\{x_1 < X \leqslant x_2\} = \int_{x_1}^{x_2} f(x)\,\mathrm{d}x$。

例 2-15 设随机变量 X 具有概率密度

$$f(x) = \begin{cases} kx, & 0 \leqslant x < 3 \\ 2 - \dfrac{x}{2}, & 3 \leqslant x \leqslant 4 \\ 0, & 其他 \end{cases}$$

(1)求常数 k；(2)求 $P\left\{1 < X < \dfrac{7}{2}\right\}$。

解： (1) 由 $\int_{-\infty}^{\infty} f(x)\mathrm{d}x = 1$，得

$$\int_0^3 kx\mathrm{d}x + \int_3^4 \left(2 - \frac{x}{2}\right)\mathrm{d}x = 1$$

解之得

$$k = \frac{1}{6}$$

(2)由 $k = \dfrac{1}{6}$ 知 X 的概率密度为

$$f(x) = \begin{cases} \dfrac{x}{6}, & 0 \leqslant x < 3 \\[2mm] 2 - \dfrac{x}{2}, & 3 \leqslant x \leqslant 4 \\[2mm] 0, & \text{其他} \end{cases}$$

$$P\left\{1 < X \leqslant \frac{7}{2}\right\} = \int_1^3 \frac{x}{6}\mathrm{d}x + \int_3^{\frac{7}{2}} \left(2 - \frac{x}{2}\right)\mathrm{d}x = \frac{41}{48}$$

2.4.2 常用连续型随机变量的分布

(1)均匀分布

定义： 若连续型随机变量 X 的概率密度为

$$f(x) = \begin{cases} \dfrac{1}{b - a}, & a < x < b \\[2mm] 0, & \text{其他} \end{cases}$$

则称 X 在区间 (a, b) 上服从均匀分布，记为 $X \sim U(a, b)$。

例 2-16 某公共汽车站从上午 7 时起，每 15min 来一班车，即 7:00,7:15,7:30,7:45 等时刻有汽车到达此站，如果乘客到达此站时间 X 是 7:00 到 7:30 之间的均匀随机变量，试求他候车时间少于 5min 的概率。

解： 以 7:00 为起点 0，以 min 为单位，依题意

$$X \sim U(0, 30); f(x) = \begin{cases} \dfrac{1}{30}, & 0 < x < 30 \\[2mm] 0, & \text{其他} \end{cases}$$

为使候车时间 X 少于 5min，乘客必须在 7:10 到 7:15 之间，或在 7:25 到 7:30 之间到达车站，故所求概率为

$$P\{10 < X < 15\} + P\{25 < X < 30\} = \int_{10}^{15} \frac{1}{30} dx + \int_{25}^{30} \frac{1}{30} dx = \frac{1}{3}$$

即乘客候车时间少于 5min 的概率是 1/3。

（2）指数分布

定义： 若随机变量 X 的概率密度为

$$f(x) = \begin{cases} \lambda e^{-\lambda x}, & x > 0 \\ 0, & \text{其他} \end{cases} \quad (\lambda > 0)$$

则称 X 服从参数为 λ 的指数分布，简记为 $X \sim e(\lambda)$。

例 2-17 某元件的寿命 X 服从指数分布，已知其参数 $\lambda = 1/1000$，求 3 个这样的元件使用 1000 h，至少已有一个损坏的概率。

解： 由题设知，X 的分布函数为

$$F(x) = \begin{cases} 1 - e^{-\frac{x}{1000}}, & x \geqslant 0 \\ 0, & x < 0 \end{cases}$$

由此得到

$$P\{X > 1000\} = 1 - P\{X \leqslant 1000\} = 1 - F(1000) = e^{-1}$$

各元件的寿命是否超过 1000 h 是独立的，用 Y 表示三个元件中使用 1000 h 损坏的元件数，则 $Y \sim B(3, 1-e^{-1})$。所求概率为

$$P\{Y \geqslant 1\} = 1 - P\{Y = 0\} = 1 - C_3^0 (1 - e^{-1})^0 (e^{-1})^3 = 1 - e^{-3}$$

2.5 随机变量的函数的分布

2.5.1 离散型随机变量函数的分布

定义： 设 $f(x)$ 是定义在随机变量 X 的一切可能值 x 的集合上的函数，若随机变量 Y 随着 X 取值 x 的值而取 $y = f(x)$ 的值，则称随机变量 Y 为随机变量 X 的函数，记作 $Y = f(X)$。

例 2-18 设随机变量 X 具有表 2-7 的分布律，试求 $Y = (X-1)^2$ 的分布律。

表 2-7　X 的分布律

X	-1	0	1	2
p_i	0.2	0.3	0.1	0.4

解：Y 所有可能的取值 $0,1,4$，由

$$P\{Y=0\}=P\{(X-1)^2=0\}=P\{X=1\}=0.1$$
$$P\{Y=1\}=P\{X=0\}+P\{X=2\}=0.7$$
$$P\{Y=4\}=P\{X=-1\}=0.2$$

即得 Y 的分布律为表 2-8。

表 2-8　Y 的分布律

Y	0	1	4
p_i	0.1	0.7	0.2

2.5.2　连续型随机变量函数的分布

设随机变量 X 的概率密度为 $f_X(x)$，其中 $-\infty<x<+\infty$，又设函数 $g(x)$ 处处可导，且恒有 $g'(x)>0$ [或恒有 $g'(x)<0$]，则称 $Y=g(y)$ 是连续型随机变量，概率密度为

$$f_Y(y)=\begin{cases}f_X[h(y)]\,|h'(y)|, & \alpha<y<\beta \\ 0, & 其他\end{cases}$$

其中 $\alpha=\min[g(-\infty),g(+\infty)]$，$\beta=\max[g(-\infty),g(+\infty)]$，$h(y)$ 是 $g(x)$ 的反函数。

例 2-19　设随机变量 $X\sim N(0,1)$，$Y=e^X$，求 Y 的概率密度函数。

解：设 $F_Y(y)$，$f_Y(y)$ 分别为随机变量 Y 的分布函数和概率密度函数。

则当 $y\leqslant 0$ 时，有 $F_Y(y)=P\{Y\leqslant y\}=P\{e^X\leqslant y\}=P\{\varPhi\}=0$

当 $y>0$ 时，因为 $g(x)=e^x$ 是 x 的严格单调增函数，所以有

$$\{e^X\leqslant y\}=\{X\leqslant\ln y\}$$

因而 $F_Y(y)=P\{Y\leqslant y\}=P\{e^X\leqslant y\}=P\{X\leqslant\ln y\}=\dfrac{1}{\sqrt{2\pi}}\displaystyle\int_{-\infty}^{\ln y}e^{-\frac{x^2}{2}}\mathrm{d}x$

再由 $f_Y(y)=F_Y'(y)$，得 $f_Y(y)=\begin{cases}\dfrac{1}{\sqrt{2\pi}}e^{-\frac{(\ln y)^2}{2}}, & y>0 \\ 0, & y\leqslant 0\end{cases}$

通常称上式中的 Y 服从对数正态分布，它也是一种常用寿命分布。

例 2-20　设 $X\sim f_X(x)=\begin{cases}x/8, & 0<x<4 \\ 0, & 其他\end{cases}$，求 $Y=2X+8$ 的概率密度。

解：设 Y 的分布函数为 $F_Y(y)$，则

$$F_Y(y)=P\{Y\leqslant y\}=P\{2X+8\leqslant y\}=P\{X\leqslant(y-8)/2\}=F_X[(y-8)/2]$$

于是 Y 的密度函数 $f_Y(y) = \dfrac{\mathrm{d}F_Y(y)}{\mathrm{d}y} = f_X\left(\dfrac{y-8}{2}\right) \cdot \dfrac{1}{2}$

注意到 $0<x<4$ 时，$f_X(x) \neq 0$，即 $8<y<16$ 时，$f_X\left(\dfrac{y-8}{2}\right) \neq 0$ 且 $f_X\left(\dfrac{y-8}{2}\right) = \dfrac{y-8}{16}$

故 $f_Y(y) = \begin{cases} (y-8)/32, & 8<y<16 \\ 0, & \text{其他} \end{cases}$

例 2-21 设 $X \sim N(0,1)$ 求 $Y=X^2$ 的密度函数。

解：记 Y 的分布函数为 $F_Y(x)$，则 $F_Y(x) = P\{Y \leqslant x\} = P\{X^2 \leqslant x\}$。

显然，当 $x<0$ 时，$F_Y(x) = P\{X^2 \leqslant x\} = 0$；

当 $x \geqslant 0$ 时，$F_Y(x) = P\{X^2 \leqslant x\} = P\{-\sqrt{x} < X < \sqrt{x}\} = 2\Phi(\sqrt{x}) - 1$。

从而 $Y=X^2$ 的分布函数为 $F_Y(x) = \begin{cases} 2\Phi(\sqrt{x}) - 1, & x \geqslant 0 \\ 0, & x<0 \end{cases}$

于是其密度函数为 $f_Y(x) = F_Y'(x) = \begin{cases} \dfrac{1}{\sqrt{x}}\varphi(\sqrt{x}), & x \geqslant 0 \\ 0, & x<0 \end{cases} = \begin{cases} \dfrac{1}{\sqrt{2\pi x}}\mathrm{e}^{-x/2}, & x \geqslant 0 \\ 0, & x<0 \end{cases}$

注 以上述函数为密度函数的随机变量称为服从 $\chi^2(1)$ 分布，它是一类更广泛的分布 $\chi^2(n)$ 在 $n=1$ 时的特例。

2.6 纺织纤维的分布特征

纤维长度分布是决定短纤维纱线质量的重要因素之一，定量研究纤维长度分布对纺纱工艺和纱线品质的影响具有十分重要的意义。在涉及纤维长度的许多研究中，大都采用纤维长度分布（根数分布或质量分布）密度函数来表述。本章除了讲述常用的分布，还补充了纺织纤维其他常用的分布。因此，纤维长度为纤维最重要指标之一，是纺织加工中的必检参数。

2.6.1 常用纤维长度的分布

尽管实际纤维长度因纤维种类的不同和测量方法的不同及其各自的表达和指标不同，但纤维长度是一个共性指标，其基本表达为纤维长度平均值（数学期望值）和离散值（长度变异系数）。纤维长度平均值计算中因加权对象不同，又分为纤维根数加权、纤维质量加权和纤维截面加权。

（1）纤维根数加权长度

以纤维根数加权平均长度简称根数（加权）平均长度，是将对应某一纤维长度的根数 N_ℓ 与该长度 l(mm) 积的和的平均值 L_n。即

$$L_n = \frac{\sum N_\ell l}{\sum N_\ell} = \frac{1}{N} \int_0^{l_{max}} N_\ell \, l \cdot \mathrm{d}l \tag{2-10}$$

式中:N 为纤维的总根数;N_ℓ 为纤维频数(长度)分布函数;l_{max} 为最长纤维长度,如图 2-3 所示。

若以 $n(l)$ 表示纤维长度的频率密度函数,即 $n(l) = N_\ell / N$,则

$$L_n = \sum n(l) \cdot l = \int_0^{l_{max}} n(l) \cdot l \cdot \mathrm{d}l \tag{2-11}$$

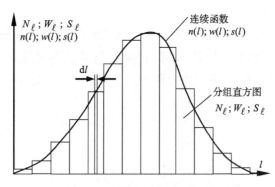

图 2-3　纤维长度分布示意图

$$\sum n(l) = \int_0^{l_{max}} n(l) \, \mathrm{d}l = 1$$

根数加权长度的变异系数 CV_{L_n} 为:

$$CV_{L_n} = \frac{\sigma_{L_n}}{L_n} \times 100\% \tag{2-12}$$

对纤维逐根点数和测量是相当困难和繁杂的,而且受纤维自然状态的长度(自然长度)和拽直状态下的长度(伸直长度)的影响。

(2)纤维质量加权长度

纤维质量加权长度 L_m 通常由分组称重法得到,又称重量加权长度 L_w,最为经典的表达是巴布(Barbe)长度 B。即 $L_m = L_w = B$。其计算是将重量频数函数 W_l 与 N_l,或将重量频率密度函数 $w(l)$ 与 $n(l)$ 置换,即:

$$B = \frac{\sum W_\ell l}{\sum W_\ell} = \frac{1}{W} \int_0^{l_{max}} W_\ell \cdot l \cdot \mathrm{d}l \tag{2-13}$$

$$\text{或 } B = \sum w(l)l = \int_0^{l_{max}} w(l) \cdot l \cdot \mathrm{d}l \tag{2-14}$$

由于 $W_\ell = N_\ell \cdot S \cdot l \cdot \gamma$,其中 γ 为纤维密度;S 为单根纤维的平均截面积,得

$$B = \frac{\sum N_\ell \ l^2}{\sum N_\ell \ l} = \frac{1}{L_n}\int_0^{l_{max}} N_\ell \cdot l^2 \cdot \mathrm{d}l \tag{2-15}$$

巴布长度的离散指标 CV_B（变异系数）：$CV_B = 100(\sigma_B/B)$。

理论上可以证明：

$$B = L_n(1 + CV_{L_n}^2) \tag{2-16}$$

因为 $CV_{L_n} \geqslant 0$；所以 $B \geqslant L_n$。$CV_{L_n} = 0$ 意味着纤维都是等长，所以，巴布长度（重量加权长度）恒大于根数加权长度。

（3）纤维截面加权长度

纤维的截面加权长度 L_s 理论上是由质量加权长度引出的，由于假设对应某一长度 l 的纤维密度 γ 不变，纤维长度的加权值只与截面的频数函数 S_ℓ 或频率密度函数 $s(l)$ 相关。典型的表达为豪特（Hauteur）长度 H，即 $L_s = H$。其计算与巴布长度同理置换对应的 N_ℓ 和 $n(l)$ 得到

$$H = \frac{\sum S_\ell \ l}{\sum S_\ell} = \frac{1}{S}\int_0^{l_{max}} S_\ell \cdot l \cdot \mathrm{d}l \tag{2-17}$$

$$或 \ H = \sum s(l)l = \int_0^{l_{max}} s(l) \cdot l \cdot \mathrm{d}l \tag{2-18}$$

若假设各单纤维的截面积 S_l 是一致的，$S_l = s$，$S(l) = N(l) \cdot s$，或 $s(l) = n(l) \cdot s$，则截面加权长度就直接等于根数加权长度。这也是豪特长度最接近根数加权长度的原因。豪特长度原定义是根数加权长度，但测量都是以截面加权为基础的测量，故 H 为截面加权长度。事实上，各纤维截面积 S_ℓ 是不等的，不仅发生在纤维间，而且存在于纤维内（单纤维长度方向上）。豪特长度的变异系数同理为

$$CV_H = (\sigma_H/H) \times 100\%$$

纤维的各长度分布图如图 2-4 所示，长度累积分布 $F(l)$ 与频率密度（或概率）分布 $f(l)$ 的关系为

$$F(l) = \int_\ell^{l_{max}} f(l) \cdot \mathrm{d}l \tag{2-19}$$

对累积分布函数 $F(l)$ 微分可得频率密度函数 $f(l)$，即

$$f(l) = - \mathrm{d}F(\ell)/\mathrm{d}l \tag{2-20}$$

综上三种加权长度，根数加权长度是最为直接、准确地表达纤维长度及其分布特征的长度。因此，应该着力研究快速、准确的根数加权长度的测量原理与方法。而其他两类纤维长度参数会受到纤维形态、密度不匀的影响，这是客观存在而又难以表征的。因此，在假设形态、密度一致的条件下，而被广泛应用。

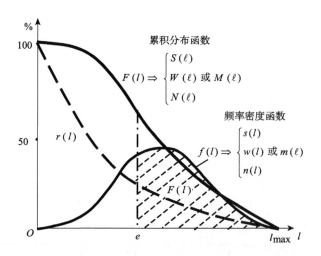

图 2-4　纤维长度累计分布和频率密度函数

2.6.2　其他纤维长度分布

（1）Weibull 分布

Weibull 分布，又称韦伯分布、韦氏分布或威布尔分布，由瑞典物理学家 Wallodi Weibull 于 1939 年引进，是可靠性分析及寿命检验的理论基础。

Weibull 分布能被应用于很多形式，包括 1 参数、2 参数、3 参数或混合 Weibull。3 参数的该分布由形状、尺度（范围）和位置三个参数决定。其中形状参数是最重要的参数，决定分布密度曲线的基本形式；尺度参数起放大或缩小曲线的作用，但不影响分布的形状。

若 1 个总体由 m 个相互独立的子总体混合而成，而每个总体都可以用 Weibull 分布描述，则混合总体的分布可表示为

$$f(x) = \sum_{i=1}^{m} p_i \, f_i(x) \tag{2-21}$$

式中：$f(x)$ 表示混合总体的概率密度函数，$f_i(x)$（$1 \leq i \leq m$）表示第 i 个子总体的概率密度函数，p_i（$i=1,2,\cdots,m$）为混合权重，对任意 $1 \leq i \leq m$，$0 \leq p_i \leq 1$ 且

$$\sum_{i=1}^{m} p_i = 1$$

每个子总体服从 Weibull 分布，即

$$f_i(x) = \frac{\beta_i}{\eta_i} \cdot \left(\frac{x}{\eta_i} \right)^{\beta_i - 1} \cdot e^{-\left(\frac{x}{\eta_i} \right)^{\beta_i}}, 1 \leq i \leq m \tag{2-22}$$

式中：η_i 为第 i 个子总体的尺度参数，β_i 为第 i 个子总体的形状参数，则上式被称为含有 $3m-1$ 个参数的由 m 个 Weibull 分布构成的混合 Weibull 分布。m 可以分为组分数，当 $m=2$ 时，即该混合分布由 2 个 Weibull 分布构成，其原理如图 2-5 所示。

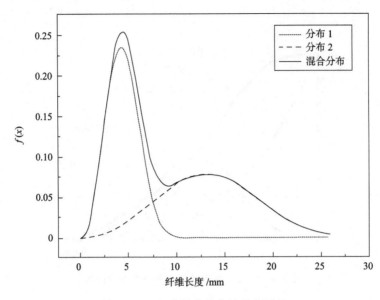

图 2-5　二组分混合分布的基本原理

当利用混合 Weibull 分布来表征棉纤维长度分布时,参数的确定尤为重要,这不仅关系纤维长度分布的形状,而且关系各纤维长度指标计算值的准确性。Krifa 将混合分布应用到棉纤维长度分布时,其参数估计是基于纤维长度频率直方图实现的。由于纤维长度频率直方图一般表示的是 2 mm 隔距内纤维的根数或质量百分数,而不能表征每根纤维的确定长度,故所测量的纤维长度数据是组距为 2 mm 的分组数据。

当利用混合 Weibull 分布来拟合纤维长度分布时,其参数确定就变为基于分组数据下的混合 Weibull 分布模型的参数估计问题,一般可采用极大似然法对参数进行估计,而分布个数(即组分数)的选择视实际情况而定。

应用于棉纤维长度分布表征时,两组分的 Weibull 分布分别描述了短纤维成分的密度(主要影响短绒率)和长纤维成分的密度(主要影响上四分位长度)。

二组分混合分布密度函数

$$f(x) = p_1 \cdot \frac{\beta_1}{\eta_1} \cdot \left(\frac{x}{\eta_1}\right)^{\beta_1 - 1} \cdot \mathrm{e}^{-\left(\frac{x}{\eta_i}\right)^{\beta_1}} + p_2 \cdot \frac{\beta_2}{\eta_2} \cdot \left(\frac{x}{\eta_2}\right)^{\beta_2 - 1} \cdot \mathrm{e}^{-\left(\frac{x}{\eta_2}\right)^{\beta_2}} \qquad (2-23)$$

式中:p_1、η_1、β_1 分别为第 1 组分 Weibull 分布的权重、尺度参数和形状参数;p_2、η_2、β_2 分别为第 2 组分 Weibull 分布的权重、尺度参数和形状参数。

混合 Weibull 分布来拟合棉纤维的长度分布,无论是质量频率分布还是根数频率分布,其拟合效果都较理想。

大多数纤维断裂的强度(伸长率)服从 Weibull 分布,其分布函数为

$$F(\sigma) = 1 - \exp\left[-\left(\frac{\sigma}{\sigma_0}\right)^{\beta}\right] \qquad (2-24)$$

$$\ln\{-\ln[1 - F(\sigma)]\} = \beta\ln\sigma - \beta\ln\sigma_0 \qquad (2-25)$$

如果 $\ln\{-\ln[1-F(s)]\}$ 与 $\ln s$ 成线性关系,说明该强度分布服从 Weibull 分布,如图 2-6 所示。

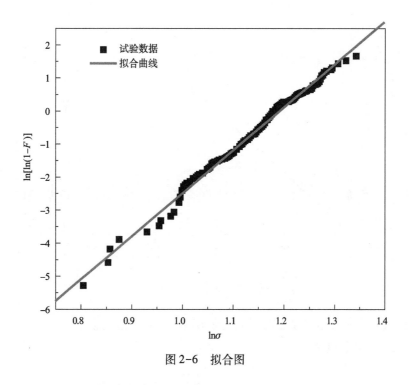

图 2-6 拟合图

根据分布函数,可得纤维束的拉伸性能如式(2-26)所示:

$$\sigma = E\varepsilon[1 - F(\sigma)] = E\varepsilon\exp\left[-\left(\frac{E\varepsilon}{\sigma_0}\right)^{\beta}\right] \tag{2-26}$$

选用二组分的混合 Weibull 分布进行了拟合,并计算了相应的长度指标。结果发现利用 Weibull 分布构建的混合分布模型能很好地度量棉纤维的长度分布状况,且所得含参数的概率密度函数的计算也较为方便。此外,也可以选用 Weibull 分布拟合强度和断裂伸长率,及用于纤维预测纱线的性能。

(2)非参数核估计

非参数统计是与参数统计对立而言的,主要指在所处理对象总体分布族的数学形式未知情况下,对其进行统计研究的方法。非参数估计就是在没有参数形式的密度函数可以表达时,直接使用独立同分布的观测值,对总体的密度函数进行估计的方法。对密度函数的主要估计方法有 Rosenblatt 法、核估计法、最近邻估计法等。

设 $X_1, X_2, \cdots, X_n$ 是从概率密度函数 $f(x)$ 未知总体中抽取的独立同分布样本,$K(u)$ 为定义在 $(-\infty, \infty)$ 任何子区间上的函数,$hn>0$ 为常数,则

$$f_n(x) = \frac{1}{nh_n}\sum_{i=1}^{n} k\left(\frac{x - X_i}{h_n}\right) \tag{2-27}$$

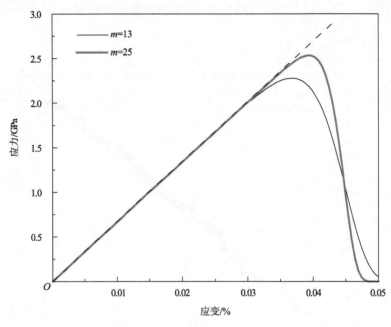

图 2-7　形状参数的影响

称为总体密度 $f(x)$ 的一个核估计，$K(u)$ 称为核函数，hn 称为窗宽。

值得注意的是，当取核函数

$$K(\mu) = \frac{1}{2}I_{(-1,1)}(u) = \begin{cases} \dfrac{1}{2}, & -1 \leqslant \mu < 1 \\ 0, & 其他 \end{cases}$$

非参数核估计等同于 Rosenblatt 估计。

①核函数 $K(u)$ 的要求：对于实际应用，核估计要求核是一个概率密度函数，这样才能保证总体密度估计值 $fn(x)$ 为非负值。一般来说，常取 $K(u)$ 为偶函数，在 $u \leqslant 0$ 处，$K(u)$ 为非降的，如

a. 均匀核 $K(u) = \frac{1}{2}I_{(-1,1)}(u) = \begin{cases} \dfrac{1}{2}, & |u| < 1 \\ 0, & |u| > 1 \end{cases}$；

b. 正态分布核 $K(u) = \dfrac{1}{\sqrt{2\pi}}e^{\left(-\frac{u^2}{2\sigma^2}\right)}$，$-\infty < u < \infty$；

c. 多项式核 $K(u) = \begin{cases} 3\left(1-\dfrac{u^2}{\alpha^2}\right)/4\alpha, & |u| < \alpha \\ 0, & |u| > \alpha \end{cases}$　α, σ 都是适当选择的正常数。

②窗宽的选择：从理论上讲，窗宽 hn 的选择是随 $n \to \infty$ 而趋于 0 的。当 hn 太小，$f(x)$ 由于随机性的影响而呈现不规则形状；反之，hn 太大，$f(x)$ 过度平均化而掩盖其某些性质。目前对窗宽的选择主要有如下方法。

a. 最小积分均方误差（MISE）法：使密度估计与真实密度之间的偏差平方和最小而得。由

于真实密度不可得,所以实际应用中,很少使用。

b. 卡方检验法:当给定具体样本值 X_i 及核函数 $K(u)$ 后,在计算机上逐个尝试各窗宽 hi,直到使实测值与理论值的卡方统计量达到最小,此时的窗宽为最优窗宽 hn。

c. 极大似然法:取 $h_x = \max\limits_{h} \prod\limits_{i=1}^{n} f_n(x_i) = \max\limits_{h} \prod\limits_{i=1}^{n} \left[\dfrac{1}{nh_n} \sum\limits_{i=1}^{n} K\left(\dfrac{x-X_i}{h_n} \right) \right]$。

d. 直方图法:在实际应用中,人们习惯用直方图描述频率变化情况,对于分组数据,此方法简单易行。由核估计与直方图估计中概率相等,可得

$$hn = pM$$

式中:p 为直方图的宽度;M 为核密度函数的最大值。

③棉纤维密度函数的核估计:选取核函数,除了上述给出的均匀核和正态核函数外,还有幂函数核,如下式所示

$$K(u) = \begin{cases} 3(1 - u^2)/4, & |u| \leqslant 1 \\ 0, & |u| > 1 \end{cases}$$

窗宽按照直方图法求得,分别按 3 种情况取:均匀核的窗宽为 1;正态核窗宽为 1;幂函数核窗宽为 1.5。因所测结果为分组数据,故将核估计修正为

$$f_n(x) = \frac{1}{nh_n} \sum_{i=1}^{k} n_i K\left(\frac{x - l_i}{h_n} \right) \tag{2-28}$$

式中:k 为所分组数;l_i 为第 i 组纤维长度。全部计算使用 MATLAB 软件编程完成。

例 2-22 选择两种不同品种的纯棉精梳条,在恒温恒湿室放置 24 h,制成棉条在 USTERAFIS 单纤维测试仪上进行测试,获得纤维长度分布的直方图数据。利用混合 Weibull 分布对两种棉样的纤维长度分布进行拟合。

利用 Weibull 分布可以得到棉纤维长度的密度函数,可为精确计算纱线品质以及对纱线品

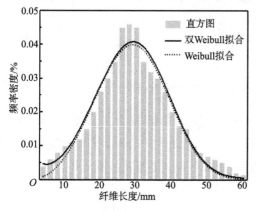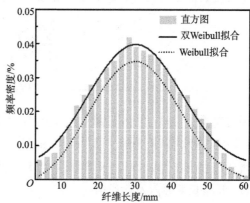

图 2-8 棉样的长度频率密度分布

质进行预测和推断提供可行的方法,由此方法可将理论研究成果进一步变成分析工具,也拓宽了该函数在纺织上的应用。

2.6.3 棉纤维长度分布常用的指标

(1)手扯长度

手感目测的长度指标仅剩一个"手扯长度"。手扯长度是目前国内原棉检验中习惯性的检测,其经手扯将纤维团整理成两端齐整的纤维束,然后用尺量出该纤维束中大多数纤维所具有的长度。手扯长度与罗拉法的主体长度 L_M 接近。

(2)主体长度

纤维中含量最多的部分的长度,包括根数主体长度和重量主体长度。

(3)平均长度

①根数平均长度 L:各根纤维长度之和的平均数。

$$L = \frac{\sum L_i \cdot N_i}{\sum N_i} \tag{2-29}$$

式中:L_i 为各组纤维的长度;N_i 为各组纤维的根数。

②重量加权平均长度 L_g:各组长度的重量加权平均数。

$$L_g = \frac{\sum L_i w_i}{\sum w_i} \tag{2-30}$$

式中:L_i 为各组纤维代表长度;w_i 为各组纤维的重量。

(4)右半部平均长度

由罗拉法测量的纤维长度有主体长度、品质长度。主体长度 L_M,指一批棉样中含量最多纤维的长度。在长度频率分布中是频率值最大的那组纤维的长度,即 $dw(l)/dl = 0$ 时的长度值,记为 L_M;品质长度 L_Q,为棉纺工艺上确定工艺参数时采用的长度指标,又称右半部平均长度,即比主体长度长的那一部分纤维的重量加权平均长度。根据长度分布 $w(l)$ 可计算得到

$$L_Q = \sum_{l \geq L_M}^{l_{max}} w(l) \cdot l \bigg/ \sum_{l \geq L_M}^{l_{max}} w(l) \tag{2-31}$$

$$或 L_Q = \int_{L_M}^{l_{max}} w(l) \cdot l dl \bigg/ \int_{L_M}^{l_{max}} w(l) dl \tag{2-32}$$

还有基数 S 是以主体长度为中心,前后 5 mm 范围内的质量百分数之和;长度均匀度 $C = S \cdot L_M$;短绒率 R 是短于 20 mm(L_M>31 mm)或 16 mm($L_M \leq 31$ mm)纤维的质量百分比。其他现代测量方法,如 HVI、AFIS 等,均能自动提供,是按各自基本算法计算求得。

(5)纤维长度界限及含量值

①长度界限:纤维长度界限或称界限长度(mm)是在某特定纤维含量值 $C(\%)$ 条件下的纤维长度 L_C,即超出 L_C 长度的纤维的含量等于 C 时的长度。如 $C = 2.5\%$,则长度界限为 $L_{2.5}$。长

度界限主要用于长度分布中长纤维的表达,是控制牵伸隔距的重要甚至唯一的参数。前面三类长度指标均有长度界限。

②短纤维含量:纤维长度表达中,纤维含量均指短纤维含量 SFC,其由小于短纤维长度上限 L_{SF} 的纤维量来确定,分为根数、质量和截面含量百分比:

$$\left.\begin{aligned}
\text{SFC}_n &= \sum_{l < L_{SF}} N_\ell \ /N = \int_0^{L_{SF}} n(l) \cdot \mathrm{d}l \\
\text{SFC}_w &= \sum_{l < L_{SF}} W_\ell \ /W = \int_0^{L_{SF}} w(l) \cdot \mathrm{d}l \\
\text{SFC}_s &= \sum_{l < L_{SF}} S_\ell \ /S = \int_0^{L_{SF}} s(l) \cdot \mathrm{d}l
\end{aligned}\right\} \tag{2-33}$$

其基本表达为 $R = \text{SFC}\% \big|_{<L_{SF}} = \text{SFC}\%$,其中 R 为长度小于长度上限 L_{SF} 的短纤维含量。

例如,长度小于 30 mm 的毛纤维含量(短绒率)为 24.8%,则写为 $24.8\% \big|_{<30 \text{ mm}}$。通常短纤维长度上限 L_{SF} 不写,且以重量加权法为主,故短纤维含量即短绒率 R 是指短纤维的质量百分比,即

$$R = \frac{W_{SF}}{W} \times 100\% = \text{SFC}_w \times 100\% \tag{2-34}$$

式中:W_{SF} 和 W 分别为短纤维和所有被测纤维的质量。

常识可知,短纤维在同样质量下,其根数远多于长纤维,即有

$$\text{SFC}_n \geqslant \text{SFC}_s \geqslant \text{SFC}_w \tag{2-35}$$

而影响可纺性和纱线粗细不匀及成纱强度的是纱中有效纤维根数,即根数短绒率更为敏感和直接,质量短绒率还不如截面短绒率敏感。

质量短绒率还可以采用分解模型算法来计算,如式(2-36)所示

$$P_w(\alpha) = F(0) + \frac{2^m - 1}{2}\big[F(\alpha) + F(-\alpha)\big] - 2^{m-1}\big[F(\frac{2^m-1}{2^m}\alpha) + F(-\frac{2^m-1}{2^m}\alpha)\big] \tag{2-36}$$

式中:α 为短纤维长度界限(mm),棉纤维的 α 一般为 16 mm;$F(\alpha)$ 为横坐标 α 对应的相对根数曲线纵坐标值;$P_w(\alpha)$ 为待测样品中长度小于等于 α 的纤维累积质量分数;m 为特征参数。在逐步分解模型中,特征参数 m 是不小于 1 的整数,其值越大,理论计算值越接近实际值。

习题二

1. 一汽车沿一街道行驶,需要通过三个均设有红绿信号灯的路口,每个信号灯为红或绿与其他信号灯为红或绿相互独立,且红绿两种信号灯显示的时间相等。以 X 表示该汽车首次遇到红灯前已通过的路口的个数,求 X 的概率分布。

2. 设随机变量 X 的概率分布为表 2-9。

表 2-9　X 的概率分布表

X	-1	2	4
p_i	1/4	1/2	1/4

求 X 的分布函数,并求 $P\{X \leqslant 1/2\}$,$P\{3/2 < X \leqslant 5/2\}$,$P\{2 \leqslant X \leqslant 3\}$。

3. 某织造车间一台织机上每织造 10 m 布出现疵点的个数服从泊松分布 $P(4)$。

　　求:(1)该机台生产的布匹中,每 10 m 最多出现 4 个疵点的概率;

　　(2)若每 10 m 布的疵点数超过 5 个即认为不合格,任取一份 10 m 的布样,其为合格品的概率是多少?

4. 设随机变量 X 的分布函数为

$$F(x) = \begin{cases} 0, & x < 1 \\ \ln x, & 1 \leqslant x < e \\ 1, & x \geqslant e \end{cases}$$

　　求:(1) $P(X<2)$,$P(1<X \leqslant 4)$,$P(X > \dfrac{3}{2})$;

　　(2)求概率密度函数 $f(x)$。

5. 设随机变量 X 的概率密度函数为 $f_x(x) = \begin{cases} e^{-x}, & x>0 \\ 0, & 其他 \end{cases}$,求 $Y = e^x$ 概率密度函数。

6. 某种型号电池的寿命 X 近似服从正态分布 $N(\mu, \sigma^2)$,已知其寿命在 250 h 以上的概率和寿命不超过 350 h 的概率均为 92.36%,为使其寿命在 $\mu - x$ 和 $\mu + x$ 之间的概率不小于 0.9,x 至少为多少?

7. 随机变量 X 的概率密度:

$$f(x) = \begin{cases} Ax^3, & 0 \leqslant x < 1 \\ 0, & 其他 \end{cases}$$

　　求:(1)系数 A;

　　(2)随机变量 $Y = 1 - X$ 的分布函数。

8. 设 X 的分布列为表 2-10。

表 2-10　X 的分布列

X	-1	0	1	2	5/2
p_i	1/5	1/10	3/10	1/10	3/10

　　求:(1)2 X 的分布列;

　　(2)X^2 的分布律。

9. 设随机变量 X 的概率密度为

$$f(x) = \begin{cases} 2x/\pi^2, & 0 < x < \pi \\ 0, & 其他 \end{cases}$$

　　求 $Y = \sin X$ 的概率密度。

习题二答案

第3章 纺织数据常用特征指标和分布

3.1 引 言

纺织测试中,对于纤维类材料,可能测试指标有纤维长度、细度、卷曲、热收缩和纤维力学、光学、电学、热学性质的测试;对于纱线类材料,有细度、强力、均匀度、纱疵、毛羽等指标;对于织物,有厚度、耐磨、色泽、风格、热湿传递、透气透水和阻燃、抗静电、染色牢度的测试等指标。

按照测试时所采用的计量尺度不同,可以将纺织测试数据分为品质数据和数值数据。品质数据是一种定性数据,如纺织针布可以按不同型号进行分类,原棉可以按不同产地进行分类。如将纱布分为一等品、二等品、三等品、等外品等。数值数据是使用自然或度量衡单位对测试对象进行计量的结果,其结果表现为具体的数值。数值数据说明的是被研究或被测试对象的数量特征,通常是用数值来表示的。在纺织测试过程中,数据处理中主要研究的是数值数据,如在棉纱中测试检验出的棉结杂质数,在细纱生产过程中统计的一定时间内细纱机的断头数等。

数值数据可进一步区分为离散数据和连续数据。离散数据的数值是断续的,如织机断头数、坯布疵点数等,而且仅可取非负整数;连续数据则可以连续取值,如纤维长度、纱强力等。

按照测试数据的收集方法,可以把测试数据分为实验数据和试验数据。就纺织测试而言,一般的纺织检验工作均属于实验工作,其获得的数据为实验数据。如在纺织生产过程中,对不同针布生产产品情况进行测试,根据结果选择最佳生产方式,这时在测试中所获得的数据就是试验数据。在纺织生产中,测试数据来源非常广泛。

按照被测试对象与时间的关系,可以将测试数据分为截面数据和时间序列数据。截面数据:是在相同或近似相同的时间点上收集的数据,它所描述的是现象在某一时刻的变化情况。比如,同台细纱机生产的同批纱线的棉结杂质数就是截面数据。时间序列数据:时间序列数据是在不同时间点上收集到的数据,它所描述的是测试对象随时间而变化的情况。如开棉过程中,从不同机台选取的棉花检测棉结杂质数。

3.2 直方图、*CV* 值、误差等

3.2.1 直方图

(1)数据的波动性和规律性

在生产过程中,尽管收集到的数据含义不同,种类有别,但是它们都具有一些基本特征:数据之间参差不齐,即数据的波动性。例如,同一批产品的性能指标不能完全相同,同一批原料的性能各有差异,等等。

但是,数据的波动性仅仅是数据特征的一个方面,它反映的是数据取值的不确定性这一特性。在实际问题中,只要收集数据的方法恰当,且数据足够时,数据的波动会呈现出一定的规律性。

例 3-1 在检验某纤维含量(%)指标时,得到 100 个数据如下:

16.9	15.7	16.0	18.3	16.4	16.1	15.6	16.5	16.9	16.9	14.1	15.0
17.1	17.6	17.1	17.1	16.3	18.1	17.2	17.8	16.7	16.6	16.7	17.0
17.0	17.7	15.8	15.4	18.7	17.9	16.4	16.1	17.5	17.3	17.4	17.7
16.6	16.9	16.7	16.7	15.2	15.9	16.4	16.5	16.7	16.8	15.7	
16.4	17.2	17.8	18.5	16.6	17.0	16.3	17.8	16.8	16.3	17.2	15.9
16.8	16.5	17.3	18.5	19.4	17.1	16.5	17.4	17.5	16.8	16.7	16.2
17.3	18.0	16.9	15.9	16.6	17.0	17.9	17.1	17.7	16.2	15.8	
16.0	16.9	17.2	17.1	16.4	16.7	17.0	17.3	16.6	17.4	17.7	17.5
17.9	16.1	15.7	15.8								

从这组数据的观察分析中,可以发现它们在 15.7 ~ 18.0 的数据较多,小于 15.7 和大于 18.0 的均较少,呈现出"两头少,中间多"的规律。

(2)频数分布表与频率分布直方图

收集到的数据通常都是分散的,没有系统和顺序。因此,必须通过整理和归纳,才能显露出这一批数据所遵循的规律。为了直观地体现出一批数据所代表的事物的性质,常常是将所收集到的数据列出频数分布表和制成频率分布直方图。

频数即测量或试验的次数,这些频数按一定要求进行分类整理就得出频数分布,频数分布用频数分布表来表示。频数分布表是把"杂乱无章"的数据整理成能顺着其度量的尺度,清晰地显示出一批数据的集中趋势与离散状况的统计工具。

编制频数分布的步骤如下。

①在获得一批数据(一般希望个数 n 多于 50 个)之后,数出全体数据的个数。例 3-1 中的

数据总数 $n = 100$。

②确定分组的组数和组距,一批数据究竟分多少组,并未有一项确定的规则,通常根据数据多少有一个大致范围。当考虑数据抽样的误差时,分组的组数大致可按表 3-1 选取。

表 3-1

数据数	50 以内	50 ~ 100	100 ~ 250	250 以上
组数	5 ~ 7	6 ~ 10	7 ~ 15	10 ~ 30

分组要适当,分得太多,画出的频数分布图会成"梯齿状";太少了则可能使各组数据差别太小,这样都不利于分析,难以看出分布的规律性。

对于例 3-1 分 7 组进行处理,即 $k = 7$。

组数 k 确定后,组距 h 可按式(3-1)计算

$$h = \frac{R}{k} \tag{3-1}$$

式中:R 为极差(R = 数据中最大值-数据中最小值)。

找出数据中的最大值与最小值,在例 3-1 中的最大值为 19.4,最小值为 14.1,将此数代入式 3-1 得

$$h = \frac{19.4 - 14.1}{7} = 0.757$$

并将 h 化整成测量单位的整数倍,且要符合分点方便的原则,以利计算。在此将 h 化整为 0.8。

确定分点和各组范围,分点的计算公式为

$$\begin{cases} r_1 = 最小值 \\ r_i = r_{i-1} + h \end{cases} (i = 2, \cdots, k+1)$$

对例 3-1 而言,如果按照灰分原来测量精度分组,则各分点的数值如下。

第一组:$r_1 = 14.1, r_2 = 14.1 + 0.8 = 14.9$

第二组:$r_2 = 14.9, r_3 = 14.9 + 0.8 = 15.7$

第三组:$r_3 = 15.7, r_4 = 15.7 + 0.8 = 16.5$

……

由上述分点过程可以看出,第二组和第三组都含有 15.7 这个数据,那么,15.7 这个数据是分到第二组还是第三组呢? 为了避免这种麻烦,通常要使分点的数值比原测量精度高一位。

于是得各分点如下。

第一组:$r_1 = 14.05, r_2 = 14.05 + 0.8 = 14.85$

第二组:$r_2 = 14.85, r_3 = 14.85 + 0.8 = 15.65$

第三组:$r_3 = 15.65, r_4 = 15.65 + 0.8 = 16.45$

……

第七组: $r_7 = 18.65, r_8 = 18.65 + 0.8 = 19.65$

计算各组的组中值 t_i。组中值计算如下

$$\begin{cases} t_1 = \dfrac{r_1 + r_2}{2} \\ t_i = t_{i-1} + h \end{cases} (i = 2, \cdots, k)$$

本例的各组组中值分别为

$t_1 = \dfrac{14.05 + 14.85}{2} = 14.45$

$t_2 = 14.05 + 0.8 = 15.25$

$t_3 = 15.25 + 0.8 = 16.05$

……

$t_7 = 18.45 + 0.8 = 19.25$

作频数分布表。把上述得到的分点数值及各组的组中值记入表3-2所示的"范围"栏及"中值"栏内;并将频数的数目记入"频数"栏内。这样得到的频数分布见表3-2。

表3-2 频数分布表

组号	组的范围	组中值	频数
1	14.05 ~ 14.85	14.45	1
2	14.85 ~ 15.65	15.25	4
3	15.65 ~ 16.45	16.05	25
4	16.45 ~ 17.25	16.85	40
5	17.25 ~ 18.05	17.65	23
6	18.05 ~ 18.85	18.45	6
7	18.85 ~ 19.65	19.25	1
合计			100

作频数分布直方图。在列出频数分布表以后,能够比较清楚地看出数据波动的规律。为了更加直观起见,可以用图来表示频数分布情况,这样,对检测数据的分布情况更加直观。

在横坐标上标出分组的点,以纵坐标表示频数,以组距为底边作出高度为频数的矩形,便得出图3-1。这种图在统计上叫作频数分布直方图。

直方图的特点是很直观,其用途很广,也很有效。首先,能很明了地从直方图上看出成分值的集中趋势,如从图3-1可看出,100个数据比较集中于16.45 ~ 17.25的中值16.85左右,属于这一区间的数据最多,有40个;其次,能看出数据的分布规律,如从图3-1可看出,100个数据呈现出"两头少、中间多"的规律。

③频率分布与频率分布表:频率就是指频数除以总频数所得的比率,常以百分比表示,它也被称为相对频数。将各组的频数或频率按组逐一累加起来即为累计频数或累计频率。

现以表3-2为基础制成频率分布表,即表3-3。

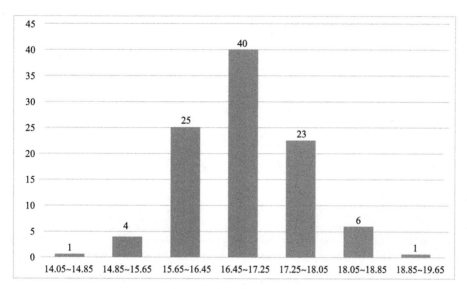

图 3-1　频数分布直方图

表 3-3　频率分布表

组号	组的范围	频数	频率	累积频数	累积频率
1	14. 05 ~ 14. 85	1	0. 01	1	0. 01
2	14. 85 ~ 15. 65	4	0. 04	5	0. 05
3	15. 65 ~ 16. 45	25	0. 25	30	0. 03
4	16. 45 ~ 17. 25	40	0. 40	70	0. 70
5	17. 25 ~ 18. 05	23	0. 23	93	0. 93
6	18. 05 ~ 18. 85	6	0. 06	99	0. 99
7	18. 85 ~ 19. 65	1	0. 01	100	1. 00

　　为了更好地表示出数据的分布情况,将频率分布的情况用曲线表示(图 3-2),称为"频率分布曲线"。

　　在频率分布表的基础上制出频率分布直方图,如图 3-2 所示。横坐标仍然标出分组点,但这时纵坐标用频率表示。

　　频率分布曲线可以这样理解:当所得的数据较少时,分组后所得的组数是有限的,在直方图上就只能画出有限多的矩形,这些矩形的顶边形成一条折线。如果数据不断增加,随着分组组数不断增多,顶边折线的曲折次数也将不断增加,两个曲折点间的距离将逐渐缩小。

　　显然,如果数据无限制地增多,这条折线亦将逐渐趋近于一条光滑的曲线。

　　在实际工作中,不可能取得太多的数据,因此,在频率直方图上画频率分布曲线时,一般遵循的原则是,所画的曲线应使被曲线抛弃在外的矩形的面积大致等于被曲线包围进去的非矩形部分的面积。

　　由于频率之和等于1,不难看出,如果纵坐标取为:频率/组距,那么直方图各矩形面积的总

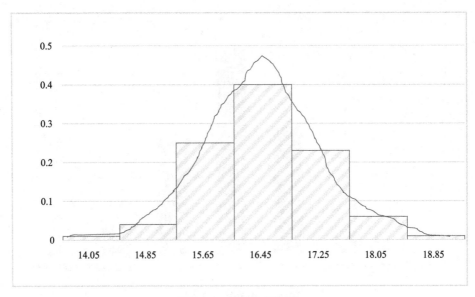

图 3-2 频率分布曲线

和等于 1。换句话说,分布曲线与横坐标轴所夹的面积等于 1。

3.2.2 变异系数 CV 值

(1)常用场合

表示纱线品质常用的指标分为两大类:一是表示纱线内在品质的指标;二是表示纱线外观品质的指标。表示纱线内在品质的指标有质量偏差、断裂强力、百米质量 CV 值、单纱强力 CV 值。百米质量 CV 值是指每 100 m 纱线质量不匀率;单纱强力 CV 值是指纱线强度的不匀率,通过测试多个纱线数值,计算出 CV 值;表示纱线外观质量的指标有条干 CV 值、1 g 纱线内的棉结数、1 g 纱线内的棉杂数、1000 m 长度的细节数、1000 m 长度内的粗节数、1000 m 长度内的棉结数、毛羽数和异纤。条干 CV 值是指纱线条干粗细不匀率,用专门的条干测试仪器测量出条干 CV 值。

纱条不匀是评定棉纱品等的主要指标之一。它包括反映长片段(指长度为纤维平均长度的 100 ~ 1000 倍或更长)不匀的重量不匀率(用百米重量变异系数表示)和重量偏差(用百米重量偏差表示),反映中片段(指长度为纤维平均长度的 10 ~ 100 倍)、短片段(指长度为纤维平均长度的 1 ~ 10 倍)不匀的条干不匀(用试样黑板对比标准样照的黑板条干均匀度或乌斯特条干均匀度试验仪测出的条干均匀度变异系数表示)。

(2)纱条不匀的表达式

从实质上看,纱条不匀的程度是表示纱条特征数的离散程度。因此,可以用数理统计中各种表示事物离散程度的特征数来表示纱条的不匀程度,即将这些特征数的计算式作为纱条不匀率计算公式,常用的纱条不匀率公式如式(3-2)所示。

设 $X_1, X_2, \cdots, X_n$ 为纱条片段不匀率的试验观察值,则其算术平均数 $\bar{X}$ 为

$$\bar{X} = \frac{\sum_{i=1}^{n} X_i}{n} \qquad (3-2)$$

式中:n 为样本容量。

将观察值先乘以频数并求和再被总频数除,即得纱条不匀率的加权平均数 $\bar{X}_q$

$$\bar{X}_q = \frac{\sum_{i=q}^{n} X_i q_i}{\sum q_i} \qquad (3-3)$$

式中:q_i 为权。

平均差 M 为

$$M = \frac{\sum_{i=1}^{n} (X_i - \bar{X})}{n} \qquad (3-4)$$

当分组时

$$K = \frac{\sum_{i=1}^{n} (X_i - \bar{X}) f_i}{n} \qquad (3-5)$$

式中:k 为组数;f_i 为第 i 组的频数。

在不分组情况下可简化为

$$M = \frac{2n_L(\bar{X} - \overline{X_L})}{n} = \frac{2n_U(\overline{X_U} - \bar{X})}{n} \qquad (3-6)$$

式中:n_L,n_U 为观察值低于或高于 $\bar{X}$ 的个体;$\overline{X_L}$,$\overline{X_U}$ 为相应观察值的平均数。

平均差异数 U(即不匀率)为

$$U = \frac{M}{\bar{X}} \qquad (3-7)$$

标准差 S(均方差)为

$$S = \sqrt{\frac{\sum_{i=1}^{n} (X_i - \bar{X})^2}{n-1}} \qquad (3-8)$$

方差 S^2 为

$$S^2 = \frac{\sum_{i=1}^{n} (X_i - \bar{X})^2}{n-1} \qquad (3-9)$$

极差 R 为

$$R = X_{\max} - X_{\min} \tag{3-10}$$

式中：$X_{\max}, X_{\min}$ 分别为观察值中的最大值和最小值

用极差系数来表示棉条或粗纱条干不匀率存在较大的不足，因为它只与计算长度内两个极端的大小有关，而不能反映中间各厚度的变异情况。为了弥补这一缺陷，在专题对比试验等较重要的场合，应尽可能计算每米条干不匀率。

（3）变异系数 CV

变异系数又称为相对标准偏差，即相对于平均值的标准偏差。它是衡量一批数据中各个测量值的相对离散程度的一种特征数。

变异系数 CV 值（即标准差不匀率）为

$$CV = \frac{S}{\bar{X}} \tag{3-11}$$

变异系数这一指标很难检验其可靠程度，在统计上的应用不及标准偏差广泛，但在许多场合仍然有其独特的作用，它具有以下特点。

①变异系数不受平均水平高低的影响，故变异系数可用来比较平均水平不同的几组变量值的变异情况。

②变异系数没有单位，它只是标准偏差相对于算术平均值的百分比，不再保持原来数据的单位，故可用于比较不同的指标。

③标准偏差反映绝对差异的大小，变异系数则反映以算术平均值为基数的相对变异的大小。因此，在检查计算测定方法的稳定性时，常用变异系数表示重复测定结果的变异程度。

例3-2 从甲、乙两个样品包中各随机抽取 3 个试样，检验其产品厚度，所得数据如下（单位：mm）：甲车间试样厚 0.10, 0.11, 0.12；乙车间试样厚 0.90, 0.91, 0.92。试比较两包样品厚度尺寸的波动情况。

解： $\bar{x}_{甲} = \frac{1}{n}\sum_{i=1}^{n} x_i = (0.10 + 0.11 + 0.12) = 0.11(\text{mm})$

$$S_{甲} = \sqrt{\frac{\sum_{i=1}^{n}(x_i - \bar{x})^2}{n-1}} = \sqrt{\frac{(0.1-0.11)^2 + (0.11-0.11)^2 + (0.12-0.11)^2}{3-1}} = 0.01(\text{mm})$$

$$\overline{x_{乙}} = \frac{1}{n}\sum_{i=1}^{n} x_i = \frac{1}{3}(0.90 + 0.91 + 0.92) = 0.91(\text{mm})$$

$$S_{乙} = \sqrt{\frac{\sum_{i=1}^{n}(x_i - \bar{x})^2}{n-1}} = \sqrt{\frac{(0.90-0.91)^2 + (0.91-0.91)^2 + (0.92-0.91)^2}{3-1}} = 0.01(\text{mm})$$

由计算可知，$S_{甲} = S_{乙}$，故不能用标准偏差 S 来比较两包样品厚度的波动程度，应用变异数

来比较。

$$CV_{甲} = \frac{S_{甲}}{\bar{x}_{甲}} = \frac{0.01}{0.11} = 0.09 ; CV_{乙} = \frac{S_{乙}}{\bar{x}_{乙}} = \frac{0.01}{0.91} = 0.01$$

$$\therefore CV_{甲} = 0.09 > CV_{乙} = 0.01$$

故甲包中样品的厚度尺寸波动比乙包中样品厚度尺寸波动大,即乙包试样比甲包试样加工精度高。

3.2.3　误差

任何称为物理量的都有一个客观存在的真实值,这个值被称为物理量的真值。在生产实践与科学研究中,经常需要用各种仪器与方法去检测产品或研究对象的某种性能。然而,不论用什么仪器以及用什么方法测量,由于测量仪器的精度有限,测量的条件和方法不完善,测量者的能力有限,都只能做到一定的准确度,测量结果与真值不可能完全相同,测量结果与真值总存在一定的差值,检测值与真值的差异称为该测量值的测量误差,简称误差。

设物理量测量值为 N,真值为 Nu,误差为 ε,则

$$\varepsilon = N - Nu \tag{3-12}$$

由于在实际测量中,真值是不可能获得的,只能得出最接近于真值的估计值,因此,式(3-12)仅有理论上的意义。实际测量中,能得出的最接近真值的值为算术平均值 $\bar{N}$,则可以求出测量值 N 与算术平均值 $\bar{N}$ 之间的差值 ε',即

$$\varepsilon' = N - \bar{N} \tag{3-13}$$

式中:ε' 被称为偏差,由于实际计算中,均用 ε' 代替误差 ε,所以,实验中所说的误差常常就是指偏差 ε'。

测量值与算术平均值的误差 ε' 也称为测量结果的绝对误差,它反映出测量值与算术平均值的绝对差异,但不能反映出测量结果的精确程度。例如,测量长度为 100 mm 和 10 mm,若它们的绝对误差都是 0.1 mm,单从绝对误差来看,二者相同,但前者误差占测量值的比例为 0.1%,后者为 1%,显然前者的测量精确度要高一些。可见,测量结果的精确度不仅与绝对误差大小有关,还与被测量本身的大小有关,为此,引入相对误差的概念进行评价。

相对误差用绝对误差与被测量的算术平均值之比来表示。常用符号 E 来表示,即有

$$E = \frac{\varepsilon'}{N} = \frac{|N - \bar{N}|}{\bar{N}} \tag{3-14}$$

相对误差常用百分数来表示,称为百分误差,简称百分差。用公式表示为

$$E = \frac{\varepsilon'}{N} \times 100\% = \frac{|N - \bar{N}|}{N} \times 100\%$$

在将测量值与标准值比较时,也常用相对误差来评价。若测量值为 N,标准值为 $N_{标}$,则相对误差

$$E = \frac{|N - N_{标}|}{N_{标}} \times 100\% \tag{3-15}$$

误差存在于一切测量中,并贯穿于测量过程的始终。测量所使用的方法和理论越复杂,所用仪器越多,所用步骤越多、测量经历的时间越长,引起误差的因素就越多。因此,测量时应根据误差要求来制订或选择合理的方案和仪器,要避免盲目追求测量精度的高指标或盲目使用高精度仪器,这样做既不经济又无必要,以最低的代价来取得满足要求的结果才是值得追求的。

(1)系统误差 S

系统误差是指在一定条件下,由某些不可忽视的原因,或某个恒定因素按确定方向起作用,引起多次检测平均值与真值的系统偏离。在等精度测量条件下(测量者、测量方法等均相同),对同一物理量进行多次重复的测量,其误差的大小和符号保持不变,或者误差按照一定规律变化的,此种误差称为系统误差。

系统误差的特征是它的大小和符号是可以确定不变的。系统误差应尽量避免,可通过定期仪器校订、试验环境条件保持恒稳、每次使用仪器要进行零点与满刻度调节、检测操作按相关方法标准规范进行。

(2)随机误差 r

随机误差是随机产生的,即由一些难以控制的偶然因素造成的。在实际检测中,由于随机误差的影响,而使单次检测值偏离多次测定平均值,这种偏离是不规则的,常用标准差来表示,它反映检测数据的精密度。

随机误差的特性在于它的可正负特性,当检测次数足够多时,它的平均值就趋向于零;增加检测次数可以在某种程度上减小随机误差。实践证明随机误差是遵循正态分布规律的,可以按正态分布特征研究与处理。

3.2.4 偏度和峰度

偏度与峰度是表征数据正态分布特性的两个指标,其指标的准确性非常依赖于采样数量。

(1)偏度

偏度是统计数据分布偏斜方向和程度的度量,是统计数据分布非对称程度的数字特征,偏度亦称偏态、偏态系数。表征概率分布密度曲线相对于平均值不对称程度的特征数。直观看来就是密度函数曲线尾部的相对长度。

偏度的计算公式为

$$S = \frac{\frac{1}{n} \sum_{i=1}^{n} (x_i - \bar{x})^3}{\left[\frac{1}{n} \sum_{i=1}^{n} (x_i - \bar{x})^2 \right]^{\frac{3}{2}}} \tag{3-16}$$

式中:S 表示偏度(无量纲);i 表示第 i 个数值;$\bar{x}$ 表示平均值;n 是采样数量。

偏态量度对称性。0说明是最完美的对称性,正态分布的偏态就是0。如图3-3所示,右偏态为正,表明平均值大于中位数;反之为左偏态,为负。

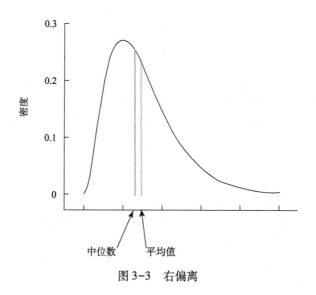

图 3-3　右偏离

正态分布的偏度为 0,两侧尾部长度对称。

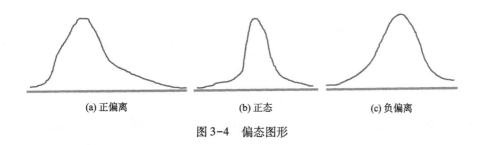

(a) 正偏离　　　　　　　(b) 正态　　　　　　　(c) 负偏离

图 3-4　偏态图形

若以 m 表示偏度。$m>0$ 称分布具有正偏离,也称右偏态,此时数据位于均值右边的比位于左边的少,直观表现为右边的尾部相对于左边的尾部要长,因为有少数变量值很大,使曲线右侧尾部拖得很长。$m<0$ 称分布具有负偏离,也称左偏态,此时数据位于均值左边的比位于右边的少,直观表现为左边的尾部相对于右边的尾部要长,因为有少数变量值很小,使曲线左侧尾部拖得很长。

m 接近 0 可认为分布是对称的。若知道分布可能在偏度上偏离正态分布时,可用偏离来检验分布的正态性。

(2)峰度

峰度与偏度类似,是描述总体中所有取值分布形态陡缓程度的统计量。

这个统计量需要与正态分布相比较,峰度为 0 表示该总体数据分布与正态分布的陡缓程度相同;峰度大于 0 表示该总体数据分布与正态分布相比较为陡峭,为尖顶峰;峰度小于 0 表示该总体数据分布与正态分布相比较平坦,为平顶峰。

峰度的绝对值数值越大,表示其分布形态的陡缓程度与正态分布的差异程度越大。

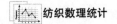
峰度的具体计算公式为

$$K = \frac{\dfrac{1}{n}\sum\limits_{i=1}^{n}(x_i - \bar{x})^4}{\left[\dfrac{1}{n}\sum\limits_{i=1}^{n}(x_i - \bar{x})^2\right]^2} \tag{3-17}$$

式中：K 是峰度（无量纲）；i 是第 i 个数值；$\bar{x}$ 是平均值；n 是采样数量。

峰度衡量数据分布的平坦度（图3-5）。尾部大的数据分布，其峰度值较大。正态分布的峰度值为3。

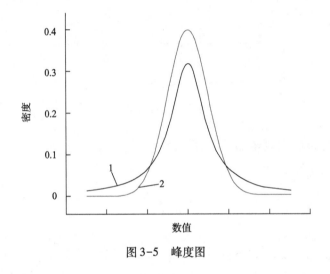

图 3-5　峰度图

如图 3-5 所示，线 1 服从尖峰、厚尾分布的峰度值大于 3。线 2 服从正态分布，峰度值等于 3。

右偏时，一般算术平均数>中位数>众数，左偏时相反，即众数>中位数>平均数。正态分布三者相等。

3.3　母体和子样

3.3.1　研究对象全体

对某一问题的研究对象全体称为总体。

总体是在一定目的下研究的整体，其包含所研究的全部个体，通常是由具有某种共同性质的许多个体组成的集合。例如，由一批纱线构成的集合、由数个棉包构成的集合等。

（1）总体的分类

总体根据其包含的个体数目是否可数可分为有限总体和无限总体。

有限总体是指总体的范围能够明确确定，而且个体的数目是有限多个。比如，在对纱支强度进行检验时,由若干纱线构成的该批纱线就是一个有限总体。

无限总体是指总体的范围可能明确,也不可能不能明确,而总体所包含的个体数目是无限的。

例如,在进行浆纱试验时,每一种浆料配方的细微改变都可以进行一次实验测试,每一个试验数据都可以看作是总体的一个个体,而配方的变化可以不断进行下去,试验也可以无限量地做下去,因而由试验数据构成的这个总体就是一个无限总体。

（2）总体具有以下基本特征

①同质性:即构成总体的各个个体在某一方面具有相同的性质。

②差异性:即总体的各个个体之间除了具有相同的性质外,在其他方面还存在差异。

③大量性:即总体是由许多个体组成的。

需要注意的是,在研究测试数据时,总体往往是指一组观测数据。

组成总体的某个基本单元,称为个体。总体中的个体,应当有共同的可观察的特征。该特征与研究目的有关。

例如:总体个体特征、一批纱线每件纱样等级、一批布匹每个样布平方米重……

人们感兴趣的是总体的某一个或几个数量指标的分布情况。每个个体所取的值不同,但它按一定规律分布。

3.3.2　研究子样

总体与样本常常联系在一起讨论。由于在实际工作中,往往不能对总体的每一个个体都进行相关的测试,这时就需要从总体中抽取一部分个体构成测试对象,被抽取出来的这部分就称为样本,抽取出来的个体数量叫作样本容量。通常,可以根据抽取出的样本的测试相关信息来推断总体的特征。比如,从一批纱线中随机抽取 100 锭测量强度,就可以用这 100 锭纱线的平均断裂强度来推断这一批纱线的平均断裂强度。

从总体中抽取样本,必须满足下述两个条件。

①随机性:为了使样本具有充分的代表性,抽样必须是随机的,应使总体中的每一个个体都有同等的机会被抽取到,通常可以用编号抽签的方法或利用随机数来表现随机性。

②独立性:各次抽样必须是相互独立的,即每次抽样的结果既不影响其他各次抽样的结果,也不受其他各次抽样结果的影响。

这种随机的、独立的抽样方法称为简单随机抽样,由此得到的样本称为简单随机样本。

例如,从总体中进行放回抽样,显然是简单随机抽样,若总体容量 N 很大而样本容量 n 较小（$n/N \leqslant 10\%$）,则可以近似地看作放回抽样,因而也就可以近似地看作简单随机抽样,得到的样本可以近似地看作简单随机样本。

这里指出,从总体中抽取容量为 n 的样本,就是对代表总体的随机变量 X 随机地、独立地进行 n 次试验,每次试验的结果可以看作一个随机变量,n 次试验的结果就是 n 个随机变量。

3.3.3 样本函数与统计量

为了借助对样本观测值的整理、分析、研究,从而对总体 X 的某些概率特征作出推断,往往需要考虑各种适用的样本函数 $g(X_1, X_2, \cdots, X_n)$。因为一组样本 $X_1, X_2, \cdots, X_n$ 可以看作一个 n 维随机变量 $(X_1, X_2, \cdots, X_n)$,所以,任何样本函数 $g(X_1, X_2, \cdots, X_n)$ 都是 n 维随机变量的函数,显然也是随机变量。根据样本 $X_1, X_2, \cdots, X_n$ 的观测值 $x_1, x_2, \cdots, x_n$ 计算得到的函数值 $g(x_1, x_2, \cdots, x_n)$ 就是样本函数 $g(X_1, X_2, \cdots, X_n)$ 的观测值。

定义: 若样本函数 $g(X_1, X_2, \cdots, X_n)$ 中不含有任何未知量,则称这类样本函数为统计量。

数理统计中最常用的统计量及其观测值有以下几种。

(1)样本均值

$$\bar{X} = \frac{1}{n} \sum_{i=1}^{n} x_i \tag{3-18}$$

它的观测值记作

$$\bar{x} = \frac{1}{n} \sum_{i=1}^{n} x_i \tag{3-19}$$

(2)样本方差

$$S^2 = \frac{1}{n-1} \sum_{i=1}^{n} (X_i - \bar{X})^2 \tag{3-20}$$

它的观测值记作

$$s^2 = \frac{1}{n-1} \sum_{i=1}^{n} (X_i - \bar{X})^2 \tag{3-21}$$

(3)样本标准差

$$S = \sqrt{S^2} = \sqrt{\frac{1}{n-1} \sum_{i=1}^{n} (X_i - \bar{X})^2} \tag{3-22}$$

它的观测值记作

$$s = \sqrt{s^2} = \sqrt{\frac{1}{n-1} \sum_{i=1}^{n} (x_i - \bar{x})^2} \tag{3-23}$$

(4)样本 k 阶原点矩

$$V_k = \frac{1}{n} \sum_{i=1}^{n} X_i^k \tag{3-24}$$

它的观测值记作

$$v_k = \frac{1}{n} \sum_{i=1}^{n} x_i^k \tag{3-25}$$

显然,样本一阶原点矩就是样本均值,即

$$V_1 = \bar{X} \tag{3-26}$$

(5)样本 k 阶中心矩

$$U_k = \frac{1}{n} \sum_{i=1}^{n} (X_i - \bar{X})^k \tag{3-27}$$

它的观测值记作

$$u_k = \frac{1}{n} \sum_{i=1}^{n} (X_i - \bar{X})^k \tag{3-28}$$

显然,样本一阶中心矩恒等于零,即

$$U_1 \equiv 0$$

把样本二阶中心矩

$$U_2 = \frac{1}{n} \sum_{i=1}^{n} (X_i - \bar{X})^2 \tag{3-29}$$

的观测值记作

$$\tilde{\sigma}^2 = u_2 = \frac{1}{n} \sum_{i=1}^{n} (x_i - \bar{x})^2 \tag{3-30}$$

当样本容量 n 较大时,相同的样本观测值 x_i 往往可能重复出现,为了使计算简化,应先整理所得的数据,得到表 3-4。

表 3-4　样本观测值及频数

观测值	$x_{(1)}$	$x_{(2)}$	$\cdots$	$x_{(l)}$	总计
频数	n_1	n_2	$\cdots$	n_l	n

其中 $n = \sum_{i=1}^{e} n_i$,于是,样本均值 $\bar{x}$,样本方差 s^2 及样本二阶中心矩 $\tilde{\sigma}^2$ 可以分别按式(3-31)~式(3-33)计算

$$\bar{x} = \frac{1}{n} \sum_{i=1}^{l} n_i x_{(i)} \tag{3-31}$$

$$s^2 = \frac{1}{n-1} \sum_{i=1}^{l} n_i \left[x_{(i)} - \bar{x} \right]^2 \tag{3-32}$$

$$\tilde{\sigma}^2 = \frac{1}{n} \sum_{i=1}^{l} n_i \left[x_{(i)} - \bar{x} \right]^2 \tag{3-33}$$

显然,当样本容量 n 充分大时,样本方差 s^2 与样本二阶中心矩 $\tilde{\sigma}^2$ 是近似相等的。

最后,为了计算样本均值 $\bar{x}$,样本方差 s^2 及样本二阶中心矩 $\hat{\sigma}^2$,借助于具有统计计算功能的袖珍式电子计算器可以大大节省计算的工作量。考虑到电子计算器的不同型号,具体计算方法可以参阅所用计算器的说明书,这里不再赘述。当然,若利用统计计算软件在电子计算机上进行计算,就更方便了。

3.3.4 常用统计特征数

只通过人们的直观还是不够的,直观不能代替统计分析,因为一批数据的统计性质往往隐藏在现象的背后,必须利用一定的数理统计方法,才能发掘出这些性质。数理统计学的基本任务是要根据样本的性质(统计性质)来对总体的统计性质进行推测性判断。因此,为了对整体情况有一个概括的、全面的了解,需要用几个数字表达出整体的情况。如何去找出几个数字来表达整体的情况,确实是进行统计推断不可少的准备工作,这少数几个数字在数理统计中称为特征数。

除了变异系数和极差特征数外,常用的统计特征数还有算术平均数、中位数、标准偏差等,下面分别介绍如下。

(1)算术平均值 $\bar{x}$

直接计算法:用 $x_1,x_2,\cdots,x_n$ 来表示一批数据,其算术平均值 $\bar{x}$ 为

$$\bar{x} = \frac{x_1 + x_2 + \cdots + x_n}{n}$$

或

$$\bar{x} = \frac{1}{n}\sum_{i=1}^{n} x_i \tag{3-34}$$

这里 n 为数据的个数,如果这一批数据为所取的样本数据,n 则为所取样本容量的大小,所得到的算术平均值为样本均值。算术平均值可以表示数据的集中位置。

(2)中位数 $\tilde{x}$

一批数据按大小顺序排列,其中间的数值叫作中位数。

中位数常用 $\tilde{x}$ 表示,它用途很广,主要是因为中位数不受极端检测值的影响;中位数的确定方法比较简单,不需要复杂的计算;一些产品品级的指标易于采用。

在求数据的中位数时,当数据的数目 n 为奇数时,第 $\frac{1}{2}(n+1)$ 项为中位数;当数据的数目为偶数时,位居中央两项的平均数即为中位数。

(3)众数

众数是指在统计分布上具有明显集中趋势点的数值,代表数据的一般水平。也是一组数据中出现次数最多的数值,是一组数据的原数据,而不是相应的次数。有时众数在一组数中有好几个。用 M 表示。

一组数据中的众数不止一个,如数据 2,3,-1,2,1,3 中,2,3 都出现了两次,它们都是这组数据中的众数。

（4）标准偏差 σ,S

标准偏差也称标准差或均方差,它是描述数据离散程度的最重要的指标。一般来说,平均值和标准偏差结合起来,就能更全面地说明一批检测变量值的分布情况。

标准偏差的含义实际上是指方差的平方根,所以,有时又称为均方根差。

总体标准偏差:

$$\sigma = \sqrt{\frac{\sum_{i=1}^{n}(x_i - \mu)^2}{N}} \tag{3-35}$$

式中:x_i 代表单个变量值;μ 代表总体均值;N 代表总体变量数。

样本标准偏差:

$$S = \sqrt{\frac{\sum_{i=1}^{n}(x_i - \bar{x})^2}{n-1}} \tag{3-36}$$

式中:$\bar{x}$ 代表样本均值;n 为样本容量。

从式(3-36)可知,当各变量值越接近平均值时,标准偏差越小,当各变量越远离平均值时,标准偏差越大,所以,标准偏差能说明一批变量值的离散程度。

在实际计算时,通常采用等效公式(3-37):

$$S = \sqrt{\frac{n\sum_{i=1}^{n}x_i^2 - \left(\sum_{i=1}^{n}x_i\right)^2}{n(n-1)}}$$

或

$$S = \sqrt{\frac{\sum_{i=1}^{n}x_i^2 - n\bar{x}^2}{n-1}} \tag{3-37}$$

例 3-3　对某批成品纱在一定条件下进行白度检验,抽检 10 次,所得结果如下:

72.7%,72.2%,72.8%,71.6%,72.4%,72%,73.6%,74.2%,73%,72.2%,求其算术平均值、标准偏差、极差、中位数。

解:（1）求所列数据的平均值:

$$\bar{x} = \frac{1}{n}\sum_{i=1}^{n}x_i$$

$$= \frac{1}{10} \times (72.7 + 72.2 + 72.8 + 71.6 + 72.4 + 72 + 73.6 + 74.2 + 73 + 72.2)\%$$

$$= 72.67\%$$

如果把这批数据看成从总体抽取的一个样本,则72.67%就是该条件下的样本平均白度。

（2）求所列数据的标准偏差：

$$\sum_{i=1}^{n}(x_i-\bar{x})^2 = (72.7\%-72.67\%)^2 + (72.2\%-72.67\%)^2 + (72.8\%-72.67\%)^2 +$$

$$(71.6\%-72.67\%)^2 + (72.4\%-72.67\%)^2 + (72\%-72.67\%)^2 +$$

$$(73.6\%-72.67\%)^2 + (74.2\%-72.67\%)^2 + (73\%-72.67\%)^2 +$$

$$(72.2\%-72.67\%)^2 = 5.441\,\%_{000}$$

$$S = \sqrt{\frac{\sum_{i=1}^{n}(x_i-\bar{x})^2}{n-1}} = \left(\sqrt{\frac{5.441}{10-1}}\right)\% = 0.777\%$$

（3）极差

$$x_{\max}=74.2\%\,;x_{\min}=71.6\%$$

$$R = x_{\max}-x_{\min} = 74.2\%-71.6\% = 2.6\%$$

（4）中位数 $\tilde{x}$

将数据按大小顺序排列为

71.6%,72%,72.2%,72.2%,72.4%,72.7%,72.8%,73%,73.6%,74.2%

则中位数

$$\bar{x} = \frac{72.4\%+72.7\%}{2} = 72.55\%$$

3.4 正态分布

3.4.1 定义

在数理统计中,正态分布是最常见也最重要的概率分布,这是因为:很多随机现象可以用正态分布描述或近似描述;在一定条件下,某些概率分布可以利用正态分布近似计算;在非常一般的充分条件下,大量独立随机变量的和近似地服从正态分布;数理统计中的某些常用分布是由正态分布推导得到的。

若随机变量 X 的概率密度函数为

$$f(x) = \frac{1}{\sqrt{2\pi}\,\sigma}\,\mathrm{e}^{-\frac{(x-\mu)^2}{2\sigma^2}}, x \in R \tag{3-38}$$

则称随机变量 X 服从参数为 μ,σ^2 的正态分布,$\sigma>0,\mu$ 是任意实数,记为 $X\sim N(\mu,\sigma^2)$,正态分布也称为高斯分布。正态分布概率密度曲线如图3-6所示。

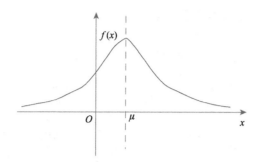

图 3-6　正态分布概率密度曲线

①概率密度曲线是以 $x=\mu$ 为对称轴,以 $y=0$ 为渐近线的 R 上的连续函数。

②在 $x=\mu$ 点 $f(x)$ 取得最大值:$\dfrac{1}{\sqrt{2\pi}\sigma}$。

③曲线 $f(x)$ 与 x 轴之间的面积是 1。

当改变参数 μ 的值时,曲线沿着 x 轴平行移动而不改变其形状,因此,称 μ 为正态分布的位置参数。

若使 μ 的值固定不变(取 $\mu=0$),则当参数 σ 的值减小时,曲线在中心部分的纵坐标增大,因为分布曲线与 x 轴之间的面积恒等于 1,所以,曲线在中心部分升高,而在两侧很快地趋近 x 轴;相反,当 σ 的值增大时,曲线将趋于平坦。

3.4.2　标准正态分布

特别是,若 $\mu=0,\sigma^2=1,X\sim\phi(x)=\dfrac{1}{\sqrt{2\pi}}\mathrm{e}^{-\frac{x^2}{2}},x\in R$,则称 X 服从标准正态分布,记为 $X\sim N(0,1)$,其分布曲线如图 3-7 所示。

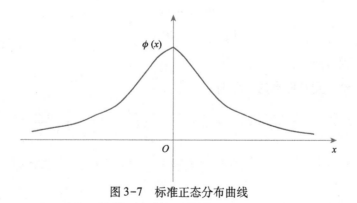

图 3-7　标准正态分布曲线

标准正态分布的概率密度曲线以 y 轴为对称轴。

3.4.3 正态分布的分布函数及其计算

若 $X \sim N(\mu, \sigma^2)$，则正态分布的分布函数 $F(x)$

$$F(x) = \int_{-\infty}^{x} \frac{1}{\sqrt{2\pi}\,\sigma} e^{-\frac{(t-\mu)^2}{2\sigma^2}} dt, x \in R$$

令

$$y = \frac{t-\mu}{\sigma}, F(x) = \int_{-\infty}^{\frac{x-\mu}{\sigma}} \frac{1}{\sqrt{2\pi}} e^{-\frac{y^2}{2}} dy = \Phi\left(\frac{x-\mu}{\sigma}\right)$$

那么，标准正态分布的分布函数（图3-8）

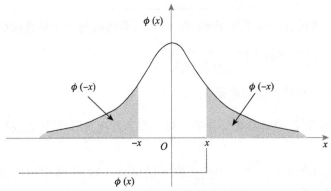

图3-8 标准正态分布的分布函数

$$\Phi(x) = \int_{-\infty}^{x} \frac{1}{\sqrt{2\pi}} e^{-\frac{t^2}{2}} dt, x \in R$$

可以发现

$$\Phi(0) = \frac{1}{2}$$

$$\Phi(+\infty) = 1$$

$$\Phi(-x) + \Phi(x) = 1$$

相关数值表见附表1。

若 $X \sim N(\mu, \sigma^2)$，则对任意的 $a < b$ 有：

$$P(a < X \leqslant b) = P(a < X \leqslant b) = \phi\left(\frac{b-\mu}{\sigma}\right) - \phi\left(\frac{a-\mu}{\sigma}\right) \tag{3-39}$$

$$P(|X| < a) = \phi(a) - \phi(-a) = \phi(a) - [1 - \phi(a)] = 2\phi(a) - 1 \tag{3-40}$$

例3-4 设 $X \sim N(10, 4)$，求 $P(10 < X < 13)$，$P(|X-10| < 2)$

解： $P(10 < X < 13) = \Phi\left(\dfrac{13-10}{2}\right) - \Phi\left(\dfrac{10-10}{2}\right)$

$$= \Phi(1.5) - \Phi(0) = 0.4332$$

$$P(\mid X - 10\mid < 2) = P(8 < X < 12) = \Phi\left(\frac{12-10}{2}\right) - \Phi\left(\frac{8-10}{2}\right)$$

$$= \Phi(1) - \Phi(-1) = \Phi(1) - [1 - \Phi(1)] = 2\Phi(1) - 1 = 0.6826$$

例3-5 设 $X \sim N(\mu, \sigma^2)$, $P(X \leqslant -1.6) = 0.036$, $P(X \leqslant 5.9) = 0.758$, 求 μ 及 σ。

解:
$$P(X \leqslant -1.6) = \Phi\left(\frac{-1.6-\mu}{\sigma}\right) = 0.036$$

$$\frac{-1.6-\mu}{\sigma} < 0$$

$$\Phi\left(-\frac{-1.6-\mu}{\sigma}\right) = 1 - 0.036 = 0.964$$

所以
$$\frac{1.6+\mu}{\sigma} = 1.8$$

又
$$P(X \leqslant 5.9) = \Phi\left(\frac{5.9-\mu}{\sigma}\right) = 0.758$$

所以
$$\frac{5.9-\mu}{\sigma} = 0.7$$

联立解方程组得: $\mu = 3$, $\sigma = 3.8$

3.4.4 正态随机变量的线性函数的分布

定理3-1 设随机变量 X 服从正态分布 $N(\mu, \sigma^2)$，则 X 的线性函数

$$Y = a + bX \sim N(a + b\mu, b^2\sigma^2)$$

X 标准化的随机变量

$$X^* = \frac{X-\mu}{\sigma} \sim N(0,1) \qquad (3-41)$$

定理3-2 设随机变量 X 与 Y 相互独立, 都服从正态分布

$$X \sim N(\mu_x, \sigma_x^2), Y \sim N(\mu_y, \sigma_y^2)$$

则它们的和也服从正态分布, 且有

$$Z = X + Y \sim N(\mu_x + \mu_y, \sigma_x^2 + \sigma_y^2) \qquad (3-42)$$

定理3-3 设随机变量 $X_1, X_2, \cdots, X_n$ 相互独立, 都服从正态分布

$$X_i \sim N(\mu_i, \sigma_i^2), i = 1, 2, \cdots, n$$

则它们的线性组合

$$\sum_{i=1}^{n} c_i X_i \sim N\left(\sum_{i=1}^{n} c_i \mu_i, \sum_{i=1}^{n} c_i^2 \sigma_i^2\right) \qquad (3-43)$$

其中 c_1, c_2, c_3 为常数。

例3-6 假定电源电压 X（单位：V）服从正态分布 $N(220,25^2)$，在电源电压小于 200 V、在 200~240 V、大于 240 V 三种情况下，某种电子元件损坏的概率分别为 0.1，0.001，0.2。求：(1)这种电子元件损坏的概率；(2)这种电子元件损坏时，电源电压在 200~240 V 的概率。

解：设事件 A 表示电子元件损坏，事件 B_1，B_2，B_3 分别表示电源电压小于 200 V、在 200~240 V、大于 240 V，则不难求得概率 $P(B_i)(i=1,2,3)$。

已给条件概率 $P(A|B_i)(i=1,2,3)$，利用全概率公式及贝叶斯公式可以计算所求概率 $P(A)$ 及 $P(B_2|A)$。

如上分析，已知电源电压 $X \sim N(220,25^2)$，可以计算得

$$P(B_1) = P(X < 200) = \phi\left(\frac{200-220}{25}\right) = \phi(-0.8) = 1 - \phi(0.8) = 1 - 0.7881 = 0.2119$$

$$P(B_2) = P(200 \leqslant X \leqslant 240) = \phi\left(\frac{240-220}{25}\right) - \phi\left(\frac{200-220}{25}\right)$$

$$= \phi(0.8) - \phi(-0.8) = 2\phi(0.8) - 1 = 0.5762$$

$$P(B_3) = P(X > 240) = 1 - P(X \leqslant 240) = 1 - \phi\left(\frac{240-220}{25}\right) = 1 - \phi(0.8) = 0.2119$$

按题意，已给条件概率

$$P(A|B_1) = 0.1 ; P(A|B_2) = 0.001 ; P(A|B_3) = 0.2$$

(1)按全概率公式，得

$$P(A) = \sum_{i=1}^{3} B_i P(A|B_i) = 0.2119 \times 0.1 + 0.5762 \times 0.001 + 0.2119 \times 0.2 \approx 0.0641$$

(2)按贝叶斯公式，得

$$P(B_2|A) = \frac{P(B_2)P(A|B_2)}{P(A)} = \frac{0.5762 \times 0.001}{0.0641} \approx 0.00899$$

3.5 常用的抽样分布

3.5.1 χ^2 分布

定理3-4 设随机变量 X_1，X_2，$\cdots$，X_k 相互独立，都服从标准正态分布 $N(0,1)$，则随机变量 $\chi^2 = X_1^2 + X_2^2 + \cdots + X_k^2$ 的概率密度为

$$f_{\chi^2(x)} = \begin{cases} \dfrac{1}{2^{\frac{k}{2}}\Gamma\left(\dfrac{k}{2}\right)} x^{\frac{k}{2}-1}\, \mathrm{e}^{-\frac{x}{2}}, & x > 0 \\[4mm] 0, & x \leq 0 \end{cases}$$

称作随机变量 χ^2 服从自由度为 k 的 χ^2 分布,记作 $\chi^2 \sim \chi^2(k)$;这里的自由度 k 不妨理解为独立随机变量的个数。$\chi^2(k)$ 分布密度函数图如图 3-9 所示。

定理的证明从略。容易验证,当 $k=1$ 及 $k=2$ 时,定理显然正确。

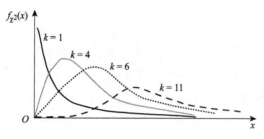

图 3-9　$\chi^2(k)$ 分布密度函数图

可以证明,χ^2 分布具有可加性:若随机变量 x_1^2 与 x_2^2 相互独立,且

$$x_1^2 \sim X^2(k_1); x_2^2 \sim X^2(k_2)$$

则它们的和

$$x_1^2 + x_2^2 \sim X^2(k_1 + k_2) \tag{3-44}$$

定义: 设 $\chi^2 \sim \chi^2(k)$,对于给定的数 $\alpha(0<\alpha<1)$,满足等式

$$p\left[x^2 \geq x_\alpha^2(k)\right] = \int_{x_\alpha^2(k)}^{+\infty} f_{\chi^2}(k)\,\mathrm{d}x = \alpha \tag{3-45}$$

的点 $x_\alpha^2(k)$ 称为 $\chi^2(k)$ 分布的 α 分位点。

如图 3-10 所示 $\chi^2(k)$ 就是使图中阴影部分的面积为 α 时在 X 轴上所确定的点。

本书附表 2 中,对不同的自由度 k 及不同的数 α,给出了 $\chi^2(k)$ 分布的 α 分位点 $\chi^2(k)$ 的值。设 $k=15, \alpha=0.05$,则有 $\chi^2_{0.05}(15) = 25.0$。

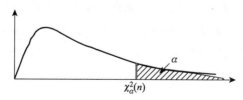

图 3-10　$\chi^2(k)$ 的 α 分位点

3.5.2　t 分布

定理 3-5　设随机变量 X 与 Y 相互独立，X 服从标准正态分布 $N(0,1)$，Y 服从自由度为 k 的 χ^2 分布，则随机变量

$$t = \frac{X}{\sqrt{\dfrac{Y}{k}}} \tag{3-46}$$

的概率密度为

$$f_t(x) = \frac{\Gamma\left(\dfrac{k+1}{2}\right)}{\sqrt{k\pi}\,\Gamma\left(\dfrac{k}{2}\right)}\left(1 + \frac{x^2}{k}\right)^{-\left(\frac{k+1}{2}\right)}$$

称随机变量 t 服从自由度为 k 的 t 分布，记作 $t \sim t(k)$。

定理的证明从略。由式（3-46）可知，t 分布的分布曲线对称于纵坐标轴，图 3-11 中画出自由度 $k=1$，$k=10$ 及 $k=\infty$ 时的 t 分布的分布曲线。

可以证明，当自由度 $k \to \infty$ 时，t 分布将趋于标准正态分布 $N(0,1)$。事实上，当 $k>30$ 时，它们的分布曲线就几乎相同了。

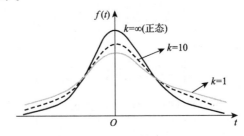

图 3-11　t 分布密度函数图

定义：设 $t \sim t(k)$，对于给定的数 $\alpha(0<\alpha<1)$，满足等式

$$P\left(t \geqslant t_\alpha(k)\right) = \int_{t_\alpha(k)}^{+\infty} f_t(x)\,\mathrm{d}x = \alpha \tag{3-47}$$

的点 $t_\alpha(k)$ 称为 $t(k)$ 分布的 α 分位点。

图 3-12 中，$t_\alpha(k)$ 就是使图中阴影部分的面积为 α 时在 x 轴上所确定的点。

本书附表 3 对不同自由度 k 及不同的数 α，给出了 $t(k)$ 分布的 α 分位点 $t_\alpha(k)$ 的值。

设 $k=15$，$\alpha=0.05$，则有 $t_{0.05}(15) = 1.753$。

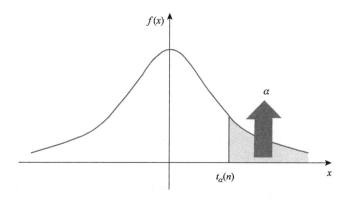

图 3-12 $t_\alpha(k)$ 的 α 分位点

3.5.3 F 分布

定理 3-6 设随机变量 X 与 Y 相互独立,分别服从自由度为 k_1,k_2 的 χ^2 分布,则随机变量

$$F = \frac{X \, / \, k_1}{Y \, / \, k_2} \tag{3-48}$$

的概率密度为

$$f_F(x) = f(x) = \begin{cases} \dfrac{\Gamma\left(\dfrac{k_1+k_2}{2}\right)}{\Gamma\left(\dfrac{k_1}{2}\right)\Gamma\left(\dfrac{R_2}{2}\right)} k_1^{\frac{k_1}{2}} k_2^{\frac{k_2}{2}} \dfrac{x^{\frac{k_1}{2}-1}}{(k_1 x + k_1)^{\frac{k_1+k_2}{2}}}, & x > 0 \\ \\ 0, & x \leqslant 0 \end{cases}$$

随机变量 F 服从自由度为 (k_1,k_2) 的 F 分布,记作 $F \sim F(k_1,k_2)$,其中 k_1 是分子的自由度,称为第一自由度;k_2 是分母的自由度,称为第二自由度。

定理的证明从略。

图 3-13 中为部分自由度对应的 F 分布曲线。

定义:设 $F \sim F(k_1,k_2)$,对于给定的数 $\alpha(0<\alpha<1)$,满足等式

$$P\left(F \geqslant F_\alpha(k_1,k_2)\right) = \int_{F_\alpha(k_1,k_2)}^{+\infty} f_F(x)\,\mathrm{d}x = \alpha \tag{3-49}$$

的点 $F_\alpha(k_1,k_2)$ 称为 $F(k_1,k_2)$ 分布的 α 分位点。

如图 3-13 所示,$F_\alpha(k_1,k_2)$ 就是使图中阴影部分的面积为 α 时在 X 轴上所确定的点。

设 $k_1=5,k_2=10,\alpha=0.05$,则 $F_{0.05}(5,10)=3.33$。

本书附表 4 对不同的自由度 (k_1,k_2) 及不同的数 α,给出了 $F(k_1,k_2)$ 分布的 α 分位点 $F_\alpha(k_1,k_2)$ 的值。

容易证明下面的等式

$$F_{1-\alpha}(k_1,k_2) = \frac{1}{F_\alpha(k_2,k_1)} \tag{3-50}$$

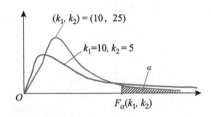

图 3-13　F 分布密度函数图和 $F_\alpha(k_1,k_2)$ 的 α 分位点

利用这个等式,查附表 4,可以计算当 $\alpha=0.95,0.975,0.99,0.995$ 时的 $F_\alpha(k_1,k_2)$ 的值。

$$F_{0.95}(5,10) = \frac{1}{F_{0.05}(10,5)} = \frac{1}{4.47} \approx 0.211$$

3.6　正态总体统计量的分布

研究数理统计问题时,往往需要知道所讨论的统计量 $g(X_1,X_2,\cdots,X_n)$ 的分布。一般说来,要确定某个统计量的分布是困难的,有时甚至是不可能的。然而,对于总体 X 服从正态分布的情形已经有了详尽的研究,下面讨论服从正态分布的总体的统计量的分布。

3.6.1　单个正态总体的统计量的分布

首先讨论单个正态总体的统计量的分布。从总体 X 中抽取容量为 n 的样本 $X_1,X_2,\cdots,X_n$,样本均值与样本方差分别是

$$\bar{X} = \frac{1}{n}\sum_{i=1}^{n} x_i$$

$$s^2 = \frac{1}{n-1}\sum_{i=1}^{n}(X_i - \bar{X})^2$$

定理 3-7　设总体 X 服从正态分布 $N(\mu,\sigma^2)$,则样本均值 $\bar{X}$ 服从正态分布 $N(\mu,\frac{\sigma^2}{n})$,即

$$\bar{X} \sim N\left(\mu,\frac{\sigma^2}{n}\right) \tag{3-51}$$

证：因为随机变量 $X_1,X_2,\cdots,X_n$ 相互独立,并且与总体 X 服从相同的正态分布 $N(\mu,\sigma^2)$,所以,它们的线性组合

$$\bar{X} = \frac{1}{n}\sum_{i=1}^{n} x_i = \sum_{i=1}^{n} \frac{1}{n}x_i \tag{3-52}$$

服从正态分布 $N\left(\mu,\dfrac{\sigma^2}{n}\right)$。

定理3-8 设总体 X 服从正态分布 $N(\mu,\sigma^2)$，则统计量 $u=\dfrac{\bar{x}-\mu}{\sigma\,/\,\sqrt{n}}$ 服从标准正态分布 $N(0,1)$，即

$$u=\frac{\bar{x}-\mu}{\sigma\,/\,\sqrt{n}}\sim N(0,1) \tag{3-53}$$

证： $\bar{X}\sim N\left(\mu,\dfrac{\sigma^2}{n}\right)$。所以，将 $\bar{X}$ 标准化后即为式(3-53)。

定理3-9 设总体 X 服从正态分布 $N(\mu,\sigma^2)$，则统计量 $\chi^2=\dfrac{1}{\sigma^2}\sum\limits_{i=1}^{n}(X_i-\mu)^2$ 服从自由度为 n 的 χ^2 分布，即

$$x^2=\frac{1}{\sigma^2}\sum_{i=1}^{n}(\chi_i-\mu)^2\sim\chi^2(n) \tag{3-54}$$

证： 因为 $X_i\sim N(\mu,\sigma^2)$，所以得

$$\frac{x_i-\mu}{\sigma}\sim N(0,1),i=1,2,\cdots,n$$

又因为 $X_1,X_2,\cdots,X_n$ 相互独立，所以 $\dfrac{x_1-\mu}{\sigma},\dfrac{x_2-\mu}{\sigma},\cdots,\dfrac{x_n-\mu}{\sigma}$ 也相互独立。于是

$$X^2=\frac{1}{\sigma^2}\sum_{i=1}^{n}(X_i-\mu)^2=\sum_{i=1}^{n}\left(\frac{x_i-\mu}{\sigma}\right)^2\sim\chi^2(n)$$

定理3-10 设总体 X 服从正态分布 $N(\mu,\sigma^2)$，则

(1)样本均值 $\bar{X}$ 与样本方差 S^2 相互独立。

(2)统计量 $\chi^2=\dfrac{(n-1)S^2}{\sigma^2}$ 服从自由度为 $n-1$ 的 χ^2 分布，即

$$\chi^2=\frac{(n-1)S^2}{\sigma^2}\sim\chi^2(n-1) \tag{3-55}$$

这个定理的证明略。仅对自由度做一些说明：由样本方差 S^2 的定义易知

$$(n-1)S^2=\sum_{i=1}^{n}(X_i-\bar{X})^2$$

所以统计量

$$x^2=\frac{(n-1)S^2}{\sigma^2}=\frac{1}{\sigma^2}\sum_{i=1}^{n}(X_i-\bar{X})^2$$

虽然是 n 个随机变量的平方和，但是这些随机变量不是相互独立的，因为它们的和恒等于

零,即

$$\sum_{i=1}^{n} \frac{x_i - \bar{x}}{\sigma} = \frac{1}{\sigma}\left(\sum_{i=1}^{n} x_i - n\bar{x}\right) \equiv 0$$

由于受到一个条件的约束,所以自由度为 $n-1$。

定理 3-11 设总体服从正态分布 $N(\mu,\sigma^2)$,则统计量 $t = \dfrac{\bar{x}-\mu}{s/\sqrt{n}}$ 服从自由度为 $n-1$ 的 t 分布,即

$$t = \frac{\bar{x}-\mu}{s/\sqrt{n}} \sim t(n-1) \tag{3-56}$$

证:由定理 3-8 知,统计量

$$u = \frac{\bar{x}-\mu}{\sigma/\sqrt{n}} \sim N(0,1)$$

又由定理 3-10 知,统计量

$$\chi^2 = \frac{(n-1)S^2}{\sigma^2} \sim \chi^2(n-1)$$

因为 $\bar{x}$ 与 S^2 相互独立,所以 $u=\dfrac{\bar{x}-\mu}{\sigma/\sqrt{n}}$ 与 $\chi^2=\dfrac{(n-1)S^2}{\sigma^2}$ 也相互独立,于是,统计量

$$t = \frac{u}{\sqrt{\dfrac{x^2}{n-1}}} = \frac{\dfrac{\bar{x}-\mu}{\sigma/\sqrt{n}}}{\sqrt{\dfrac{(n-1)S^2/\sigma^2}{n-1}}} = \frac{\bar{X}-\mu}{s/\sqrt{n}} \sim t(n-1)$$

3.6.2 两个正态总体的统计量的分布

以下讨论两个正态总体的统计量的分布。从总体 X 中抽取容量为 n_x 的样本 $X_1,X_2,\cdots,X_{n_x}$;从总体 Y 中抽取容量为 n_y 的样本 $Y_1,Y_2,\cdots,Y_{n_y}$。假设所有的抽样都是相互独立的,由此得到的样本 $X_i(i=1,2,\cdots,n_x)$ 与 $Y_j(j=1,2,\cdots,n_y)$ 都是相互独立的随机变量。把取自两个总体的样本均值分别记作

$$\bar{X} = \frac{1}{n_x}\sum_{i=1}^{n_x} X_i$$

$$\bar{Y} = \frac{1}{n_y}\sum_{i=1}^{n_y} Y_i$$

样本方差分别记作

$$S_x^2 = \frac{1}{n_x-1}\sum_{i=1}^{n_x}(X_i-\bar{X})^2$$

$$S_y{}^2 = \frac{1}{n_y - 1} \sum_{i=1}^{n_y} (Y_j - \bar{Y})^2$$

定理 3-12　设总体 X 服从正态分布 $N(\mu_x, \sigma_x^2)$，总体 Y 服从正态分布 $N(\mu_y, \sigma_y^2)$，则统计量

$$U = \frac{(\bar{X} - \bar{Y}) - (\mu_x - \mu_y)}{\sqrt{\dfrac{\sigma_x^2}{n_x} + \dfrac{\sigma_y^2}{n_y}}}$$

服从标准正态分布 $N(0, 1)$，即

$$U = \frac{(\bar{X} - \bar{Y}) - (\mu_x - \mu_y)}{\sqrt{\dfrac{\sigma_x^2}{n_x} + \dfrac{\sigma_y^2}{n_y}}} \sim N(0, 1) \tag{3-57}$$

证： 已知

$$\bar{X} \sim N\left(\mu_x, \frac{\sigma_x^2}{n_x}\right), \bar{Y} \sim N\left(\mu_y, \frac{\sigma_y^2}{n_y}\right)$$

因为 $\bar{X}$ 与 $\bar{Y}$ 相互独立，所以由 3.4 正态分布中定理 3-2 可知

$$\bar{X} - \bar{Y} \sim N\left(\mu_x - \mu_y, \frac{\sigma_x^2}{n_x} + \frac{\sigma_y^2}{n_y}\right)$$

于是得

$$U = \frac{(\bar{X} - \bar{Y}) - (\mu_x - \mu_y)}{\sqrt{\dfrac{\sigma_x^2}{n_x} + \dfrac{\sigma_y^2}{n_y}}} \sim N(0, 1)$$

当 $\sigma_x = \sigma_y = \sigma$ 时，得到下面的推论。

推论： 设总体 X 服从正态分布 $N(\mu_x, \sigma_x^2)$，总体 Y 服从正态分布 $N(\mu_y, \sigma_y^2)$，则统计量

$$U = \frac{(\bar{X} - \bar{Y}) - (\mu_x - \mu_y)}{\sigma \sqrt{\dfrac{1}{n_x} + \dfrac{1}{n_y}}} \sim N(0, 1) \tag{3-58}$$

定理 3-13　设总体 X 服从正态分布 $N(\mu_x, \sigma^2)$，总体 Y 服从正态分布 $N(\mu_y, \sigma^2)$，则统计量

$$T = \frac{(\bar{X} - \bar{Y}) - (\mu_x - \mu_y)}{s_w \sqrt{\dfrac{1}{n_x} + \dfrac{1}{n_y}}}$$

服从自由度为 $n_x + n_y - 2$ 的 t 分布，即

$$T = \frac{(\overline{X} - \overline{Y}) - (\mu_x - \mu_y)}{s_w \sqrt{\dfrac{1}{n_x} + \dfrac{1}{n_y}}} \sim t(n_x + n_y - 2) \tag{3-59}$$

其中

$$s_w = \sqrt{\frac{(n_x - 1)S_x^2 + (n_y - 1)S_y^2}{n_x + n_y - 2}}$$

证：由定理的推论知，统计量

$$U = \frac{(\overline{X} - \overline{Y}) - (\mu_x - \mu_y)}{\sigma \sqrt{\dfrac{1}{n_x} + \dfrac{1}{n_y}}} \sim N(0,1)$$

又由定理知

$$\frac{(n_x - 1)S_x^2}{\sigma^2} \sim \chi^2(n_x - 1)$$

$$\frac{(n_y - 1)S_y^2}{\sigma^2} \sim \chi^2(n_y - 1)$$

因为 S_x^2 与 S_y^2 相互独立，所以由 χ^2 分布的可加性定理 3-4 中式（3-44）可知，统计量

$$V = \frac{(n_x - 1)S_x^2 + (n_y - 1)S_y^2}{\sigma^2} \sim \chi^2(n_x + n_y - 2)$$

因为 $\overline{X}$ 与 S_x^2 相互独立，$\overline{Y}$ 与 S_y^2 相互独立，所以，统计量 U 与 V 也相互独立。于是统计量

$$T = \frac{U}{\sqrt{\dfrac{V}{n_x + n_y - 2}}} = \frac{(\overline{X} - \overline{Y}) - (\mu_x - \mu_y)}{s_w \sqrt{\dfrac{1}{n_x} + \dfrac{1}{n_y}}} \sim t(n_x + n_y - 2)$$

定理 3-14 设总体 X 服从正态分布 $N(\mu_x, \sigma_x^2)$，总体 Y 服从正态分布 $N(\mu_y, \sigma_y^2)$，则统计量

$$F = \frac{\displaystyle\sum_{i=1}^{n_x}(X_i - \mu_x)^2 \ / \ (n_x \sigma_x^2)}{\displaystyle\sum_{i=1}^{n_y}(Y_j - \mu_y)^2 \ / \ (n_y \sigma_y^2)}$$

服从自由度为 (n_x, n_y) 的 F 分布，即

$$F = \frac{\displaystyle\sum_{i=1}^{n_x}(X_i - \mu_x)^2 \ / \ (n_x \sigma_x^2)}{\displaystyle\sum_{i=1}^{n_y}(Y_j - \mu_y)^2 \ / \ (n_y \sigma_y^2)} \sim F(n_x, n_y) \tag{3-60}$$

证：由定理知

$$x_x^2 = \frac{1}{\sigma_x^2} \sum_{i=1}^{n_x} (X_i - \mu_x)^2 \sim \chi^2(n_x)$$

$$x_y^2 = \frac{1}{\sigma_y^2} \sum_{i=1}^{n_y} (Y_j - \mu_y)^2 \sim \chi^2(n_y)$$

因为所有的 X_i 与 Y_j 都是相互独立的,所以 x_x^2 与 x_y^2 也相互独立。于是统计量

$$F = \frac{x_x^2 \; / \; n_x}{x_y^2 \; / \; n_y} = \frac{\sum\limits_{i=1}^{n_x} (X_i - \mu_x)^2 \; / \; (n_x \sigma_x^2)}{\sum\limits_{i=1}^{n_y} (Y_j - \mu_y)^2 \; / \; (n_y \sigma_y^2)} \sim F(n_x, n_y)$$

定理 3-15　设总体 X 服从正态分布 $N(\mu_x, \sigma_x^2)$,总体 Y 服从正态分布 $N(\mu_y, \sigma_y^2)$,则统计量 $F = \dfrac{S_x^2 \; / \; \sigma_x^2}{S_y^2 \; / \; \sigma_y^2}$ 服从自由度为 (n_x-1, n_y-1) 的 F 分布,即

$$F = \frac{S_x^2 \; / \; \sigma_x^2}{S_y^2 \; / \; \sigma_y^2} \sim F(n_x-1, n_y-1) \tag{3-61}$$

证:由定理知

$$x_x^2 = \frac{(n_x - 1)S_x^2}{\sigma_x^2} \sim \chi^2(n_x - 1)$$

$$x_y^2 = \frac{(n_y - 1)S_y^2}{\sigma_y^2} \sim \chi^2(n_y - 1)$$

因为 S_x^2 与 S_y^2 相互独立,所以 x_x^2 与 x_y^2 也相互独立。

于是,由定理 3-6 可知,统计量

$$F = \frac{x_x^2 \; / \; (n_x - 1)}{x_y^2 \; / \; (n_y - 1)} = \frac{S_x^2 \; / \; \sigma_x^2}{S_y^2 \; / \; \sigma_y^2} \sim F(n_x - 1, n_y - 1)$$

例 3-7　设总体 $X \sim N(\mu, \sigma^2)$,从总体中抽取容量为 16 的样本,求样本均值 $\bar{X}$ 与总体均值 μ 之差的绝对值小于 0.5 的概率。

(1)已知总体方差 $\sigma^2 = 4$;(2)已知样本方差的观测值 $s^2 = 5.33$。

解:(1)已知样本容量 $n = 16$,由定理 3-8 可知:样本函数

$$u = \frac{\bar{x} - \mu}{\sigma \; / \; \sqrt{n}} = \frac{\bar{x} - \mu}{2 \; / \; \sqrt{16}} = 2(\bar{X} - \mu) \sim N(0,1)$$

所以

$$P(\,|\,\bar{X} - \mu\,|\, < 0.5) = P(2\,|\,\bar{X} - \mu\,|\, < 1) = P(2\,|\,u\,|\, < 1) = \phi(1) - \phi(-1) = 2\phi(1) - 1$$

查 $\phi(1) = 0.8413$，所以上式 $= 0.6826$。

(2)已知 $s^2 = 5.33$，由定理 3-11 知:样本函数

$$t = \frac{\bar{X} - \mu}{\sqrt{5.33}/\sqrt{16}} = \sqrt{\frac{16}{5.33}}(\bar{X} - \mu) \sim t(15)$$

所以

$$P(|\bar{X} - \mu| < 0.5) = P\left(\left|\sqrt{\frac{16}{5.33}}(\bar{X} - \mu)\right| < 0.866\right) = P(|t| < 0.866)$$

$$= 1 - P(|t| \geq 0.866) = 1 - 2P(t \geq 0.866) = 1 - 2 \times 0.2 = 0.6$$

查附表 3 得 $t_{0.20}(15) = 0.866$。

例 3-8　设总体 $X \sim N(\mu, 2^2)$，从总体中抽取容量为 16 的样本:(1)如果已知 $\mu = 0$，求 $\sum\limits_{i=1}^{16} X_i^2 < 128$ 的概率;(2)如果未知 μ，求 $\sum\limits_{i=1}^{16} (X_i - \bar{X})^2 < 100$ 的概率。

解:(1)已知样本容量 $n = 16, \mu = 0$，由定理 3-9 知统计量

$$\chi^2 = \frac{1}{2^2} \sum_{i=1}^{16} X_i^2 \sim \chi^2(16)$$

所以

$$P\left(\sum_{i=1}^{16} X_i^2 < 128\right) = P\left(\frac{1}{2^2}\sum_{i=1}^{16} X_i^2 < \frac{128}{2^2}\right) = P(\chi^2 < 32) = 1 - P(\chi^2 \geq 32)$$

$$= 1 - 0.01 = 0.99$$

查附表 2 $\chi^2_{0.01}(16) = 32$。

(2)如果未知 μ，由定理 3-10 可知,统计量

$$\chi^2 = \frac{(16-1)S^2}{2^2} = \frac{1}{2^2} \sum_{i=1}^{16} (X_i - \bar{X})^2 \sim \chi^2(15)$$

所以

$$P\left(\sum_{i=1}^{16} (X_i - \bar{X})^2 < 100\right) = P\left(\frac{1}{2^2}\sum_{i=1}^{16} (X_i - \bar{X})^2 < \frac{100}{2^2}\right) = P(\chi^2 < 25)$$

$$= 1 - P(\chi^2 \geq 25) = 1 - 0.05 = 0.95$$

查附表2 $\chi^2_{0.05}(15) = 25.0$。

例 3-9　设总体 $X \sim N(52, 5^2)$，$Y \sim N(55, 10^2)$，从总体 X 与 Y 中分别抽取容量为 $n_1 = 10$ 与 $n_2 = 8$ 的样本,求下列概率:(1)$P(|\bar{X} - \bar{Y}| < 8)$;(2)$P\left(0.92 < \frac{S_1^2}{S_2^2} < 1.68\right)$。

解：(1)由定理 3-12 可知,统计量

$$U = \frac{(\bar{X} - \bar{Y}) - (52 - 55)}{\sqrt{\frac{5^2}{10} + \frac{10^2}{8}}} = \frac{(\bar{X} - \bar{Y}) + 3}{\sqrt{15}} \sim N(0,1)$$

$$P(|\bar{X} - \bar{Y}| < 8) = P(-8 < \bar{X} - \bar{Y} < 8) = P\left(\frac{-5}{\sqrt{15}} < \frac{\bar{X} - \bar{Y} + 3}{\sqrt{15}} < \frac{11}{\sqrt{15}}\right)$$

$$= P(-1.29 < U < 2.84) = \phi(2.84) - \phi(-1.29) = 0.8992$$

查附表 1 得 $\phi(2.84) = 0.9977, \phi(1.29) = 0.9015$。

(2)由定理知:统计量

$$F = \frac{S_1^2/5^2}{S_2^2/10^2} = \frac{4S_1^2}{S_2^2} \sim F(9,7)$$

所以

$$P\left(0.92 < \frac{S_1^2}{S_2^2} < 1.68\right) = P\left(3.68 < 4\frac{S_1^2}{S_2^2} < 6.72\right)$$

$$= P(F > 3.68) - P(F \geqslant 6.72) = 0.05 - 0.01 = 0.04$$

查附表 4 得 $F_{0.05}(9,7) = 3.68, F_{0.01}(9,7) = 6.72$

3.7 变量期望和方差特征值计算

随机变量 X 所取数值的集中位置,就像力学系统中的重心反映该系统质量集中位置一样,在概率论中,这样一个数字就是随机变量的数学期望。设离散随机变量 X 的概率函数为 $p(x_i), i = 1, 2, \cdots$,则 X 的数学期望分为以下几种情况。

3.7.1 离散型随机变量的数学期望

定义：设离散型随机变量 X 的概率函数为 $p(x_i), i = 1, 2, \cdots$,若级数 $\sum_i x_i p_i$ 绝对收敛,则称该级数为 X 的数学期望,记为

$$EX = \sum_i x_i p_i \tag{3-62}$$

若 $\sum_i x_i p_i$ 非绝对收敛,即级数 $\sum_i |x_i| p_i$ 发散,则称 X 的数学期望不存在。

3.7.2 连续型随机变量的数学期望

定义：设 X 是连续型随机变量,$X \sim f(x)$,若 $\int_{-\infty}^{+\infty} x f(x) \mathrm{d}x$ 绝对收敛,则称该积分为 X 的数学期望,记为

$$EX = \int_{-\infty}^{+\infty} xf(x)\,\mathrm{d}x \tag{3-63}$$

否则称 X 的数学期望不存在。

例 3-10 若 X 服从 $[a,b]$ 区间上的均匀分布，求 EX。

解：
$$X \sim f(x) = \begin{cases} \dfrac{1}{b-a}, & x \in [a,b] \\ 0, & \text{其他} \end{cases}$$

所以
$$EX = \int_{-\infty}^{+\infty} xf(x)\,\mathrm{d}x = \int_{b}^{a} x\,\frac{1}{b-a}\mathrm{d}x = \frac{1}{b-a} \cdot \frac{1}{2}x^2 \Big|_{a}^{b} = \frac{a+b}{2}$$

3.7.3 随机变量函数的数学期望

定理 3-16 设 X 是随机变量，$Y=g(X)$，且 $E[g(X)]$ 存在，则

(1) 若 X 为离散型随机变量，概率函数为 $p(x_i)$，$i=1,2,\cdots$；$g(x)$ 是实值函数，且级数 $\sum g(x_i)p(x_i)$ 绝对收敛，则随机变量函数 $g(X)$ 的数学期望

$$E[g(X)] = \sum_i g(x_i)p_i \tag{3-64}$$

(2) 若 X 为连续型随机变量，$X \sim f(x)$，$g(x)$ 是实值函数，且反常积分 $\int_{-\infty}^{+\infty} g(x)f(x)\mathrm{d}x$ 绝对收敛，则随机变量函数 $g(X)$ 的数学期望

$$E\big(g(X)\big) = \int_{-\infty}^{+\infty} g(x)f(x)\,\mathrm{d}x \tag{3-65}$$

例 3-11 设随机变量 X 服从 $[0,\pi]$ 的均匀分布，求 $E(\sin X)$，$E(X^2)$，$E(X-EX)^2$。

解：
$$X \sim f(x) = \begin{cases} \dfrac{1}{\pi}, & x \in [0,\pi] \\ 0, & \text{其他} \end{cases}$$

据定理得

$$E(\sin X) = \int_{-\infty}^{+\infty} \sin x \cdot f(x)\,\mathrm{d}x = \int_{0}^{\pi} \sin x \cdot \frac{1}{\pi}\mathrm{d}x = \frac{2}{\pi}$$

$$E(X^2) = \int_{-\infty}^{+\infty} x^2 f(x)\,\mathrm{d}x = \int_{0}^{\pi} x^2 \cdot \frac{1}{\pi}\mathrm{d}x = \frac{\pi^2}{3}$$

$$E(X-EX)^2 = E\Big(X-\frac{\pi}{2}\Big)^2 = \int_{-\infty}^{+\infty} \Big(x-\frac{\pi}{2}\Big)^2 f(x)\,\mathrm{d}x$$

$$= \int_{0}^{\pi} \Big(x-\frac{\pi}{2}\Big)^2 \cdot \frac{1}{\pi}\mathrm{d}x = \frac{\pi^2}{12}$$

3.7.4　数学期望的性质

①设 C 为常量,则有 $EC = C$。

②设随机变量 X 的数学期望 $E(X)$,C 为存量,则有

$$E(C) = C \tag{3-66}$$

$$E(X + C) = EX + C \tag{3-67}$$

$$E(cX) = cEX \tag{3-68}$$

③设随机变量 X 与 Y 的数学期望 $E(X)$ 与 $E(Y)$ 存在,则有

$$E(X + Y) = E(X) + E(Y) \tag{3-69}$$

④设随机变量 $X_1, X_2, \cdots, X_n$ 的数学期望 $EX_1, EX_2, \cdots, E(X_n)$ 存在,$C_1, C_2, \cdots, C_n$ 为常量,则有

$$E\left(\sum_{i=1}^{n} C_i X_i\right) = \sum_{i=1}^{n} C_i E(X_i) \tag{3-70}$$

⑤设随机变量 X 与 Y 相互独立,数学期望 $E(X)$ 与 $E(Y)$ 存在,则有

$$E(XY) = E(X)E(Y) \tag{3-71}$$

3.7.5　方差的计算

随机变量的数字特征中,除数学期望外,另一重要的数字特征就是方差。

设随机变量 X 的数学期望 $E(X)$ 存在,则函数 $[X - E(X)]^2$ 数学期望称为随机变量 X 的方差,记作 $D(X)$,即

$$D(X) = E(X - EX)^2 \tag{3-72}$$

离散随机变量 X 的方差

$$D(X) = \sum [x_i - E(X)]^2 p(x_i) \tag{3-73}$$

假定级数是收敛的。

连续随机变量 X 的方差

$$D(X) = \int_{-\infty}^{+\infty} [x - E(X)]^2 f(x) \, \mathrm{d}x \tag{3-74}$$

假定反常积分是收敛的。

设随机变量 X 的方差的算术平方根 $\sqrt{D(X)}$ 称为 X 的标准差,记作

$$\sigma(X) = \sqrt{D(X)} \tag{3-75}$$

或者

$$D(X) = \sigma^2(X) \tag{3-76}$$

设随机变量 X 的数学期望 $E(X)$ 存在,且 $E(X^2)$ 也存在,则

$$D(X) = E(X^2) - [E(X)]^2 \tag{3-77}$$

3.7.6 方差的性质

①设 C 为常量,则有 $D(C) = 0$。
②设随机变量 X 的方差 $D(X)$ 存在,C 为常量,则有

$$D(cX) = C^2 D(X) \tag{3-78}$$

③设随机变量 X 与 Y 相互独立,方差 $D(X)$ 与 $D(Y)$ 存在,则有

$$D(X + Y) = DX + DY \tag{3-79}$$

④设随机变量 $X_1, X_2, X_3, \cdots, X_n$ 相互独立,方差 $D(X_1), D(X_2), \cdots, D(X_n)$ 存在,$C_1, C_2, \cdots, C_n$ 为常量,则有

$$D\left(\sum_{i=1}^{n} C_i X_i\right) = \sum_{i=1}^{n} C_i^2 D(X_i) \tag{3-80}$$

例 3-12 设 $X \sim f(x) = \begin{cases} x, & 0 \leqslant x < 1 \\ 2-x, & 1 < x < 2 \\ 0, & \text{其他} \end{cases}$ 求 EX, DX。

解:$EX = \int_{-\infty}^{+\infty} xf(x)\,\mathrm{d}x = \int_0^1 x \cdot x\mathrm{d}x + \int_1^2 x(2-x)\,\mathrm{d}x = \dfrac{1}{3}x^3 \Big|_0^1 + \left(x^2 - \dfrac{1}{3}x^3\right) \Big|_1^2 = 1$

$$E(X^2) = \int_{-\infty}^{+\infty} x^2 f(x)\,\mathrm{d}x = \frac{7}{6}$$

$$DX = EX^2 - (EX)^2 = \frac{7}{6} - 1 = \frac{1}{6}$$

3.7.7 协方差与相关系数

随机变量 X 与 Y 的函数 $[X-EX][Y-EY]$ 的数学期望存在,则称其为 X 与 Y 的协方差,记作 $\mathrm{cov}(X, Y)$,即

$$\mathrm{cov}(X, Y) = E\left[(X - EX)(Y - EY)\right] \tag{3-81}$$

因为

$$\mathrm{cov}(X, Y) = E\left[XY - XE(Y) - YE(X) + E(X)E(Y)\right]$$

$$= E(XY) - E(X)E(Y) - E(X)E(Y) + E(X)E(Y) = E(XY) - E(X)E(Y)$$

所以 $\qquad\qquad\qquad \mathrm{cov}(X, Y) = E(XY) - E(X)E(Y) \tag{3-82}$

则有

定理 3-17 若随机变量 X 与 Y 相互独立,则协方差 $\mathrm{cov}(X, Y)$ 等于零。

因为 X 与 Y 相互独立,所以有 $E(XY) = E(X)E(Y)$

则由公式(3-82)得 $\mathrm{cov}(X, Y) = E(X Y) - E(X) E(Y) = 0$

当 $\mathrm{cov}(X, Y) = 0$,时, 通常称随机变量 X 与 Y 是不相关。

由定理 3-17 知,若随机变量 X 与 Y 相互独立,则 X 与 Y 一定不相关。

但当随机变量 X 与 Y 不相关时,X 与 Y 却不一定相互独立。

定义:随机变量 X 与 Y 的数学期望与方差都存在,则标准化的随机变量

$$X^* = \frac{X - E(X)}{\sigma(X)} \quad 与 \quad Y^* = \frac{Y - E(Y)}{\sigma(Y)}$$

的协方差 $\mathrm{cov}(X^*, Y^*)$ 称为 X 与 Y 的相关系数,记作 $R(X, Y)$,即

$$
\begin{aligned}
R(X, Y) = E(X^*, Y^*) &= E\left[\frac{X - E(X)}{\sigma(X)} \cdot \frac{Y - E(Y)}{\sigma(Y)}\right] \\
&= \frac{E\{[X - E(X)][Y - E(Y)]\}}{\sigma(X)\sigma(Y)} \\
&= \frac{\mathrm{cov}(X, Y)}{\sqrt{D(X)}\sqrt{D(Y)}}
\end{aligned}
\tag{3-83}
$$

定理 3-18 任意两个随机变量的相关系数的绝对值不大于 1,即

$$|R(X, Y)| \leq 1 \tag{3-84}$$

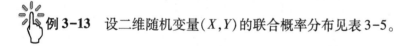 **例 3-13** 设二维随机变量 (X, Y) 的联合概率分布见表 3-5。

表 3-5 二维随机变量的联合概率分布表

X ＼ Y	0	1
-1	0	1/3
0	1/3	0
1	0	1/3

证明:X 与 Y 不相关,但不是相互独立的。

解:易知 X 及 Y 的边缘概率分布分别见表 3-6,表 3-7。

表 3-6 X 的边缘概率分布表

X	-1	0	1
$p_X(x_i)$	1/3	1/3	1/3

表 3-7 Y 的边缘概率分布表

Y	0	1
$P_Y(y_j)$	1/3	2/3

利用公式(3-82)计算协方差得

$$\text{cov}(X,Y) = (-1) \times 1 \times \frac{1}{3} + 0 \times 0 \times \frac{1}{3} + 1 \times 1 \times \frac{1}{3} - \left[(-1) \times \frac{1}{3} + 0 \times \frac{1}{3} + 1 \times \frac{1}{3} \right]$$

$$\left[0 \times \frac{1}{3} + 1 \times \frac{2}{3} \right] = 0 - 0 \times \frac{2}{3} = 0$$

所以 X 与 Y 是不相关的,但是,因为

$$p(0,0) = \frac{1}{3}, p_X(0)p_Y(0) = \frac{1}{3} \times \frac{1}{3} = \frac{1}{9}$$

由此可见,$p(0,0) \neq p_X(0)p_Y(0)$,所以 X 与 Y 不是相互独立的。

习题三

1. 测量 100 个样品的质量(单位:g),得到样本观测值见表3-8,写出零件质量的频率分布表并作直方图。

表3-8 样本观测值

246	251	259	254	246	253	237	252	250	251
249	244	249	244	243	246	256	247	252	252
250	247	255	249	247	252	252	242	245	240
260	263	254	240	255	250	256	246	249	253
246	255	244	245	257	252	250	249	255	248
258	242	252	259	249	244	251	250	241	253
250	265	247	249	253	247	248	251	251	249
246	250	252	256	245	254	258	248	255	251
249	252	254	246	250	251	247	253	252	255
254	247	252	257	258	247	252	264	248	244

2. 从某单位生产的试样中抽取 200 个,测量直径,得到频率分布表见表3-9。

表3-9 频率分布表

铆钉头直径/ mm	频数 n_i	频率 f_i
13.095 ~ 13.145	2	0.01
13.145 ~ 13.195	1	0.01
13.195 ~ 13.245	8	0.04
13.245 ~ 13.295	17	0.09
13.295 ~ 13.345	26	0.13
13.345 ~ 13.395	30	0.15
13.395 ~ 13.445	38	0.19
13.445 ~ 13.495	27	0.14
13.495 ~ 13.545	24	0.12

续表

铆钉头直径/ mm	频数 n_i	频率 f_i
13.545 ~ 13.595	16	0.08
13.595 ~ 13.645	9	0.05
13.645 ~ 13.695	2	0.01
总计	200	1.00

(1)计算样本均值、样本方差与样本二阶中心矩(计算时把各个子区间的中点值取作 x_i)。

(2)作直方图。

3. 某晶体经过5次重复称量,其质量(以 g 计)如下:0.73829,0.73821,0.73827,0.73828,0.73825,试求此晶体的平均质量、平均误差和标准误差。

4. 测量某电路电流5次,测得数据(mA)为168.41,168.54,168.59,168.40,168.50。试求算术平均值及其标准差、平均误差。

5. 已知 A 厂加工产品平均质量为 190 kg,标准差为 10.5 kg,而 B 厂加工产品平均质量为 196 kg,标准差为 8.5 kg,问两厂家加工的产品哪一个质量变异程度大。

6. 对两种样品分别抽样 10 个并检测其长度(单位:cm),结果见表3-10。

表 3-10 抽样长度检测结果

A	166	169	172	177	180	170	172	174	168	173
B	68	69	68	70	71	73	72	73	74	75

比较哪一组的长度差异大。

7. 设 $X \sim N(-1,16)$,计算下列概率:$P(X<2.44)$,$P(|X|<4)$,$P(-5<X<2)$。

8. 假定某批布样质量 $X \sim N(170,10^2)$(单位:g),求质量大于 160 g 的概率。

9. 设总体 $X \sim N(50,6^2)$,总体 $Y \sim N(46,4^2)$,求总体 X 中抽取容量为 10 的样本,从总体 Y 抽取容量为 8 的样本,求下列概率:

(1)$P(0<\bar{X}-\bar{Y}<8)$

(2)$P\left(\dfrac{S_x^2}{S_y^2}<8.28\right)$

10. 设 X 是 $[0,2]$ 区间上的均匀分布,求 $E(3X+1)$。

11. 已知随机变量 X 与 Y 相互独立,且 $E(X)=5$,$D(X)=1$,$E(Y)=2$,$D(Y)=1$,设 $U=X-2Y$,$V=2X-Y$,求:

(1)数学期望 $E(U)$ 及 $E(V)$;

(2)方差 $D(U)$ 及 $D(V)$;

(3)协方差 $\text{cov}(U,V)$ 及相关系数 $R(X,Y)$。

习题三答案

第4章 参数估计

4.1 参数的点估计

很多情况下,对于所研究的总体已经知道了部分信息,例如,已知总体服从泊松分布的;或者,对于研究的实际情况可以假定总体服从某种分布,而这些总体分布函数中包含一个或多个未知参数。根据抽取的样本来估计未知参数的值,就是参数的点估计。

定义:设总体 X 的分布中含有未知参数 θ,从总体 X 中抽取样本 $X_1, X_2, \cdots, X_n$,构造某个统计量 $\hat{\theta}(X_1, X_2, \cdots, X_n)$ 作为参数 θ 的估计,则称 $\hat{\theta}(X_1, X_2, \cdots, X_n)$ 为参数 θ 的点估计量;若样本 $(X_1, X_2, \cdots, X_n)$ 的观测值为 $(x_1, x_2, \cdots, x_n)$,则称 $\hat{\theta}(x_1, x_2, \cdots, x_n)$ 为参数 θ 的点估计值。

4.1.1 矩估计法

矩估计是一种经典的点估计方法。矩是描写随机变量的一个数字特征,由于样本来自总体,因而样本的特征一定程度上反映了总体的特征。在样本容量 n 充分大时,样本的 k 阶原点矩收敛到总体的 k 阶原点矩。因此,可用样本原点矩来替换总体原点距,这样的方法称为矩估计法。

例 4-1 假设总体的均值 μ,方差 $\sigma^2(\sigma > 0)$ 均未知,$X_1, X_2, \cdots, X_n$ 是来自总体 X 的样本,试求 μ, σ^2 的矩估计量。

解:总体的一阶原点矩和二阶原点矩分别为

$$v_1 = E(X) = \mu$$
$$v_2 = E(X^2) = D(X) + [E(X)]^2 = \sigma^2 + \mu^2$$

样本的 k 阶原点矩为

$$v_k = \frac{1}{n} \sum_{i=1}^{n} X_i^k$$

将总体的一阶原点矩和二阶原点矩分别用样本的原点矩替代,可得方程组

$$\begin{cases} \mu = \dfrac{1}{n}\sum\limits_{i=1}^{n} X_i \\[3mm] \sigma^2 + \mu^2 = \dfrac{1}{n}\sum\limits_{i=1}^{n} X_i^2 \end{cases}$$

解得 μ, σ^2 的矩估计量分别是

$$\begin{cases} \hat{\mu} = \dfrac{1}{n}\sum\limits_{i=1}^{n} X_i = \bar{X} \\[3mm] \hat{\sigma}^2 = \dfrac{1}{n}\sum\limits_{i=1}^{n} X_i^2 - \bar{X}^2 = \dfrac{1}{n}\sum\limits_{i=1}^{n}(X_i - \bar{X})^2 \end{cases}$$

对应的矩估计值就是

$$\begin{cases} \hat{\mu} = \dfrac{1}{n}\sum\limits_{i=1}^{n} x_i = \bar{x} \\[3mm] \hat{\sigma}^2 = \dfrac{1}{n}\sum\limits_{i=1}^{n}(x_i - \bar{x})^2 = \tilde{\sigma}^2 \end{cases}$$

上述结果表明,总体均值 μ 和方差 σ^2 的矩估计量不会因总体分布的不同而不同,只要总体的均值和方差存在,即不论总体服从何种分布,μ 和 σ^2 的矩估计量分别都是 $\bar{X}$ 和 $\dfrac{1}{n}\sum\limits_{i=1}^{n}(X_i - \bar{X})^2$。

4.1.2　最大似然估计法

另一种常用的估计方法是最大似然估计法,这种方法要求总体概率分布的形式是已知的,而分布的参数是未知,需要对这些未知的参数进行估计。

设总体 X 是离散随机变量,概率函数为 $p(x;\theta)$,其中 θ 是未知参数,若取得样本观测值为 $x_1, x_2, \cdots, x_n$,则表示随机事件 $X_1 = x_1, X_2 = x_2, \cdots, X_n = x_n$ 发生,由于 $X_1, X_2, \cdots, X_n$ 是相互独立的,则随机事件的发生概率是

$$\begin{aligned} p &= P(X_1 = x_1, X_2 = x_2, \cdots, X_n = x_n) \\ &= P(X_1 = x_1)P(X_2 = x_2)\cdots P(X_n = x_n) \\ &= p(x_1;\theta)p(x_2;\theta)\cdots p(x_n;\theta) \\ &= \prod_{i=1}^{n} p(x_i;\theta) \end{aligned} \tag{4-1}$$

令 $L(\theta) = \prod\limits_{i=1}^{n} p(x_i;\theta)$,则概率 p 随 θ 的取值变化而变化,它是 θ 的函数,$L(\theta)$ 称为样本的似然函数,对于已知的样本观测值 $x_1, x_2, \cdots, x_n$,它是未知参数 θ 的函数。

若抽样结果得到样本观测值 $x_1, x_2, \cdots, x_n$,在选择参数 θ 时,使这组样本观测值出现的可能性最大,即使似然函数 $L(\theta)$ 达到最大值,从而求得参数 θ 的估计值 $\hat{\theta}$,利用这种最大似然估计方

法得到的参数估计值就是最大似然估计值。

因此,求参数的最大似然估计值就是使似然函数 $L(\theta)$ 取得最大值的问题,可通过下面方程来求解

$$\frac{\mathrm{d}L}{\mathrm{d}\theta} = 0 \tag{4-2}$$

因为 $\ln L$ 是 L 的增函数,所以,$\ln L$ 与 L 在 θ 的同一值处取得最大值,因此,常常用下面方程来求解。

$$\frac{\mathrm{d}\ln L}{\mathrm{d}\theta} = 0 \tag{4-3}$$

例 4-2 假设总体 X 服从正态分布 $N(\mu, \sigma^2)$,其中 μ 和 σ^2 均未知,若取的样本的观测值是 $x_1, x_2, \cdots, x_n$,试求 μ, σ^2 的最大似然估计值。

解: 似然函数为

$$L(\mu, \sigma^2) = \prod_{i=1}^{n} \frac{1}{\sqrt{2\pi}\,\sigma} \mathrm{e}^{-\frac{(x_i-\mu)^2}{2\sigma^2}}$$

$$= \left(\frac{1}{\sqrt{2\pi}\,\sigma}\right)^n \mathrm{e}^{-\sum_{i=1}^{n} \frac{(x_i-\mu)^2}{2\sigma^2}}$$

两边取对数得 $\ln L(\mu, \sigma^2) = -\frac{n}{2}\ln(2\pi) - \frac{n}{2}\ln\sigma^2 - \frac{1}{2\sigma^2}\sum_{i=1}^{n}(x_i-\mu)^2 = 0$

分别对 μ 和 σ^2 求偏导数,得方程组

$$\begin{cases} \dfrac{\partial\ln L}{\partial\mu} = \dfrac{1}{\sigma^2}\sum_{i=1}^{n}(x_i-\mu) = 0 \\[3mm] \dfrac{\partial\ln L}{\partial(\sigma^2)} = -\dfrac{n}{2\sigma^2} + \dfrac{1}{2(\sigma^2)^2}\sum_{i=1}^{n}(x_i-\mu)^2 = 0 \end{cases}$$

解这个方程组得到 μ 和 σ^2 的最大似然估计值,分别是

$$\begin{cases} \hat{\mu} = \dfrac{1}{n}\sum_{i=1}^{n}x_i = \bar{x} \\[3mm] \hat{\sigma}^2 = \dfrac{1}{n}\sum_{i=1}^{n}(x_i-\bar{x})^2 = \tilde{\sigma}^2 \end{cases}$$

从例 4-1、例 4-2 来看,正态分布的参数 μ 和 σ^2 的最大似然估计和矩估计是一致。

例 4-3 设 $X \sim B(1, p)$,p 为未知参数,$(x_1, x_2, \cdots, x_n)$ 是一个样本值,求参数 p 的极大似然估计。

解: 因为总体 X 的分布律为 $P\{X=x\} = p^x(1-p)^{1-x}$,$x=0,1$

故似然函数为 $L(p) = \prod_{i=1}^{n} p^{x_i}(1-p)^{1-x_i} = p^{\sum_{i=1}^{n}x_i}(1-p)^{n-\sum_{i=1}^{n}x_i}, x_i = 0,1(i=1,2,\cdots,n)$

而 $\ln L(p) = (\sum_{i=1}^{n} x_i)\ln p + (n - \sum_{i=1}^{n} x_i)\ln(1-p)$

令 $(\ln L(p))' = \dfrac{\sum_{i=1}^{n} x_i}{p} + \dfrac{(n - \sum_{i=1}^{n} x_i)}{(p-1)} = 0$,解得 p 的最大似然估计值为 $\hat{p} = \dfrac{1}{n}\sum_{i=1}^{n} x_i = \bar{x}$

所以 p 的最大似然估计量为:$\hat{p} = \dfrac{1}{n}\sum_{i=1}^{n} X_i = \bar{X}$。

例 4-4 设 X 服从均匀分布 $U[a,b]$,a,b 未知,$(x_1,x_2,\cdots,x_n)$ 是一个样本值,求 a,b 极大似然估计。

解:由于 x 的概率密度函数 $f(x) = \begin{cases} \dfrac{1}{b-a}, & a \leq x \leq b \\ 0, & 其他 \end{cases}$

则似然函数为:$L(a,b) = \begin{cases} \dfrac{1}{(b-a)^n}, & a \leq x_1,x_2,\cdots,x_n \leq b \\ 0, & 其他 \end{cases}$

通过分析可知,用解似然方程极大值的方法求极大似然估计很难求解(因为无极值点),所以可用直接观察法:

记 $x_{(1)} = \min_{1 \leq i \leq n} x_i$,$x_{(n)} = \max_{1 \leq i \leq n} x$,有 $a \leq x_1,x_2,\cdots,x_n \leq b$ 可表示为 $a \leq x_{(1)}$,$x_{(n)} \leq b$

则对于满足条件:$a \leq x_{(1)}$,$x_{(n)} \leq b$ 的任意 a,b 有

$$L(a,b) = \frac{1}{(b-a)^n} \leq \frac{1}{(x_{(n)} - x_{(1)})^n}$$

即 $L(a,b)$ 在 $a = x_{(1)}$,$b = x_{(n)}$ 时取得最大值

$$L_{\max}(a,b) = \frac{1}{(x_{(n)} - x_{(1)})^n}$$

故 a,b 的极大似然估计值为 $\hat{a} = x_{(1)} = \min_{1 \leq i \leq n}\{x_i\}$,$\hat{b} = x_{(n)} = \max_{1 \leq i \leq n}\{x_i\}$,$a,b$ 的极大似然估计量为 $\hat{a} = X_{(1)} = \min_{1 \leq i \leq n}\{X_i\}$,$\hat{b} = X_{(n)} = \max_{1 \leq i \leq n}\{X_i\}$。

离散变量常见分布有二项分布和泊松分布,连续变量常见分布有均匀分布、指数分布和正态分布,这些分布中参数的矩估计值和最大似然估计值汇总见表4-1,可见,除了均匀分布的矩估值和最大似然估计值有所不同,二项分布、泊松分布、指数分布和正态分布的两种方法的参数估计值是相同的。

表4-1 常见分布参数的矩估计值和最大似然估计值

变量分布	参数	矩估计值	最大似然估计值
二项分布 $X \sim B(n,p)$	p	$\hat{p} = \dfrac{\bar{x}}{n}$	$\hat{p} = \dfrac{\bar{x}}{n}$
泊松分布 $X \sim P(\lambda)$	λ	$\hat{\lambda} = \dfrac{1}{n}\sum\limits_{i=1}^{n} x_i = \bar{x}$	$\hat{\lambda} = \dfrac{1}{n}\sum\limits_{i=1}^{n} x_i = \bar{x}$
均匀分布 $X \sim U(a,b)$	a,b	$\hat{a} = \bar{x} - \sqrt{\dfrac{3}{n}\sum\limits_{i=1}^{n}(x_i - \bar{x})^2}$ $\hat{b} = \bar{x} + \sqrt{\dfrac{3}{n}\sum\limits_{i=1}^{n}(x_i - \bar{x})^2}$	$\hat{a} = \min(x_1, x_2, \cdots, x_n)$ $\hat{b} = \max(x_1, x_2, \cdots, x_n)$
指数分布 $X \sim e(\lambda)$	λ	$\hat{\lambda} = \dfrac{n}{\sum\limits_{i=1}^{n} x_i} = \dfrac{1}{\bar{x}}$	$\hat{\lambda} = \dfrac{n}{\sum\limits_{i=1}^{n} x_i} = \dfrac{1}{\bar{x}}$
正态分布 $N(\mu, \sigma^2)$	μ, σ^2	$\hat{\mu} = \dfrac{1}{n}\sum\limits_{i=1}^{n} x_i = \bar{x}$ $\hat{\sigma}^2 = \dfrac{1}{n}\sum\limits_{i=1}^{n}(x_i - \bar{x})^2 = \tilde{\sigma}^2$	$\hat{\mu} = \dfrac{1}{n}\sum\limits_{i=1}^{n} x_i = \bar{x}$ $\hat{\sigma}^2 = \dfrac{1}{n}\sum\limits_{i=1}^{n}(x_i - \bar{x})^2 = \tilde{\sigma}^2$

例4-5 某实验室对一批棉纤维样品的纤维线密度进行抽样测试,测试了42根棉纤维,测得数据见表4-2(单位:mtex),假设棉纤维线密度服从正态分布,求总体均值和方差的估计值。

表4-2 棉纤维线密度测试结果

观测值 x_i	161	163	164	165	166	167	168	169	170	171	172	174	175
频数 n_i	1	2	3	3	4	4	6	7	5	3	2	1	1

解:
$$\hat{\mu} = \bar{x} = \frac{1}{42}\sum_{i=1}^{13} n_i x_i = 167.9$$

$$\hat{\sigma}^2 = \frac{1}{42}\sum_{i=1}^{13} n_i (x_i - 167.9)^2 = 8.7$$

总体均值的估计值为167.9,方差的估计值为8.7。

例4-6 某验布车间对生产的纺织面料进行质量检验,共统计了180天,每天面料上检测到的疵点数量记录见表4-3,已知纺织面料疵点数服从泊松分布,求泊松分布的参数λ。

表4-3 纺织面料疵点数

疵点数	0	1	2	3	4	5
天数	25	40	60	44	10	1

解:
$$\hat{\lambda} = \frac{1}{n} \sum_{i=1}^{n} x_i = \bar{x}$$

$$\bar{x} = \frac{0 \times 25 + 1 \times 40 + 2 \times 60 + 3 \times 44 + 4 \times 10 + 5 \times 1}{180} \approx 1.87$$

所以泊松分布参数 $\hat{\lambda} \approx 1.87$。

4.2　正态总体参数的区间估计

4.2.1　区间估计的概念

从点估计中可以知道:若只是对总体的某个未知参数 θ 的值进行统计推断,那么点估计是一种很有用的形式,只要得到样本观测值 $(x_1, x_2, \cdots, x_n)$,点估计值 $\hat{\theta}(x_1, x_2, \cdots, x_n)$ 能对 θ 的值有一个明确的数量概念。但是 $\hat{\theta}(x_1, x_2, \cdots, x_n)$ 仅仅是 θ 的一个近似值,它并没有反映出这个近似值的误差范围,这对实际工作来说是不方便的,而区间估计正好弥补了点估计的这个缺陷。在实际应用中,不仅要知道这个参数的近似值,还需要大致估计这个近似值的精确性和可靠性。因此,希望能估计出真实参数的所在范围和这个范围以多大可能性包含参数真值,这就是参数的区间估计问题。

若用 $\hat{\theta} = \hat{\theta}(X_1, X_2, \cdots, X_n)$ 作为未知参数 θ 的估计量,其误差小于某个正数 ε 的概率为 $1-\alpha$ $(0 < \alpha < 1)$,即

$$P(|\hat{\theta} - \theta| < \varepsilon) = 1 - \alpha \tag{4-4}$$

$$P(\hat{\theta} - \varepsilon < \theta < \hat{\theta} + \varepsilon) = 1 - \alpha \tag{4-5}$$

随机区间 $(\hat{\theta} - \varepsilon, \hat{\theta} + \varepsilon)$ 包含参数 θ 的真值的概率为 $1-\alpha$。通常称区间 $(\hat{\theta} - \varepsilon, \hat{\theta} + \varepsilon)$ 为置信区间,称 $1-\alpha$ 为置信水平。置信区间表示估计结果的精确性,置信水平表示估计结果的可靠性。

置信区间的一般定义如下:

设 $(X_1, X_2, \cdots, X_n)$ 是来自总体 X 的样本,θ 是总体分布中的未知参数,存在两个统计量 $\hat{\theta}_1 = \hat{\theta}_1(X_1, X_2, \cdots, X_n)$ 和 $\hat{\theta}_2 = \hat{\theta}_2(X_1, X_2, \cdots, X_n)$,对于给定的概率 $1-\alpha$,使得

$$P(\hat{\theta}_1 < \theta < \hat{\theta}_2) = 1 - \alpha \tag{4-6}$$

则称随机区间 $(\hat{\theta}_1, \hat{\theta}_2)$ 为参数 θ 的置信水平为 $100(1-\alpha)\%$ 的置信区间。$\hat{\theta}_1$ 称为置信下限,$\hat{\theta}_2$ 称为置信上限。α 为显著性水平,一般取较小的值,例如,$\alpha = 0.01$ 等,$1-\alpha$ 为置信水平,表示区间估计的可靠度。

通常,希望置信水平越高越好,即 $1-\alpha$ 越接近于 1,同时,也希望提高置信区间精度,即区间长度 $(\hat{\theta}_2 - \hat{\theta}_1)$ 越短越好。但是,这两个方面是相互矛盾的,对于给定的样本量,如果要增加置信水平,通常要加宽置信区间,而要使置信区间变窄,则要降低置信水平。在实际问题中,一般是

在保证可靠度的前提下,尽可能地提高精度。

根据给定的样本和置信水平 $1-\alpha$ 来确定未知参数 θ 的置信区间,这就是参数 θ 的区间估计。

4.2.2　正态总体均值 μ 的区间估计

(1)设总体 X 服从正态分布 $N(\mu,\sigma^2)$,已知 $\sigma=\sigma_0$,求未知参数 μ 的置信区间。

由抽样分布可知,样本函数

$$u = \frac{\bar{X}-\mu}{\sigma_0/\sqrt{n}} \sim N(0,1)$$

对于给定的置信水平 $1-\alpha$,可以用不同方法来确定置信区间,因为标准正态分布的分布曲线是对称于纵坐标,如图 4-1 所示,不难发现,对称于原点的置信区间是最短的。所以应当选取区间 $(-u_{\alpha/2},u_{\alpha/2})$,使

$$P(\mid u \mid < u_{\alpha/2}) = 1-\alpha$$

$$P(\frac{\mid \bar{X}-\mu \mid}{\sigma_0/\sqrt{n}} < u_{\alpha/2}) = 1-\alpha$$

$$P(\mid \bar{X}-\mu \mid < \frac{\sigma_0 u_{\alpha/2}}{\sqrt{n}}) = 1-\alpha$$

$$P(\bar{X}-\frac{\sigma_0 u_{\alpha/2}}{\sqrt{n}} < \mu < \bar{X}+\frac{\sigma_0 u_{\alpha/2}}{\sqrt{n}}) = 1-\alpha \tag{4-7}$$

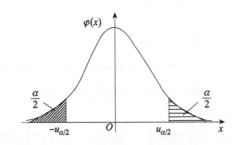

图 4-1　标准正态分布对称于原点的置信区间

由此可见,在总体已知 $\sigma=\sigma_0$ 条件下,总体均值 μ 的置信水平为 $100(1-\alpha)\%$ 的置信区间是

$$(\bar{X}-\frac{\sigma_0 u_{\alpha/2}}{\sqrt{n}},\bar{X}+\frac{\sigma_0 u_{\alpha/2}}{\sqrt{n}}) \tag{4-8}$$

当 $1-\alpha=95\%$ 时,$u_{\alpha/2}=u_{0.025}=1.96$,$\mu$ 的置信区间为

$$\bar{x} \pm 1.96\frac{\sigma_0}{\sqrt{n}}$$

当 $1-\alpha=99\%$ 时，$u_{\alpha/2}=u_{0.005}=2.58$，$\mu$ 的置信区间为

$$\bar{x}\pm2.58\frac{\sigma_0}{\sqrt{n}}$$

（2）设总体 X 服从正态分布 $N(\mu,\sigma^2)$，未知 σ，求未知参数 μ 的置信区间。

由抽样分布可知，样本函数

$$t=\frac{\bar{X}-\mu}{\sigma/\sqrt{n}}\sim t(n-1)$$

由于 t 分布的分布曲线关于纵坐标对称，如图 4-2 所示，因此，选择对称于原点的置信区间是最短的。对于给定的置信水平 $1-\alpha$，所以应选取区间 $[-t_{\alpha/2}(n-1),t_{\alpha/2}(n-1)]$ 使

$$P\left(\frac{|\bar{X}-\mu|}{S/\sqrt{n}}<t_{\alpha/2}(n-1)\right)=1-\alpha$$

$$P\left(|\bar{X}-\mu|<\frac{S}{\sqrt{n}}t_{\alpha/2}(n-1)\right)=1-\alpha$$

$$P\left(\bar{X}-\frac{S}{\sqrt{n}}t_{\alpha/2}(n-1)<\mu<\bar{X}+\frac{S}{\sqrt{n}}t_{\alpha/2}(n-1)\right)=1-\alpha \tag{4-9}$$

由此可见，在总体 σ 未知条件下，总体均值 μ 的置信水平为 $100(1-\alpha)\%$ 的置信区间是

$$\left[\bar{X}-\frac{S}{\sqrt{n}}t_{\alpha/2}(n-1),\bar{X}+\frac{S}{\sqrt{n}}t_{\alpha/2}(n-1)\right] \tag{4-10}$$

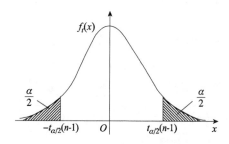

图 4-2　t 分布对称于原点的置信区间

例 4-7　某实验室对一批棉纤维长度进行测试，测得 10 根纤维的长度（mm）见表 4-4，已知纤维长度服从正态分布，若已知 $\sigma=1.5$，求棉纤维长度均值 μ 置信水平为 95% 的置信区间。

表 4-4　纤维长度测试结果

27.1	28.4	25.4	30.3	24.6	26.4	28.9	26.1	29.6	29.4

解： $\bar{x} = 27.62, u_{\alpha/2} = u_{0.025} = 1.96, u_{\alpha/2} \dfrac{\sigma_0}{\sqrt{n}} = 1.96 \times \dfrac{1.5}{\sqrt{10}} = 0.93$

棉纤维长度均值 μ 置信区间为 $(27.62-0.93, 27.62+0.93)$，即 $(26.69, 28.55)$。

例4-8 在例4-7中，若未知 σ，求棉纤维长度均值 μ 置信水平为95%的置信区间。

解：
$$\bar{x} = 27.62, s = 1.96$$
$$t_{\alpha/2}(n-1) = t_{0.025}(9) = 2.26$$
$$\frac{s}{\sqrt{n}}t_{\alpha/2}(n-1) = \frac{1.96}{\sqrt{10}} \times 2.26 = 1.21$$

棉纤维长度均值 μ 置信区间为 (27.62 ± 1.21)，即 $(26.41, 28.83)$。

4.2.3 正态总体均值 σ^2 的区间估计

（1）设总体 X 服从正态分布 $N(\mu, \sigma^2)$，已知 $\mu=\mu_0$，求未知参数 σ^2 的置信区间。

样本函数 $\chi^2 = \dfrac{1}{\sigma^2} \sum\limits_{i=1}^{n}(X_i - \mu_0)^2 \sim \chi^2(n)$

因为 χ^2 分布的分布曲线不对称，难以找到最短的置信区间，为便于分析，仿照分布曲线对称情形，如图4-3所示，对于已给的置信水平 $1-\alpha$，选取区间 $[\chi^2_{1-\alpha/2}(n), \chi^2_{\alpha/2}(n)]$，使

$$P\left(\chi^2 \geqslant \chi^2_{1-\alpha/2}(n)\right) = 1 - \frac{\alpha}{2}; P\left(\chi^2 \geqslant \chi^2_{\alpha/2}(n)\right) = \frac{\alpha}{2}$$

$$P\left(\chi^2_{1-\alpha/2}(n) < \chi^2 < \chi^2_{\alpha/2}(n)\right) = 1 - \alpha$$

$$P\left(\chi^2_{1-\alpha/2}(n) < \frac{1}{\sigma^2}\sum_{i=1}^{n}(X_i - \mu_0)^2 < \chi^2_{\alpha/2}(n)\right) = 1 - \alpha$$

$$P\left(\frac{\sum\limits_{i=1}^{n}(X_i - \mu_0)^2}{\chi^2_{\alpha/2}(n)} < \sigma^2 < \frac{\sum\limits_{i=1}^{n}(X_i - \mu_0)^2}{\chi^2_{1-\alpha/2}(n)}\right) = 1 - \alpha \tag{4-11}$$

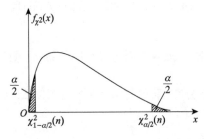

图4-3 χ^2分布在 $1-\alpha$ 置信水平下的置信区间

由此可见，在总体已知 $\mu=\mu_0$ 条件下，总体均值 σ^2 的置信水平为 $100(1-\alpha)\%$ 的置信区间是

$$\left[\frac{\sum\limits_{i=1}^{n}(X_i - \mu_0)^2}{\chi^2_{\alpha/2}(n)}, \frac{\sum\limits_{i=1}^{n}(X_i - \mu_0)^2}{\chi^2_{1-\alpha/2}(n)} \right] \tag{4-12}$$

（2）设总体 X 服从正态分布 $N(\mu, \sigma^2)$，未知 μ，求未知参数 σ^2 的置信区间。
样本函数

$$\chi^2 = \frac{(n-1)S^2}{\sigma^2} \sim \chi^2(n-1)$$

$$P\left(\chi^2_{1-\alpha/2}(n-1) < \frac{(n-1)S^2}{\sigma^2} < \chi^2_{\alpha/2}(n-1) \right) = 1 - \alpha$$

$$P\left(\frac{(n-1)S^2}{\chi^2_{\alpha/2}(n-1)} < \sigma^2 < \frac{(n-1)S^2}{\chi^2_{1-\alpha/2}(n-1)} \right) = 1 - \alpha \tag{4-13}$$

由此可见，在总体未知 μ 条件下，总体均值 σ^2 的置信水平为 $100(1-\alpha)\%$ 的置信区间是

$$\left[\frac{(n-1)S^2}{\chi^2_{\alpha/2}(n-1)}, \frac{(n-1)S^2}{\chi^2_{1-\alpha/2}(n-1)} \right] \tag{4-14}$$

例 4-9　在例 4-1 中，如已知 $\mu = 28$，求总体方差 σ^2 的置信水平为 95% 的置信区间。

解：
$$\sum_{i=1}^{n}(x_i - \mu_0)^2 = 36.08$$

$$\chi^2_{\alpha/2}(n) = \chi^2_{0.025}(10) = 20.5;\quad \chi^2_{1-\alpha/2}(n) = \chi^2_{0.975}(10) = 3.25$$

方差 σ^2 的 95% 的置信区间为 $\left(\dfrac{30.08}{20.5}, \dfrac{30.08}{3.25} \right)$，即 $(1.76, 11.10)$。

例 4-10　在例 4-9 中，如未知 μ，求总体均值 σ^2 的置信水平为 95% 的置信区间。

解：
$$(n-1)s^2 = 34.64$$

$$\chi^2_{\alpha/2}(n-1) = \chi^2_{0.025}(9) = 16.9,\ \chi^2_{1-\alpha/2}(n-1) = \chi^2_{0.975}(9) = 2.70$$

方差 σ^2 的 95% 的置信区间为 $(2.05, 12.83)$。

4.3　两个正态总体均值差和方差比的区间估计

在实际中常遇到下面的问题：已知产品的某一质量指标服从正态分布，但由于原料、设备条件、操作人员不同，或工艺过程的改变等因素，引起总体均值、总体方差有所改变，若需要知道这些变化有多大，就需要考虑两个正态总体均值差或方差比的估计问题。

（1）设总体 $X \sim N(\mu_x, \sigma_x^2)$，总体 $Y \sim N(\mu_y, \sigma_y^2)$，已知 σ_x 和 σ_y，求 $\mu_x - \mu_y$ 的置信区间（未知

μ_x 和 μ_y)。

样本函数

$$U = \frac{(\overline{X} - \overline{Y}) - (\mu_x - \mu_y)}{\sqrt{\dfrac{\sigma_x^2}{n_x} + \dfrac{\sigma_y^2}{n_y}}} \sim N(0,1)$$

对于已给的置信水平 $1-\alpha$,有

$$P(\mid U \mid < u_{\alpha/2}) = 1 - \alpha$$

$$P\left(\frac{\mid (\overline{X} - \overline{Y}) - (\mu_x - \mu_y) \mid}{\sqrt{\dfrac{\sigma_x^2}{n_x} + \dfrac{\sigma_y^2}{n_y}}} < u_{\alpha/2} \right) = 1 - \alpha$$

$$P\left(\mid (\overline{X} - \overline{Y}) - (\mu_x - \mu_y) \mid < u_{\alpha/2} \sqrt{\dfrac{\sigma_x^2}{n_x} + \dfrac{\sigma_y^2}{n_y}} \right) = 1 - \alpha \tag{4-15}$$

由此,两个总体均值差 $\mu_x-\mu_y$ 的置信水平为 $100(1-\alpha)\%$ 的置信区间是

$$\left[(\overline{X} - \overline{Y}) - u_{\alpha/2} \sqrt{\dfrac{\sigma_x^2}{n_x} + \dfrac{\sigma_y^2}{n_y}}, (\overline{X} - \overline{Y}) + u_{\alpha/2} \sqrt{\dfrac{\sigma_x^2}{n_x} + \dfrac{\sigma_y^2}{n_y}} \right] \tag{4-16}$$

(2)设总体 $X \sim N(\mu_x, \sigma_x^2)$,总体 $Y \sim N(\mu_y, \sigma_y^2)$,未知 σ_x 和 σ_y,假定 $\sigma_x = \sigma_y$,求 $\mu_x - \mu_y$ 的置信区间。

样本函数

$$T = \frac{\mid (X - Y) - (\mu_x - \mu_y) \mid}{S_w \sqrt{\dfrac{1}{n_x} + \dfrac{1}{n_y}}} \sim t_{\alpha/2}(n_x + n_y - 2)$$

其中

$$s_w = \sqrt{\frac{(n_x - 1)S_x^2 + (n_y - 1)S_y^2}{n_x + n_y - 2}}$$

对于给定的置信水平 $1-\alpha$,有

$$P\left(\mid T \mid < t_{\alpha/2}(n_x + n_y - 2) \right) = 1 - \alpha$$

$$P\left(\frac{\mid (\overline{X} - \overline{Y}) - (\mu_x - \mu_y) \mid}{S_w \sqrt{\dfrac{1}{n_x} + \dfrac{1}{n_y}}} < t_{\alpha/2}(n_x + n_y - 2) \right) = 1 - \alpha$$

$$P\left(\mid (\overline{X} - \overline{Y}) - (\mu_x - \mu_y) \mid < t_{\alpha/2}(n_x + n_y - 2)S_w \sqrt{\dfrac{1}{n_x} + \dfrac{1}{n_y}} \right) = 1 - \alpha \tag{4-17}$$

因此,两个总体均值差 $\mu_x-\mu_y$ 的置信水平为 $100(1-\alpha)\%$ 的置信区间是

$$\left[\overline{X} - \overline{Y} - t_{\alpha/2}(k)S_w\sqrt{\frac{1}{n_x}+\frac{1}{n_y}}, \overline{X} - \overline{Y} + t_{\alpha/2}(k)S_w\sqrt{\frac{1}{n_x}+\frac{1}{n_y}} \right] \tag{4-18}$$

其中自由度 $k=n_x+n_y-2$

例 4-11 设超大牵伸纺纱机所纺纱线的断裂强度服从正态分布 $X \sim N(\mu_x,\sigma_x^2)$，普通纺纱机所纺纱的断裂强度服从正态分布 $Y \sim N(\mu_x,\sigma_y^2)$。现对前者抽取容量为 200 的样本，算得其均值为 5.32（单位：cN/tex），后者抽取容量为 100 的样本，其均值为 5.76，给定置信度为 0.95。

（1）若已知 $\sigma_x^2=2.18^2$ 和 $\sigma_y^2=1.76^2$，求 $\mu_x-\mu_y$ 的置信区间；

（2）若未知 σ_x^2 和 σ_y^2，假定 $\sigma_x^2=\sigma_y^2$，已知 $S_x^2=2.18^2$ 和 $S_y^2=1.76^2$，求 $\mu_x-\mu_y$ 的置信区间；

（3）设总体 $X \sim N(\mu_x,\sigma_x^2)$，总体 $Y \sim N(\mu_y,\sigma_y^2)$，未知 μ_x 及 μ_y，求 $\frac{\sigma_x^2}{\sigma_y^2}$ 的置信区间（σ_x^2 和 σ_y^2 都是未知参数）。

解：（1）$U=\dfrac{(\overline{X}-\overline{Y})-(\mu_x-\mu_y)}{\sqrt{\dfrac{\sigma_x^2}{n_x}+\dfrac{\sigma_y^2}{n_y}}} \sim N(0,1)$

$n_x=200, n_y=100; \bar{x}=5.32, \bar{y}=5.76; \sigma_x^2=2.18^2, \sigma_y^2=1.76^2$

$\sqrt{\dfrac{\sigma_x^2}{n_x}+\dfrac{\sigma_y^2}{n_y}}=0.234; \bar{x}-\bar{y}=-0.44$

$u_{\alpha/2}=1.96$，分别代入 $\left[(\overline{X}-\overline{Y})-u_{\alpha/2}\sqrt{\dfrac{\sigma_x^2}{n_x}+\dfrac{\sigma_y^2}{n_y}}\right], \left[(\overline{X}-\overline{Y})+u_{\alpha/2}\sqrt{\dfrac{\sigma_x^2}{n_x}+\dfrac{\sigma_y^2}{n_y}}\right]$

得 $\mu_x-\mu_y$ 的置信区间 $(-0.44-1.96\times0.234, -0.44+1.96\times0.234)$，即 $(-0.899, 0.019)$。

（2）$T=\dfrac{|(\overline{X}-\overline{Y})-(\mu_x-\mu_y)|}{S_w\sqrt{\dfrac{1}{n_x}+\dfrac{1}{n_y}}} \sim t_{\alpha/2}(n_x+n_y-2)$

$\bar{x}-\bar{y}=-0.44, t_{\alpha/2}(k)=t_{0.025}(298)=1.96$

$s_w=\sqrt{\dfrac{(200-1)\times2.18^2+(100-1)\times1.76^2}{200+100-2}}=2.05$

$t_{\alpha/2}(k)S_w\sqrt{\dfrac{1}{n_x}+\dfrac{1}{n_y}}=1.96\times2.05\times\sqrt{\dfrac{1}{200}+\dfrac{1}{100}}=0.49$

代入 $\left[\overline{X}-\overline{Y}-t_{\alpha/2}(k)S_w\sqrt{\dfrac{1}{n_x}+\dfrac{1}{n_y}}, \overline{X}-\overline{Y}+t_{\alpha/2}(k)S_w\sqrt{\dfrac{1}{n_x}+\dfrac{1}{n_y}}\right]$

得 $\mu_x-\mu_y$ 的置信区间为 $(-0.932, 0.052)$。

（3）样本函数

$$F=\frac{S_x^2/\sigma_x^2}{S_y^2/\sigma_y^2} \sim F(n_x-1, n_y-1)$$

对于已给的置信水平 $1-\alpha$,选定这样的区间,如图4-4所示,使

$$P\left(F_{1-\alpha/2}(n_x-1,n_y-1) < F < F_{\alpha/2}(n_x-1,n_y-1)\right) = 1-\alpha$$

$$P\left(F_{1-\alpha/2}(n_x-1,n_y-1) < \frac{S_x^2/\sigma_x^2}{S_y^2/\sigma_y^2} < F_{\alpha/2}(n_x-1,n_y-1)\right) = 1-\alpha$$

$$P\left(\frac{S_x^2}{S_y^2 F_{\alpha/2}(n_x-1,n_y-1)} < \frac{\sigma_x^2}{\sigma_y^2} < \frac{S_x^2}{S_y^2 F_{1-\alpha/2}(n_x-1,n_y-1)}\right) = 1-\alpha \quad (4-19)$$

由此,两个总体方差比 $\dfrac{\sigma_x^2}{\sigma_y^2}$ 的置信水平为 $100(1-\alpha)\%$ 的置信区间是

$$\left[\frac{S_x^2}{S_y^2 F_{\alpha/2}(n_x-1,n_y-1)}, \frac{S_x^2}{S_y^2 F_{1-\alpha/2}(n_x-1,n_y-1)}\right] \quad (4-20)$$

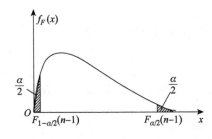

图4-4 下分布在 $1-\alpha$ 置信水平下的置信区间

例4-12 甲乙两批毛巾织物的厚度见表4-5(单位:mm),均服从正态分布,求这两批毛巾织物厚度方差比为90%的置信区间。

表4-5 毛巾织物的厚度

| 甲 | 0.88 | 0.79 | 0.81 | 0.92 | 0.88 | 0.82 | 1.07 | 0.91 | | |
| 乙 | 0.91 | 0.82 | 0.8 | 0.89 | 0.77 | 0.68 | 0.96 | 0.94 | 0.96 | 0.91 |

解:
$$n_x = 8, S_x^2 = 0.014; \quad n_y = 10, S_y^2 = 0.086$$
$$F_{\alpha/2}(n_x-1,n_y-1) = F_{0.05}(7,9) = 3.29$$
$$F_{1-\alpha/2}(n_x-1,n_y-1) = F_{0.95}(7,9) = \frac{1}{F_{0.05}(9,7)} = \frac{1}{3.68}$$

所求的两批毛巾织物厚度方差比为90%的置信区间为

$$\left(\frac{0.014}{0.086 \times 3.92}, \frac{0.014 \times 3.68}{0.086}\right)$$

即 $(0.042, 0.599)$。

4.4 单侧置信限

在前面的讨论中,所求的未知参数的置信区间都是双侧的,但在某些实际问题中,只需要讨论置信上限或者置信下限即可,例如,对于纱线强力,一般希望强力越高越好,而对于织物疵点数量,越少越好。为此,引入单侧置信限的概念。

定义:设$(X_1,X_2,\cdots,X_n)$是来自总体X的样本,θ是总体分布中的未知参数,若存在统计量$\hat{\theta}_\ell(X_1,X_2,\cdots,X_n)$,对于给定的概率$1-\alpha(0<\alpha<1)$,使得

$$P(\theta > \hat{\theta}_\ell) = 1 - \alpha \tag{4-21}$$

则称$\hat{\theta}_\ell$为参数θ的置信水平为$100(1-\alpha)\%$的单侧置信下限;同样类似,如存在$\hat{\theta}_u(X_1,X_2,\cdots,X_n)$,使得

$$P(\theta < \hat{\theta}_u) = 1 - \alpha \tag{4-22}$$

则称$\hat{\theta}_u$为参数θ的置信水平为$100(1-\alpha)\%$的单侧置信上限。

例4-13 测得某批纱线的断裂伸长率(%)见表4-6,设纱线断裂伸长率服从正态分布,其中μ及σ^2都是未知参数,求:

(1)试求断裂伸长率均值μ的置信水平为95%的单侧置信下限;

(2)试求断裂伸长率方差σ^2的置信水平为90%的单侧置信上限。

表4-6 某批纱线的断裂伸长率(%)

10.1	9.7	10.2	9.8	9.4	9.3	8.7	8.9	9.3

解:(1)

$$t = \frac{\bar{X} - \mu}{S/\sqrt{n}} \sim t(n-1)$$

$$P\left(t < t_\alpha(n-1)\right) = 1 - P\left(t \geqslant t_\alpha(n-1)\right) = 1 - \alpha$$

$$P\left(\frac{\bar{X} - \mu}{S/\sqrt{n}} < t_\alpha(n-1)\right) = 1 - \alpha; P\left(\mu > \bar{X} - \frac{S}{\sqrt{n}}t_\alpha(n-1)\right) = 1 - \alpha$$

$$\hat{\mu}_l = \bar{X} - \frac{S}{\sqrt{n}}t_\alpha(n-1)$$

$$\bar{x} = 9.50, s = 0.51; 1 - \alpha = 0.95, \alpha = 0.05; t_\alpha(n-1) = t_{0.05}(8) = 1.86$$

$$\hat{\mu}_l = 9.50 - \frac{0.51}{\sqrt{8}} \times 1.86 \approx 9.16$$

所以,断裂伸长率均值μ的置信水平95%的单侧置信下限为9.16。

(2)

$$\chi^2 = \frac{(n-1)S^2}{\sigma^2} \sim \chi^2(n-1)$$

$$P(\chi^2 \geqslant \chi_{1-\alpha}{}^2(n-1)) = 1-\alpha$$

$$P\left(\frac{(n-1)S^2}{\sigma^2} \geqslant \chi_{1-\alpha}{}^2(n-1)\right) = 1-\alpha; P\left(\sigma^2 \leqslant \frac{(n-1)S^2}{\chi_{1-\alpha}{}^2(n-1)}\right) = 1-\alpha$$

$$\hat{\sigma}_u^2 = \frac{(n-1)S^2}{\chi_{1-\alpha}{}^2(n-1)}$$

$$1-\alpha = 0.90, \chi_{1-\alpha}{}^2(n-1) = \chi_{0.90}{}^2(8) = 3.49$$

$$\hat{\sigma}_u^2 = \frac{8 \times 0.51^2}{3.49} \approx 0.60$$

所以,断裂伸长率方差 σ^2 的置信水平为90%的单侧置信上限为0.6。

习题四

1. 马克隆值是反映棉花纤维线密度与成熟度的一个综合指标,现测试了40根棉纤维数据,见表4-7,假定棉纤维的马克隆值服从正态分布 $N(\mu, \sigma^2)$,求参数 μ 和 σ^2 的估计值。

表4-7　棉纤维的马克隆值测试结果

4.27	4.26	4.17	4.23	4.29	4.14	4.18	4.25
4.28	4.28	4.26	4.15	4.29	4.14	4.14	4.19
4.34	4.28	4.21	4.15	4.32	4.21	4.15	4.27
4.35	4.28	4.17	4.17	4.29	4.23	4.13	4.22
4.31	4.35	4.16	4.13	4.32	4.19	4.21	4.21

2. 某织布企业对所织造的布在检验时若发现含有无法修复的严重疵点,会将该匹布剪开单独处理,这种含有严重疵点的布匹数量服从泊松分布,某年(365天)的记录数据见表4-8,求参数 λ 的估计值。

表4-8　严重疵点布匹数量

疵布数/匹	0	1	2	3
天数	301	57	6	1

3. 某实验室对一批棉纤维条干 CV 值(%)进行测试,测得8组条干 CV 值的数据见表4-9,已知纤维条干 CV 值服从正态分布,求:

(1)若已知 $\sigma = 0.3$,求棉纤维条干 CV 值从置信水平为90%的置信区间;

(2)若未知 σ,求棉纤维条干 CV 值 μ 置信水平为90%的置信区间。

表4-9　棉纤维条干 CV 值

20.1	20.2	20.1	19.9	19.9	20.0	19.6	20.5

4. 某实验室对一批纱线的断裂伸长率(%)进行测试,测得6个数据见表4-10,已知纱线断裂伸长率服从正态分布,求:

(1)若已知 $\sigma = 0.2$,求纱线的断裂伸长率 μ 置信水平为95%的置信区间;

(2)若未知 σ,求纱线的断裂伸长率 μ 置信水平为 95% 的置信区间。

表 4-10　纱线的断裂伸长率(%)

7.31	7.03	7.08	7.24	7.53	7.17

5. 纱线毛羽 H 值反映了纱线毛羽的数量,H 值越大,反映纱线毛羽数量越多,纱线 1 毛羽 H 值都服从 $X \sim N(\mu_x, \sigma_x^2)$,纱线 2 毛羽 H 值都服从 $Y \sim N(\mu_y, \sigma_y^2)$,现对两批纱线的毛羽 H 值进行测试比较,见表 4-11,给定置信度为 0.95,求:

(1)若已知 $\sigma_x^2 = 1.0^2$ 和 $\sigma_y^2 = 1.2^2$,求 $\mu_x - \mu_y$ 的置信区间;

(2)若未知 σ_x^2 和 σ_y^2,假定 $\sigma_x^2 = \sigma_y^2$,求 $\mu_x - \mu_y$ 的置信区间。

表 4-11　纱线的毛羽 H 值

纱线 1	6.49	4.69	5.90	7.52	4.59	5.41	4.72	6.09	4.33	5.55
纱线 2	6.04	4.56	4.05	3.43	5.62	6.49	4.98	6.25		

6. 条干 $CV(\%)$ 是反映纱线均匀程度的指标,现在对某品种纱线调整工艺参数后测得的调整前后两批纱线的条干 CV 值,见表 4-12,调整前后纱线条干均服从正态分布,求调整前后方差比为 90% 的置信区间。

表 4-12　纱线调整工艺参数前后的条干 CV 值

调整前	14.78	15.25	14.37	14.49	14.85	15.15	15.23	15.54	15.36
调整后	14.25	15.56	15.28	14.29	14.95	15.55	15.13		

7. 测得某混纺纱的捻度见表 4-13(单位:捻/10 cm),

设纱线捻度服从正态分布,其中 μ 及 σ^2 都是未知参数,求:

(1)求纱线捻度均值 μ 的置信水平为 90% 的单侧置信下限;

(2)求纱线捻度方差 σ^2 的置信水平为 90% 的单侧置信上限。

表 4-13　混纺纱的捻度

70.6	72.0	73.6	75.2	77.5	80.6

习题四答案

第5章　假设检验

参数估计和假设检验是统计推断的两个基本问题,它们都是利用样本对总体进行某种推断,只是推断的角度不同。参数估计是通过样本统计量来推断总体未知参数的取值范围,以及作出结论的可靠程度,总体参数在估计前是未知的。而在假设检验中,则是预先对总体参数的取值提出一个假设,然后利用样本数据检验这个假设是否成立,如果成立就接受这个假设,如果不成立就拒绝原假设。由于样本的随机性,这种推断只具有一定的可靠性。本章介绍假设检验的基本概念,以及假设检验的一般步骤,然后重点介绍常用的参数检验方法,最后介绍总体分布的拟合检验。

5.1　假设检验的基本问题

5.1.1　假设检验的基本概念

(1)原假设和备择假设

为了对假设检验的基本概念有一个直观的认识,不妨先看下面的例子。

例 5-1　某车间用一台包装机包装食盐,袋装食盐的净重是一个随机变量,它服从正态分布。当机器正常时,其均值为 500 g,标准差为 10 g。某天随机抽取 10 袋食盐,称得净重分别为(单位:g):498,502,505,496,507,503,512,492,496,512。问机器工作是否正常?

解:以 μ、σ 分别表示袋装食盐的净重总体 X 的均值和标准差。长期实践表明,标准差比较稳定,设为 $\sigma = 10$。于是 $X \sim N(\mu, 10^2)$,其中 μ 未知。现在需要利用假设检验来判断机器工作是否正常。

在假设检验中,首先需要提出两种假设,即原假设和备择假设。

原假设(nullhypothesis)通常是研究者想搜集证据予以反对的假设,也称零假设,用 H_0 表示。

备择假设(alternative hypothesis)通常是研究者想收集证据予以支持的假设,用 H_1 表示。

在上例中,统计假设 $\mu = 500$ 表示袋装食盐的净重均值等于 500 g,机器工作正常,记为 H_0:$\mu = \mu_0 = 500$。统计假设 $\mu \neq 500$ 表示袋装食盐的净重均值不等于 500 g,机器工作异常,记为 H_1:$\mu \neq \mu_0$。

例 5-2　某品牌洗涤剂在它的产品说明书中声称：平均净含量不少于 1000 mL。从消费者的利益出发，有关研究人员试图通过抽检其中一批产品来验证该产品制造商的承诺是否属实。试提出检验的原假设和备择假设。

解：设该品牌洗涤剂的平均净含量的真实值为 μ。如果抽检的结果发现 $\mu < 1000$，表明该产品说明书中关于其净含量的承诺是不真实的，有关部门应对其采取相应的措施。一般说来，研究者抽检的意图是倾向于证实该洗涤剂的平均净含量不符合说明书中的描述，因为这将损害消费者的利益，如果研究者对其产品说明没有质疑，也就没有抽检的必要了。所以，$\mu < 1000$ 是研究者想要搜集证据支持的观点。建立的原假设和备择假设应分别为

$$H_0 : \mu \geqslant 1000 ; H_1 : \mu < 1000$$

（2）检验统计量

假设检验问题的一般提法是：在显著性水平 α 下，针对备择假设 H_1 对原假设 H_0 作出判断，若拒绝原假设 H_0，那就意味着接受备择假设 H_1，否则就接受原假设 H_0。在拒绝原假设 H_0 或接受备择假设 H_1 之间作出某种判断，必须要从样本 $(X_1, X_2, \cdots, X_n)$ 出发，制定一个法则，一旦样本的观察值 $(x_1, x_2, \cdots, x_n)$ 确定之后，利用制定的法则作出判断：拒绝原假设 H_0 还是接受原假设 H_0。那么检验法则是什么呢？它应该是定义在样本空间上的一个函数，这个函数一般称为检验统计量。如例 5-1 中的原假设 $H_0 : \mu = \mu_0 (\mu_0 = 500)$，那么样本均值 $\bar{X}$ 就可以作为检验统计量。往往还需要根据检验统计量的分布进一步加工，如样本均值服从正态分布时将其标准化，$U = \dfrac{\bar{X} - \mu_0}{\sigma / \sqrt{n}}$ 作为检验统计量，简称 U 检验量。或者在总体方差 σ^2 未知的条件下，$T = \dfrac{\bar{X} - \mu_0}{S_n / \sqrt{n}}$ 作为检验量，称为 t 检验量。

（3）接受域和拒绝域

假设检验中接受或者拒绝原假设 H_0 的依据是假设检验的小概率原理。所谓小概率原理，是指发生概率很小的随机事件在一次实验中几乎是不可能发生的，根据这一原理就可以作出接受或是拒绝原假设的决定。例如，一家厂商声称其某种产品的合格率很高，可以达到 99%，那么从一批产品（如 100 件）中随机抽取一件，这一件恰好是次品的概率就非常之小，只有 1%。如果把厂商的宣称，即产品的次品率仅为 1% 作为一种假设，并且是真的。那么根据小概率原理，随机抽取一件恰是次品的情形就几乎是不可能发生的。如果这种情形居然发生了，这就不能不使人们怀疑原来的假设，即产品的次品率仅为 1% 的假设的正确性，这时就可以作出原假设为伪的判断，从而否定原假设。

接受域和拒绝域是在给定的显著性水平 α 下，由检验法则所划分的样本空间的两个互不相交的区域。原假设 H_0 为真时的可以接受的可能范围称为接受域，另一区域是当原假设 H_0 为真时只有很小的概率发生，如果小概率事件确实发生，就要拒绝原假设，这一区域称为拒绝域。落入拒绝域是个小概率事件，一旦落入拒绝域，就要拒绝原假设而接受备择假设。应该确定多大的概率算作小概率呢？这要根据不同的目的和要求而定，一般选择 0.05 或者 0.01，通常用 α

表示。它说明用多大的小概率来检验原假设。显然,α 越小越不容易推翻原假设,而一旦拒绝原假设,原假设为真的可能性就越小。所以,在作假设检验时通常要事先给定显著性水平 α。图 5-1 所示为 $\alpha = 0.05$ 时 U 检验的拒绝域和接受域。

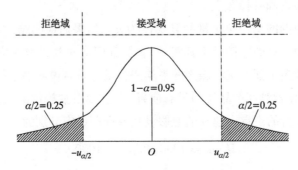

图 5-1　U 检验接受域与拒绝域

(4)假设检验中的两类错误

由前述分析已知,假设检验是在样本观测值确定之后,根据小概率原理进行推断的。由于样本的随机性,这种推断不可能有绝对的把握,不免要犯错误。所犯错误的类型主要有以下两类。

①一类错误是原假设 H_0 为真时却被拒绝了,称这类"弃真"的错误为第 I 类错误,犯这种错误的概率用 α 表示。

②另一类错误是指原假设 H_0 为伪时却被接受而犯了错误,称这类"取伪"的错误为第 II 类错误,这种错误发生的概率用 β 表示。

在厂家出售产品给消费者时,通常要经过产品质量检验,生产厂家总是假定产品是合格的,但检验时厂家总要承担把合格产品误检为不合格产品的某些风险,生产者承担这些风险的概率就是 α,所以 α 也称为生产者风险。

消费者一方却担心把不合格产品误检为合格品而被接受,这是消费者承担的某些风险,其概率为 β,因此,β 也称为消费者风险。

正确的决策和犯错误的概率可以归纳为表 5-1。

表 5-1　假设检验中各种可能结果的概率

	接受 H_0	拒绝 H_0,接受 H_1
H_0 为真	$1-\alpha$(正确决策)	α(弃真错误)
H_0 为伪	β(取伪错误)	$1-\beta$(正确决策)

自然,人们希望犯这两类错误的概率越小越好。但对于一定的样本容量 n,不可能同时做到犯这两类错误的概率都很小。通常的假设检验只规定第一类错误 α(显著性水平),而不考虑第二类错误 β,并称这样的检验为显著性检验。

（5）双边检验和单边检验

根据假设的形式,可以把检验分为双边检验和单边检验,单边检验又进一步分为右侧检验和左侧检验。

a. 双边检验：例如,检验的形式为

$$H_0 : \mu = \mu_0 ; \quad H_1 : \mu \neq \mu_0$$

由于这里提出的原假设是 μ 等于某一数值 μ_0,所以只要 $\mu > \mu_0$ 或 $\mu < \mu_0$ 二者之中有一个成立,就可以否定原假设,这种假设检验称为双边检验,它的拒绝域分为两个部分,有两个临界值,在给定显著性水平 α 下,每个拒绝域的面积为 $\alpha/2$。

双边检验如图5-1所示。

b. 单边检验：在有些情况下,人们关心的假设问题带有方向性。例如,产品的次品率要求越低越好,它不能高于某一指标,当高于某一指标,就要拒绝原假设,这就是单边检验。这时拒绝域在右侧,就称作单边右侧检验,如图5-2所示,相应的假设为

$$H_0 : \mu \leqslant \mu_0 ; H_1 : \mu > \mu_0$$

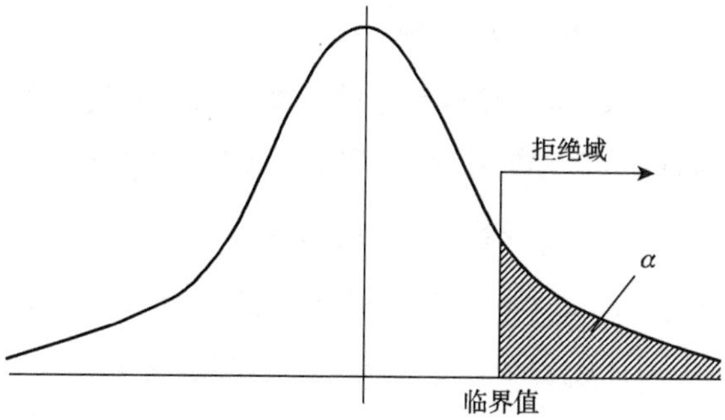

图 5-2　单边右侧检验示意图

又如,灯管的使用寿命、药物的有效成分这类产品质量指标是越高越好,它不能低于某一标准,当低于该标准时就要拒绝原假设,这时拒绝域的图形在左侧,称为单边左侧检验,如图5-3所示,相应的假设为

$$H_0 : \mu \geqslant \mu_0 ; H_1 : \mu < \mu_0$$

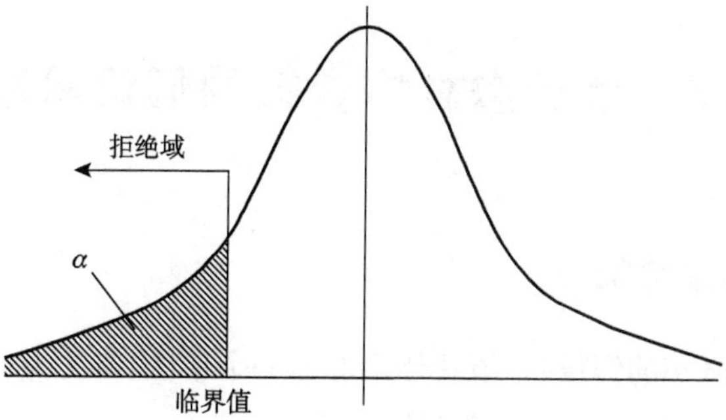

图 5-3　单边左侧检验示意图

5.1.2 假设检验的一般步骤

一个完整的假设检验过程,一般包括五个主要步骤。

(1)提出原假设和备择假设

确定是双边检验还是单边检验。

例如,双边检验为:$H_0:\mu=\mu_0$;$H_1:\mu\neq\mu_0$。

单边左检验为:$H_0:\mu\geqslant\mu_0$;$H_1:\mu<\mu_0$。

单边右检验为:$H_0:\mu\leqslant\mu_0$;$H_1:\mu>\mu_0$。

(2)建立检验统计量

建立检验统计量是假设检验的重要步骤。如例5-1中,在总体 X 服从正态分布 $N(\mu,10^2)$ 的假定下,当原假设 $H_0:\mu=500$ 成立时,建立检验统计量 $U=\dfrac{\bar{X}-500}{10/\sqrt{n}}$,$U$ 服从标准正态分布 $N(0,1)$。

在具体问题里,选择什么统计量作为检验统计量,需要考虑的因素与参数估计相同。例如,样本大小、总体方差是否已知等,在不同条件下应选择不同的检验统计量。

(3)规定显著性水平 α,确定 H_0 的拒绝域

例如,当原假设 $H_0:\mu=\mu_0$ 成立时,检验统计量 U 服从标准正态分布 $N(0,1)$,那么给定显著性水平 $\alpha(0<\alpha<1)$,按双边检验,在标准正态分布表中查得临界值 $u_{\alpha/2}$,使得

$$P(\,|U|\geqslant u_{\alpha/2}\,)=\alpha \tag{5-1}$$

若由样本的一组观察值 $x_1,x_2,\cdots,x_n$ 计算得到统计量 U 的值,u 落在 $(-\infty,-u_{\alpha/2})\cup(u_{\alpha/2},+\infty)$ 时,则拒绝 H_0,$(-\infty,-u_{\alpha/2})\cup(u_{\alpha/2},+\infty)$ 为 H_0 的拒绝域。

(4)计算实际检验量

在例5-1中,$u=\dfrac{\bar{x}-\mu_0}{\sigma/\sqrt{n}}=\dfrac{502.3-500}{10/\sqrt{10}}=0.73$。

(5)判断

将实际检验量的数值与临界值比较,以确定接受或拒绝 H_0。在例5-1中,$u_{\alpha/2}=u_{0.025}=1.96$。实际检验量之值 u 小于临界值1.96,即落入接受域,故接受 $H_0:\mu=500$,即认为该机器工作正常。

5.2 单正态总体参数的假设检验

5.2.1 总体均值的假设检验

在检验关于总体均值 μ 的假设时,该总体中的另一个参数(即方差 σ^2)是否已知,会影响检验统计量的选择,故下面分两种情形进行讨论。

(1)方差 σ^2 已知的情形

设总体 $X \sim N(\mu, \sigma^2)$，其中总体方差 σ^2 已知，$X_1, X_2, \cdots, X_n$ 是取自总体 X 的一个样本，$\bar{X}$ 为样本均值。

a. 检验假设 $H_0: \mu = \mu_0$；$H_1: \mu \neq \mu_0$

由前述分析可知，当 H_0 为真时，有

$$U = \frac{\bar{X} - \mu_0}{\sigma / \sqrt{n}} \sim N(0, 1)$$

对于给定的显著性水平 α，查标准正态分布表得到临界值 $u_{\alpha/2}$，使得

$$P(|U| > u_{\alpha/2}) = \alpha$$

可得拒绝域为 $|u| = \dfrac{|\bar{x} - \mu_0|}{\sigma / \sqrt{n}} > u_{\alpha/2}$，即 $u < -u_{\alpha/2}$ 或 $u > u_{\alpha/2}$。

根据一次抽样后得到的样本观测值 $x_1, x_2, \cdots, x_n$ 计算出 U 的观测值 u。

如果 $|u| > u_{\alpha/2}$，则拒绝原假设 H_0，即认为总体均值与 μ_0 有显著的差异；如果 $|u| \leq u_{\alpha/2}$，则接受原假设 H_0，即认为总体均值与 μ_0 无显著的差异。

b. 右侧检验：

检验假设 $H_0: \mu \leq \mu_0$；$H_1: \mu > \mu_0$

拒绝域为 $u = \dfrac{\bar{x} - \mu_0}{\sigma / \sqrt{n}} > u_{\alpha}$。

c. 左侧检验：

检验假设 $H_0: \mu \geq \mu_0$；$H_1: \mu < \mu_0$

拒绝域为 $u = \dfrac{\bar{x} - \mu_0}{\sigma / \sqrt{n}} < -u_{\alpha}$。

例 5-3　某厂生产一种耐高温的零件，根据质量管理资料，在以往一段时间里，零件抗热的平均温度是 1250℃，零件抗热温度的标准差是 150℃。在最近生产的一批零件中，随机测试了 100 个零件，其平均抗热温度为 1200℃。该厂能否认为最近生产的这批零件仍然符合产品质量要求，而承担的生产者风险为 0.05。

解： 从题意分析可知，该厂检验的目的是希望这批零件的抗热温度高于 1250℃，而低于 1250℃ 的应予拒绝，因此这是一个左边检验问题。

a. 提出假设：$H_0: \mu \geq 1250$；$H_1: \mu < 1250$。

b. 建立检验统计量为：

$$U = \frac{\bar{X} - \mu_0}{\sigma / \sqrt{n}}$$

c. 根据给定的显著性水平 $\alpha = 0.05$，查附表 1 得临界值 $-u_{0.05} = -1.645$，因此，拒绝域为 $(-\infty, -1.645)$。

d. 计算检验量的数值

$$u = \frac{\bar{x} - \mu_0}{\sigma / \sqrt{n}} = \frac{1200 - 1250}{150 / \sqrt{100}} = -3.33$$

e. 因为 $-3.33 \in (-\infty, -1.645)$，落入拒绝域，故拒绝原假设而接受备择假设，认为最近生产的这批零件的抗高温性能低于 1250℃，不能认为产品符合质量要求。

（2）方差 σ^2 未知的情形

设总体 $X \sim N(\mu, \sigma^2)$，其中总体方差 σ^2 未知，$X_1, X_2, \cdots, X_n$ 是取自总体 X 的一个样本，$\bar{X}$ 与 S^2 分别为样本均值与样本方差。

检验假设 $H_0 : \mu = \mu_0$； $H_1 : \mu \neq \mu_0$

由前述分析可知，当 H_0 为真时，有

$$T = \frac{\bar{X} - \mu_0}{S / \sqrt{n}} \sim t(n - 1)$$

对于给定的显著性水平 α，查 t 分布表得到临界值 $t_{\alpha/2}(n-1)$，使得

$$P\left(| T | > t_{\alpha/2}(n - 1) \right) = \alpha$$

可得拒绝域为 $|t| = \frac{|\bar{x} - \mu_0|}{S / \sqrt{n}} > t_{\alpha/2}(n-1)$，即

$$t < -t_{\alpha/2}(n - 1)$$

或 $$t > t_{\alpha/2}(n - 1)$$

根据一次抽样后得到的样本观测值 $x_1, x_2, \cdots, x_n$ 计算出 T 的观测值 t。

如果 $|t| > t_{\alpha/2}(n-1)$，则拒绝原假设 H_0，即认为总体均值与 μ_0 有显著的差异；

如果 $|t| \leq t_{\alpha/2}(n-1)$，则接受原假设 H_0，即认为总体均值与 μ_0 无显著的差异。

例 5-4 已知纱线的名义线密度是 14 tex，但实际纱线的平均线密度是 14.8 tex，变异系数 CV 值为 2.5 tex。能否认为纱线符合设计要求？

解： 从题意分析可知，纱线的线密度可以认为是服从正态分布的，但总体方差未知。这是一个总体均值的双边检验问题。

a. 提出假设：$H_0 : \mu = 14$（合乎质量要求）；$H_1 : \mu \neq 14$（不合乎质量要求）。

b. 建立检验统计量，由题目的条件，检验统计量为

$$T = \frac{\bar{X} - \mu_0}{S / \sqrt{n}}$$

c. 当 $\alpha = 0.05$，查附表 3 得，$t_{0.025} = \mu_{0.025} = 1.96$，拒绝域为 $(-\infty, -1.96)$ 及 $(1.96, \infty)$，接受域为 $(-1.96, 1.96)$。

d. 计算实际检验量的值

$\bar{x} = 14.8$；纱线变异系数 $CV\% = \dfrac{s}{\bar{x}} \times 100 = 2.5$，可得 $s = 0.37$

$$t = \frac{\bar{x} - \mu_0}{s / \sqrt{n}} = \frac{14.8 - 14}{0.37 / \sqrt{45}} = 14.51$$

e. 当 $\alpha = 0.05$ 时，$14.5 \in (1.96, \infty)$，落入拒绝域，故接受备择假设 H_1，认为在 $\alpha = 0.05$ 的显著性水平下，纱线不符合设计要求。

例 5-5　某日用化工厂用一种设备生产香皂，其厚度要求为 5 cm，今欲了解设备的工作性能是否良好，随机抽取 10 块香皂，测得平均厚度为 5.3 cm，标准差为 0.3 cm，试分别以 0.01 和 0.05 的显著性水平检验设备的工作性能是否符合要求。

解：根据题意，香皂的厚度指标可以认为是服从正态分布的，但总体方差未知，且为小样本。这是一个总体均值的双边检验问题。

a. 提出假设：$H_0 : \mu = 5$（合乎质量要求）；$H_1 : \mu \neq 5$（不合乎质量要求）。

b. 建立检验统计量，由题目的条件，检验统计量为

$$T = \frac{\bar{X} - \mu_0}{S / \sqrt{n}}$$

c. 当 $\alpha = 0.01$ 和自由度 $n - 1 = 9$，查附表 3 得 $t_{\alpha/2}(9) = 3.2498$，拒绝域为 $(-\infty, -3.2498)$ 及 $(3.2498, +\infty)$，接受域为 $(-3.2498, 3.2498)$。当 $\alpha = 0.05$ 和自由度 $n - 1 = 9$，查附表 3 得 $t_{\alpha/2}(9) = 2.2622$，拒绝域为 $(-\infty, -2.2622)$ 及 $(2.2622, +\infty)$。

d. 计算实际检验量的值

$$t = \frac{\bar{x} - \mu_0}{s / \sqrt{n}} = \frac{5.3 - 5}{0.3 / \sqrt{10}} = 3.16$$

e. 当 $\alpha = 0.01$ 时，$3.16 \in (-3.2498, 3.2498)$，落入接受域，故接受原假设 H_0，认为在 $\alpha = 0.01$ 的显著性水平下，设备的工作性能尚属良好。

当 $\alpha = 0.05$ 时，$3.16 \in (2.2622, +\infty)$，落入了拒绝域，因此，要拒绝原假设 H_0，认为在 $\alpha = 0.05$ 的显著性水平下，设备的性能与良好的要求有显著性差异。

同样的检验数据，检验的结论不同，这似乎是矛盾的。其实不然，当在显著性水平 $\alpha = 0.01$ 时接受原假设，只能是认为在规定的显著性水平下，尚不能否定原假设。接受 H_0，并不意味着有绝对的把握保证 H_0 为真。

从此例看到，在 95% 的置信水平上否定原假设，但是却不能在 99% 的置信水平上否定原假设。

(3) 大样本，总体分布和总体方差 σ^2 未知

需要注意的是，对于一般总体，总体均值的假设检验可借助一些统计量的极限分布近似地进行假设检验，属于大样本统计范畴。在大样本的条件下，不论总体是否服从正态分布，由中心

极限定理可知,样本均值 $\bar{X}$ 近似服从正态分布 $N\left(\mu, \dfrac{\sigma^2}{n}\right)$,所用检验统计量为 $U = \dfrac{\bar{X} - \mu_0}{\sigma/\sqrt{n}} \sim$

$N(0,1)$。在总体方差 σ^2 未知时,可用大样本方差 $S^2 = \dfrac{1}{n-1}\sum\limits_{i=1}^{n}(X_i - \bar{X})^2$ 代替总体方差 σ^2 来估计,所用检验统计量为

$$U = \frac{\bar{X} - \mu_0}{S/\sqrt{n}} \sim N(0,1)$$

5.2.2 总体方差的假设检验

设总体 $X \sim N(\mu, \sigma^2)$,$X_1, X_2, \cdots, X_n$ 是取自总体 X 的一个样本,$\bar{X}$ 与 S^2 分别为样本均值与样本方差。

①检验假设 $H_0: \sigma^2 = \sigma_0^2$;$H_1: \sigma^2 \neq \sigma_0^2$,其中 σ_0 为已知常数。

由前述分析可知,当 H_0 为真时,有

$$\chi^2 = \frac{n-1}{\sigma_0^2}S^2 \sim \chi^2(n-1)$$

对于给定的显著性水平 α,查 χ^2 分布表得到临界值 $\chi^2_{1-\alpha/2}(n-1)$ 和 $\chi^2_{\alpha/2}(n-1)$,使得

$$P\left(\chi^2 < \chi^2_{1-\alpha/2}(n-1)\right) = P\left(\chi^2 > \chi^2_{\alpha/2}(n-1)\right) = \frac{\alpha}{2}$$

可得拒绝域为 $\chi^2 < \chi^2_{1-\alpha/2}(n-1)$ 或 $\chi^2 > \chi^2_{\alpha/2}(n-1)$。

根据一次抽样得到的样本观测值 $x_1, x_2, \cdots, x_n$ 计算出 χ^2 的观测值。如果 $\chi^2 < \chi^2_{1-\alpha/2}(n-1)$ 或 $\chi^2 > \chi^2_{\alpha/2}(n-1)$,则拒绝原假设 H_0,否则接受原假设 H_0。

②右侧检验:检验假设 $H_0: \sigma^2 \leqslant \sigma_0^2$;$H_1:\ \ \sigma^2 > \sigma_0^2$,拒绝域为

$$\chi^2 = \frac{n-1}{\sigma_0^2}S^2 > \chi^2_{\alpha}(n-1)$$

③左侧检验:检验假设 $H_0: \sigma^2 \geqslant \sigma_0^2$;$H_1: \sigma^2 < \sigma_0^2$,拒绝域为

$$\chi^2 = \frac{n-1}{\sigma_0^2}S^2 < \chi^2_{1-\alpha}(n-1)$$

例5-6 某厂生产的某种型号的电池,其寿命(以小时计)长期以来服从方差 $\sigma^2 = 5000$ 的正态分布。现有一批这种电池,从其生产情况来看,寿命的波动性有所变化。随机抽取 26 只电池,测出其寿命的样本方差 $s^2 = 9200$。根据这一结果,能否推断这批电池寿命的波动性较以往有显著变化(取 $\alpha = 0.05$)?

解: 根据题意,这是一个总体方差的双边检验问题。

a. 提出假设:$H_0: \sigma^2 = 5000$;$H_1: \sigma^2 \neq 5000$。

b. 建立检验统计量,由题目的条件,检验统计量为

$$\chi^2 = \frac{n-1}{\sigma_0^2} S^2 \sim \chi^2(n-1)$$

c. 当 $\alpha=0.05$ 和自由度 $n-1=25$ 时,查表得 $\chi^2_{1-\alpha/2}(n-1)=13.120$ 和 $\chi^2_{\alpha/2}(n-1)=40.646$,拒绝域为 $[0,13.120)$ 及 $(40.646,+\infty)$。

d. 计算实际检验量的值:

$$\chi^2 = \frac{n-1}{\sigma_0^2} s^2 = \frac{26-1}{5000} \times 9200 = 46$$

e. 当 $\alpha=0.05$ 时,46>40.646,落入拒绝域,故拒绝原假设 H_0,认为在 $\alpha=0.05$ 的显著性水平下,这批电池寿命的波动性较以往有显著的变化。

例 5-7　某纺丝厂生产的黏胶纤维的细度服从正态分布,标准差 $\sigma=0.048$。现从某日生产的黏胶纤维中随机抽取 5 根纤维,测定其细度(单位:旦尼尔)为:1.32,1.55,1.36,1.40,1.44。问在显著水平 $\alpha=0.05$ 下,该黏胶纤维的细度的方差有无增加?

解:根据题意,这是一个总体方差的双边检验问题。

a. 提出假设:$H_0:\sigma^2=\sigma_0^2=0.048^2$;$H_1:\sigma^2>0.048^2$。

b. 建立检验统计量,由题目的条件,检验统计量为

$$\chi^2 = \frac{n-1}{\sigma_0^2} S^2 \sim \chi^2(n-1)$$

c. 当 $\alpha=0.05$ 和自由度 $n-1=4$ 时,查表得 $x^2_\alpha(n-1)=9.488$,拒绝域为 $[9.488,\infty)$。

d. 计算实际检验量的值:

$$\chi^2 = \frac{n-1}{\sigma_0^2} s^2 = \frac{5-1}{0.048^2} \times 0.0882^2 = 13.507$$

e. 当 $\alpha=0.05$ 时,13.507>9.488,落入拒绝域,故拒绝原假设 H_0,认为在 $\alpha=0.05$ 的显著性水平下,该黏胶纤维的细度方差显著增加。

例 5-8　10 块轻薄面料的平均重量如下所示:14.2,15.0,14.9,15.7,15.4,14.6,14.5,15.0,15.4,15.2。假设服从正态分布,已知总体的均值为 15,问可否认为总体的方差 σ^2 为 1?

解:根据题意,这是一个总体方差的双边检验问题。

a. 提出假设:$H_0:\sigma^2=1$;$H_1:\sigma^2\neq1$。

b. 建立检验统计量,由题目的条件,检验统计量可以写为

$$\chi^2 = \frac{\sum(x_i-\mu)^2}{\sigma_0^2} \sim \chi^2(n)$$

c. 当 $\alpha=0.05$ 和自由度 $n-1=9$ 时，查表得 $\chi^2_\alpha(n)=18.307$，$\chi^2_{1-\alpha}(n)=3.94$。

d. 计算实际检验量的值：

$$\chi^2 = \frac{\sum(x_i-\mu)^2}{\sigma^2_0} = \frac{1.91}{1} = 1.91$$

e. 当 $\alpha=0.05$ 时，$1.91<3.94$，落入接受域，故接受原假设 H_0，认为在 $\alpha=0.05$ 的显著性水平下，可以认为该轻薄面料的总体方差为 1。

5.3 双正态总体参数的假设检验

上节讨论了单正态总体的参数假设检验，基于同样的思想，本节将考虑双正态总体的参数假设检验。与单正态总体的参数假设检验不同的是，这里所关心的不是逐一对每个参数的值作假设检验，而是着重考虑两个总体之间的差异，即两个总体的均值或方差是否相等。

设 $X_1,X_2,\cdots,X_n$ 是取自总体 $X\sim N(\mu_1,\sigma^2_1)$ 的一个样本，$Y_1,Y_2,\cdots,Y_n$ 是取自总体 $Y\sim N(\mu_2,\sigma^2_2)$ 的一个样本，且两样本相互独立，记 $\bar{X}$ 与 S^2_1 分别为样本 $X_1,X_2,\cdots,X_n$ 的均值与方差，$\bar{Y}$ 与 S^2_2 分别为样本 $Y_1,Y_2,\cdots,Y_n$ 的均值与方差。

5.3.1 双正态总体均值差的假设检验

(1)方差 σ^2_1,σ^2_2 已知

检验假设 $H_0:\mu_1-\mu_2=\mu_0$； $H_1:\mu_1-\mu_2\neq\mu_0$，其中 μ_0 为已知常数。

当 H_0 为真时，有

$$U = \frac{(\bar{X}-\bar{Y})-\mu_0}{\sqrt{\sigma^2_1/n_1+\sigma^2_2/n_2}} \sim N(0,1)$$

对于给定的显著性水平 α，查标准正态分布表得到临界值 $u_{\alpha/2}$，使得

$$P(|U|>u_{\alpha/2})=\alpha$$

可得拒绝域为

$$|u| = \frac{|(\bar{x}-\bar{y})-\mu_0|}{\sqrt{\sigma^2_1/n_1+\sigma^2_2/n_2}} > u_{\alpha/2}$$

根据一次抽样后得到的样本观测值 $x_1,x_2,\cdots,x_{n_1}$ 和 $y_1,y_2,\cdots,y_{n_2}$ 计算出 U 的观测值 u。如果 $|u|>u_{\alpha/2}$，则拒绝原假设 H_0，特别地，当 $\mu_0=0$ 时即认为总体均值 μ_1 与 μ_2 有显著的差异；如果 $|u|\leqslant u_{\alpha/2}$，则接受原假设 H_0，当 $\mu_0=0$ 时即认为总体均值 μ_1 与 μ_2 无显著的差异。

(2)方差 σ^2_1,σ^2_2 未知，但 $\sigma^2_1=\sigma^2_2=\sigma^2$

检验假设 $H_0:\mu_1-\mu_2=\mu_0;H_1:\mu_1-\mu_2\neq\mu_0$，其中 μ_0 为已知常数。

当 H_0 为真时，有

$$T = \frac{(\bar{X} - \bar{Y}) - \mu_0}{S_w\sqrt{1/n_1 + 1/n_2}} \sim t(n_1 + n_2 - 2)$$

其中
$$S_w^2 = \frac{(n_1 - 1)S_1^2 + (n_2 - 1)S_2^2}{n_1 + n_2 - 2}$$

对于给定的显著性水平 α，查 t 分布表得到临界值 $t_{\alpha/2}(n_1+n_2-2)$，使得

$$P[|T| > t_{\alpha/2}(n_1 + n_2 - 2)] = \alpha$$

拒绝域为 $|t| = \dfrac{|(\bar{x}-\bar{y})-\mu_0|}{S_w\sqrt{1/n_1+1/n_2}} > t_{\alpha/2}(n_1+n_2-2)$，即

$$t < -t_{\alpha/2}(n_1 + n_2 - 2) \text{ 或 } t > t_{\alpha/2}(n_1 + n_2 - 2)$$

根据一次抽样后得到的样本观测值 $x_1, x_2, \cdots, x_{n_1}$ 和 $y_1, y_2, \cdots, y_{n_2}$ 计算出 T 的观测值 t。如果 $|t|>t_{\alpha/2}(n_1+n_2-2)$，则拒绝原假设 H_0，否则接受原假设 H_0。

（3）方差 σ_1^2, σ_2^2 未知，且 $\sigma_1^2 \neq \sigma_2^2$

检验假设 $H_0: \mu_1-\mu_2=\mu_0; H_1: \mu_1-\mu_2 \neq \mu_0$，其中 μ_0 为已知常数。

当 H_0 为真时，$T = \dfrac{(\bar{X}-\bar{Y})-\mu_0}{\sqrt{S_1^2/n_1+S_2^2/n_2}}$ 近似服从 $t(f)$ 分布，其中

$$f = \frac{(S_1^2/n_1 + S_2^2/n_2)^2}{S_1^4/[n_1^2(n_2 - 1)] + S_2^4/[n_2^2(n_1 - 1)]}$$

对于给定的显著性水平 α，查 t 分布表得到临界值 $t_{\alpha/2}(f)$，使得

$$P[|T| > t_{\alpha/2}(f)] = \alpha$$

可得拒绝域为 $|t| = \dfrac{|(\bar{x}-\bar{y})-\mu_0|}{\sqrt{S_1^2/n_1+S_2^2/n_2}} > t_{\alpha/2}(f)$，即

$$t < -t_{\alpha/2}(f)$$
或
$$t > t_{\alpha/2}(f)$$

根据一次抽样后得到的样本观测值 $x_1, x_2, \cdots, x_{n_1}$ 和 $y_1, y_2, \cdots, y_{n_2}$ 计算出 T 的观测值 t。如果 $|t|>t_{\alpha/2}(f)$，则拒绝原假设 H_0，否则接受原假设 H_0。

例 5-9　在一项社会调查中，要比较两个地区居民的人均年收入。根据以往的资料，甲、乙两类地区居民人均年收入的标准差分别为 $\sigma_1=5365$ 元和 $\sigma_2=4740$ 元。现从两地区的居民中各随机抽选了 100 户居民，调查结果为：甲地区人均年收入 $\bar{X}=30090$ 元，乙地区人均年收入为 $\bar{Y}=28650$ 元。试问，当 $\alpha=0.05$ 时，甲、乙两类地区居民的人均年收入水平是否有显著性的差别。

解： 这是两个总体均值之差的显著性检验，没有涉及方向，所以是双边检验。由于两个样本均为大样本且总体方差已知，因而可用检验统计量

$$U = \frac{(\bar{X} - \bar{Y}) - \mu_0}{\sqrt{\sigma_1^2/n_1 + \sigma_2^2/n_2}} \sim N(0,1)$$

a. 提出假设：$H_0:\mu_1=\mu_2$； $H_1:\mu_1\neq\mu_2$。

b. 根据样本计算实际检验量的值：

$$u = \frac{(\bar{x} - \bar{y}) - (\mu_1 - \mu_2)}{\sqrt{\sigma_1^2/n_1 + \sigma_2^2/n_2}} = \frac{30090 - 28650}{\sqrt{\frac{5365^2}{100} + \frac{4740^2}{100}}} = 2.01$$

c. 当 $\alpha=0.05$ 时，查正态分布表得 $u_{\alpha/2} = \pm1.96$。

d. 因为 $u=2.01>1.96$，故拒绝 H_0，认为甲、乙两类地区居民的人均年收入有显著性差异。

例5-10　某车间比较用新、旧两种不同的工艺流程组装一种电子产品所用的时间是否有差异，已知两种工艺流程组装产品所用的时间服从正态分布，且 $\sigma_1^2=\sigma_2^2$。第一组有10名技工用旧工艺流程组装产品，平均所需时间 $\bar{X}=27.66$min，样本标准差 $s_1=12$min，另一组有8名技工用新工艺流程组装产品，平均所需时间 $\bar{Y}=17.6$min，标准差 $s_2=10.5$min。试问用新、旧两种不同工艺流程组装电子产品哪一种所需时间更少？（$\alpha=0.05$）

解：由题意知，总体方差 σ_1^2,σ_2^2 未知，但两者相等。两样本均为小样本，故用 t 作检验统计量

$$T = \frac{(\bar{X} - \bar{Y}) - (\mu_1 - \mu_2)}{S_w\sqrt{\frac{1}{n_1} + \frac{1}{n_2}}} \sim t(n_1 + n_2 - 2)$$

其中
$$S_w^2 = \frac{(n_1 - 1)s_1^2 + (n_2 - 1)s_2^2}{n_1 + n_2 - 2}$$

a. 提出假设，若 $\mu_1-\mu_2=0$，则表示两种工艺方法在所需时间上没有显著差异；若 $\mu_1-\mu_2>0$，则表示用新工艺方法所需时间少，所以本检验是单边右侧检验：$H_0:\mu_1-\mu_2\leq0, H_1:\mu_1-\mu_2>0$。

b. 由已知条件，$\bar{X}=27.66,\bar{Y}=17.6,s_1^2=12^2,s_2^2=10.5^2,n_1=10,n_2=8$，计算检验量的值：

$$S_w^2 = \frac{(n_1 - 1)s_1^2 + (n_2 - 1)s_2^2}{n_1 + n_2 - 2} = \frac{(10 - 1)\times 12^2 + (8 - 1)\times 10.5^2}{10 + 8 - 2} = 129.23$$

$$S_w = \sqrt{12923} = 11.37$$

$$t = \frac{(\bar{x}-\bar{y})-(\mu_1-\mu_2)}{S_w\sqrt{\frac{1}{n_1}+\frac{1}{n_2}}}$$

$$= \frac{(27.66-17.6)}{11.37\sqrt{\frac{1}{10}+\frac{1}{8}}}$$

$$= 1.867$$

c. 当 $\alpha=0.05$ 时,t 的自由度为 $n_1+n_2-2=10+8-2=16$,查 t 分布表,临界值为 $t_{0.05}(16)=$ 1.7459,拒绝域为 $(1.7459,+\infty)$,因 $1.867 \in (1.7459,+\infty)$ 落入拒绝域,所以拒绝 H_0,接受 H_1,认为新工艺流程组装产品所用时间更少。

5.3.2 双正态总体方差相等的假设检验

检验假设 $H_0:\sigma_1^2=\sigma_2^2$;$H_1:\sigma_1^2\neq\sigma_2^2$

当 H_0 为真时,$F=\dfrac{S_1^2}{S_2^2} \sim F(n_1-1,n_2-1)$

在显著性水平 α 下,查 F 分布表得到 $F_{1-\alpha/2}(n_1-1,n_2-1)$ 和 $F_{\alpha/2}(n_1-1,n_2-1)$,使得

$$P\left(F < F_{1-\alpha/2}(n_1-1,n_2-1)\right) = P\left(F > F_{\alpha/2}(n_1-1,n_2-1)\right) = \frac{\alpha}{2}$$

可得拒绝域为 $F<F_{1-\alpha/2}(n_1-1,n_2-1)$ 或 $F>F_{\alpha/2}(n_1-1,n_2-1)$。

根据一次抽样后得到的样本观测值 $x_1,x_2,\cdots,x_{n_1}$ 和 $y_1,y_2,\cdots,y_{n_2}$ 计算出 F 的观测值,如果 $F<F_{1-\alpha/2}(n_1-1,n_2-1)$ 或 $F>F_{\alpha/2}(n_1-1,n_2-1)$,则拒绝原假设 H_0,否则接受原假设 H_0。

例5-11 在例 5-10 中,曾假定 $\sigma_1^2=\sigma_2^2$,这一假定是否成立呢? 为此,应当检验假设:

$H_0:\sigma_1^2=\sigma_2^2$;$H_1:\sigma_1^2\neq\sigma_2^2$。(取 $\alpha=0.01$)

解: 选取统计量 $F=\dfrac{S_1^2}{S_2^2} \sim F(n_1-1,n_2-1)$

已知 $n_1=10$,$n_2=8$,$s_1^2=12^2$,$s_2^2=10.5^2$

由此得统计量 F 的观测值 $F=\dfrac{s_1^2}{s_2^2}=\dfrac{12^2}{10.5^2}\approx1.306$

在显著性水平 $\alpha=0.01$ 下,查 F 分布表得到

$$F_{\alpha/2}(n_1-1,n_2-1) = F_{0.005}(9,7) = 8.51$$

$$F_{1-\alpha/2}(n_1-1,n_2-1) = F_{0.995}(9,7) = \frac{1}{F_{0.005}(7,9)} \approx 0.145$$

由于 $0.145<1.306<8.51$,故接受原假设 H_0,即在 0.01 的显著性水平下,两种工艺流程组装产品所用时间的方差无显著差异。

例5-12 为了研究真丝和仿真丝面料性能的差异,从两类面料中分别抽取了八块样品进行拉伸试验,测得拉伸强度见表 5-2。设拉伸强度服从正态分布,问真丝绸和仿真丝绸的拉伸强度的总体方差是否相等?

表5-2 拉伸强度测试结果

真丝绸	4.165	11.675	7.65	4.92	10.555	5.305	7.51	5.665
仿真丝绸	9.75	6.125	6.8	4.475	5.95	7.025	6.425	8.7

解： $H_0 : \sigma_1^2 = \sigma_2^2$； $H_1 : \sigma_1^2 \neq \sigma_2^2$。

选取统计量 $F = \dfrac{S_1^2}{S_2^2} \sim F(n_1 - 1, n_2 - 1)$

已知 $n_1 = 8, n_2 = 8, s_1^2 = 2.7238^2, s_2^2 = 1.5126^2$，由此得统计量 F 的观测值

$$F = \frac{s_1^2}{s_2^2} = \frac{2.7238^2}{1.5126^2} \approx 3.243$$

在显著性水平 $\alpha = 0.05$ 下，查 F 分布表得到

$$F_{\alpha/2}(n_1 - 1, n_2 - 1) = F_{0.025}(7,7) = 4.99$$

$$F_{1-\alpha/2}(n_1 - 1, n_2 - 1) = F_{0.975}(7,7) = \frac{1}{F_{0.025}(7,7)} \approx 0.200$$

由于 $0.200 < 3.243 < 4.99$，故接受原假设 H_0，即在 0.05 的显著性水平下，两种面料的拉伸强度的方差无显著差异。

表5-3 中总结了有关正态总体的假设检验，以方便查用。

表5-3 正态总体的假设检验一览表

H_0	H_1	条件	检验统计量及分布	拒绝域
$\mu = \mu_0$	$\mu \neq \mu_0$			$\lvert u \rvert > u_{\alpha/2}$
$\mu \leqslant \mu_0$	$\mu > \mu_0$	σ^2 已知	$U = \dfrac{\bar{X} - \mu_0}{\sigma / \sqrt{n}} \sim N(0,1)$	$u > u_\alpha$
$\mu \geqslant \mu_0$	$\mu < \mu_0$			$u < -u_\alpha$
$\mu = \mu_0$	$\mu \neq \mu_0$			$\lvert t \rvert > t_{\alpha/2}(n-1)$
$\mu \leqslant \mu_0$	$\mu > \mu_0$	σ^2 未知	$T = \dfrac{\bar{X} - \mu_0}{S / \sqrt{n}} \sim t(n-1)$	$t > t_\alpha(n-1)$
$\mu \geqslant \mu_0$	$\mu < \mu_0$			$t < -t_\alpha(n-1)$
$\sigma^2 = \sigma_0^2$	$\sigma^2 \neq \sigma_0^2$			$\chi^2 < \chi^2_{1-\alpha/2}(n-1)$ 或 $\chi^2 > \chi^2_{\alpha/2}(n-1)$
$\sigma^2 \leqslant \sigma_0^2$	$\sigma^2 > \sigma_0^2$	μ 未知	$\chi^2 = \dfrac{n-1}{\sigma_0^2} S^2 \sim \chi^2(n-1)$	$\chi^2 > \chi^2_\alpha(n-1)$
$\sigma^2 \geqslant \sigma_0^2$	$\sigma^2 < \sigma_0^2$			$\chi^2 < \chi^2_{1-\alpha}(n-1)$
$\mu_1 - \mu_2 = \mu_0$	$\mu_1 - \mu_2 \neq \mu_0$			$\lvert u \rvert > u_{\alpha/2}$
$\mu_1 - \mu_2 \leqslant \mu_0$	$\mu_1 - \mu_2 > \mu_0$	σ_1^2 和 σ_2^2 已知	$U = \dfrac{(\bar{X} - \bar{Y}) - \mu_0}{\sqrt{\sigma_1^2/n_1 + \sigma_2^2/n_2}} \sim N(0,1)$	$u > u_\alpha$
$\mu_1 - \mu_2 \geqslant \mu_0$	$\mu_1 - \mu_2 < \mu_0$			$u < -u_\alpha$
$\mu_1 - \mu_2 = \mu_0$	$\mu_1 - \mu_2 \neq \mu_0$			$\lvert t \rvert > t_\alpha(n_1 + n_2 - 2)$
$\mu_1 - \mu_2 \leqslant \mu_0$	$\mu_1 - \mu_2 > \mu_0$	σ_1^2 和 σ_2^2 未知，但 $\sigma_1^2 \neq \sigma_2^2$	$T = \dfrac{(\bar{X} - \bar{Y}) - \mu_0}{S_w \sqrt{1/n_1 + 1/n_2}} \sim t(n_1 + n_2 - 2)$	$t > t_\alpha(n_1 + n_2 - 2)$
$\mu_1 - \mu_2 \geqslant \mu_0$	$\mu_1 - \mu_2 < \mu_0$			$t < -t_\alpha(n_1 + n_2 - 2)$

续表

H_0	H_1	条件	检验统计量及分布	拒绝域
$\mu_1-\mu_2=\mu_0$	$\mu_1-\mu_2\neq\mu_0$	σ_1^2 和 σ_2^2 未知，且 $\sigma_1^2\neq\sigma_2^2$	$T=\dfrac{(\overline{X}-\overline{Y})-\mu_0}{\sqrt{S_1^2/n_1+S_2^2/n_2}}\sim t(f)$	$\lvert t\rvert>t_{\alpha/2}(f)$
$\mu_1-\mu_2\leqslant\mu_0$	$\mu_1-\mu_2>\mu_0$			$t>t_{\alpha}(f)$
$\mu_1-\mu_2\geqslant\mu_0$	$\mu_1-\mu_2<\mu_0$			$t<-t_{\alpha}(f)$
$\sigma_1^2=\sigma_2^2$	$\sigma_1^2\neq\sigma_2^2$	μ_1^2 和 μ_2^2 未知	$F=\dfrac{S_1^2}{S_2^2}\sim F(n_1-1,n_2-1)$	$F<F_{1-\alpha/2}(n_1-1,n_2-1)$ 或 $F>F_{\alpha/2}(n_1-1,n_2-1)$
$\sigma^2\leqslant\sigma_0^2$	$\sigma^2>\sigma_0^2$			$F>F_{\alpha}(n_1-1,n_2-1)$
$\sigma^2\geqslant\sigma_0^2$	$\sigma^2<\sigma_0^2$			$F<F_{1-\alpha}(n_1-1,n_2-1)$

5.4　分布拟合检验

前面讨论的参数估计和假设检验主要是对正态分布总体进行的，但在实际应用中，总体的分布往往是未知的。因此，在实际应用中首先要对总体的分布类型进行推断。本节介绍皮尔逊提出的 χ^2 检验法。

5.4.1　χ^2 检验法的基本思想

χ^2 检验法是在总体分布未知时，根据来自总体 X 的样本，检验总体分布的假设的一种检验方法。具体检验时，先提出原假设

$$H_0:\text{总体 } X \text{ 的分布函数为 } F(x)$$

再根据样本的经验分布和所假设的理论分布间吻合程度来决定是否接受原假设。

这种检验通常称为拟合优度检验，它是一种非参数检验。一般地，总是根据样本数据的直方图或经验分布函数，初步判断总体可能服从的分布，然后通过检验作出推断。

5.4.2　χ^2 检验法的基本原理和步骤

①提出原假设。

$$H_0:\text{总体 } X \text{ 的分布函数为 } F(x)$$

②将总体 X 的取值范围分为 k 个互不相交的小区间 $A_1,A_2,\cdots,A_k$，其中 $A_1=(a_0,a_1]$，$A_2=(a_1,a_2]$，$\cdots$，$A_k=(a_{k-1},a_k)$，区间划分视具体情况而定，但要使每个小区间所含的样本数不少于 5 个，而区间数 k 不要太大也不要太小。

③把落入第 i 个小区间 A_i 的样本值的个数记作 n_i，称为组频数，所有组频数之和等于样本容量 n。

④当 H_0 为真时，根据所假设的总体理论分布，可计算出总体 X 的值落入第 i 个小区间 A_i 的概率 p_i，于是 np_i 就是落入第 i 个小区间 A_i 的样本值的理论频数。

⑤当 H_0 为真时，n 次试验中样本值落入第 i 个小区间 A_i 的频率 n_i/n 与概率 p_i 应很接近；当 H_0 不为真时，n_i/n 与概率 p_i 相差较大。基于这种思想，皮尔逊引入如下统计量 $\chi^2 = \sum_{i=1}^{k} \dfrac{(n_i - np_i)^2}{np_i}$，并证明该统计量 χ^2 近似服从 $\chi^2(k-1)$ 分布。

⑥对给定的显著性水平 α，查 χ^2 分布表得临界值 $\chi^2_\alpha(k-1)$，使 $P[\chi^2 > \chi^2_\alpha(k-1)]$，所以拒绝域为 $\chi^2 > \chi^2_\alpha(k-1)$。

⑦若由所给的样本值 $x_1, x_2, \cdots, x_n$ 计算统计量 χ^2 的值落入拒绝域，则拒绝原假设 H_0，否则就认为差异不显著而接受原假设 H_0。

5.4.3 总体含未知参数的情形

在对总体分布的假设检验中，有时只知道总体 X 的分布函数的形式，但其中未知参数，设 $X_1, X_2, \cdots, X_n$ 是取值总体 X 的样本，现要用此样本来检验假设：H_0：总体 X 的分布函数为 $F(x, \theta_1, \theta_2, \cdots, \theta_m)$，其中，$\theta_1, \theta_2, \cdots, \theta_m$ 为未知参数。

此类情况可按如下步骤进行检验。

①利用样本 $X_1, X_2, \cdots, X_n$，求出 $\theta_1, \theta_2, \cdots, \theta_m$ 的极大似然估计 $\hat{\theta}_1, \hat{\theta}_2, \cdots, \hat{\theta}_m$。

②在分布函数 $F(x, \theta_1, \theta_2, \cdots, \theta_m)$ 中用 $\hat{\theta}_i$ 代替 $\theta_i(i=1,2,\cdots,m)$，则得到一个完全一致的分布函数 $F(x, \hat{\theta}_1, \hat{\theta}_2, \cdots, \hat{\theta}_m)$。

③利用 $F(x, \hat{\theta}_1, \hat{\theta}_2, \cdots, \hat{\theta}_m)$，计算 p_i 的估计值 $\hat{p}_i(i=1,2,\cdots,k)$。

④计算要检验的统计量 $\chi^2 = \sum_{i=1}^{k} \dfrac{(n_i - np_i)^2}{np_i}$，当 n 充分大时，统计量 χ^2 近似服从 $\chi^2(k-m-1)$ 分布。

⑤对给定的显著性水平 α，得拒绝域 $\chi^2 = \sum_{i=1}^{k} \dfrac{(n_i - n\hat{p}_i)^2}{n\hat{p}_i} > \chi^2_\alpha(k-m-1)$。

需要注意的是，利用 χ^2 拟合检验法检验关于总体分布的假设时，一般要求样本容量 $n \geq 50$，而各个小区间的组频数 $n_i \geq 5$，否则应适当将相邻的两个或多个小区间合并，使得合并后的小区间满足上述要求。

例 5-13 表 5-4 所示为 200 件衣服的疵点的分布，问以上结果是否服从泊松分布？

表 5-4 疵点衣服数量分布

有疵点的衣服数量	0	1	2	3	4	5	总数
数量	50	80	40	15	10	5	200

解： 根据题意，$X \sim P(\lambda)$，见表 5-5。

表 5-5　X 的分布情况

X	0	1	2	3	4	5	总数
f_i	50	80	40	15	10	5	200
$f_i x_i$	0	80	80	45	40	25	270

$$\lambda = \bar{x} = \frac{\sum f_i x_i}{N} = \frac{270}{200} = 1.35$$

通过采用泊松分布计算见表 5-6。

表 5-6　泊松分布计算

x_i	n_i	p_i	np_i	$\dfrac{(n_i - np_i)^2}{np_i}$
0	50	0.2592	51.84805	0.065871
1	80	0.3500	69.99487	1.430142
2	40	0.2362	47.24654	1.111453
3	15	0.1063	21.26094	1.843728
4	10	0.0359	7.175568	2.966631
5	5	0.0124	2.47403	
总数	200	1	200	7.4178

因此
$$\chi^2 = \sum \frac{(n_i - np_i)^2}{np_i} = 7.4178$$

χ^2 的自由度为 4-1-1=2，查表得

$$\chi_{0.05}^2(2) = 5.991 < \chi^2 = 7.4178$$

所以落在接受域中，即认为服装上疵点数服从泊松分布 $P(1.35)$。

例 5-14　为检验棉纱的断裂强力（单位：kg）X 服从正态分布，从一批棉纱中随机进行 300 次拉伸试验，结果见表 5-7。试检验如下假设：H_0：断裂强力 $X \sim N(\mu, \sigma^2)$（$\alpha = 0.01$）。

表 5-7　棉纱的断裂强力

i	x	n_i	i	x	n_i
1	0.5 ~ 0.64	1	8	1.46 ~ 1.62	53
2	0.64 ~ 0.78	2	9	1.62 ~ 1.76	25
3	0.78 ~ 0.92	9	10	1.76 ~ 1.90	19
4	0.92 ~ 1.06	25	11	1.90 ~ 2.04	16
5	1.06 ~ 1.20	37	12	2.04 ~ 2.18	3
6	1.20 ~ 1.34	53	13	2.18 ~ 2.32	1
7	1.34 ~ 1.48	56			

解： (1)表5-7将观测值分成13组，但前两组和最后两组的组频数较小，需要适当合并，见表5-8。

(2)正态分布 $N(\mu,\sigma^2)$ 含有两个未知参数 μ 和 σ^2，分别用它们的极大似然估计来代替 $\hat{\mu}=\bar{X}, \hat{\sigma}^2=\sum_{i=1}^{n}\frac{(X_i-\bar{X})^2}{n}$。根据表5-7中数据计算得到 $\hat{\mu}\approx 1.41, \hat{\sigma}^2\approx 0.30^2$。

对于服从 $N(1.41,0.30^2)$ 的随机变量 Y，计算它在第 i 个区间上的概率 p_i，如

$$\hat{p}_1 = P(Y \leq 0.92) = P\left(\frac{Y-1.41}{0.30} \leq -1.633\right) \approx 0.0512$$

$$\hat{p}_2 = P(0.92 < Y \leq 1.06) = P\left(-1.633 < \frac{Y-1.41}{0.30} \leq -1.167\right) \approx 0.0705$$

结果见表5-8，相应的 $\hat{n}p_i$, $n_i-\hat{n}p_i$ 也列入表5-8中。

表5-8 棉纱的断裂强力的重新分组

i	x	n_i	$\hat{p}_i$	$\hat{n}p_i$	$n_i-\hat{n}p_i$
1	≤0.92	12	0.0512	15.3598	-3.3598
2	0.92~1.06	25	0.0705	21.1419	3.8581
3	1.06~1.20	37	0.1203	36.0873	0.9127
4	1.20~1.34	53	0.1658	49.7363	3.2637
5	1.34~1.48	56	0.1845	55.3492	0.6508
6	1.46~1.62	53	0.1658	49.7363	3.2637
7	1.62~1.76	25	0.1203	36.0873	-11.0873
8	1.76~1.90	19	0.0705	21.1419	-2.1419
9	>1.90	20	0.0512	15.3598	4.6402

(3)计算统计量的值

$$\chi^2 = \sum_{i=1}^{9}\frac{(n_i-np_i)^2}{np_i} \approx 6.92$$

因为 $k=9$, $m=2$，所以 χ^2 的自由度为 $9-2-1=6$，查表得 $\chi^2_{0.01}(6)=16.8 > \chi^2=6.92$
于是，不能拒绝原假设，即认为棉纱断裂强力服从正态分布。

习题五

1. 在一定的工艺条件下，纺得八批纱，分别测得品质指标如下。经验证明品质指标服从正态分布，并已知 $\sigma=65$。测得样本观测值为2422,2605,2443,2521,2409,2505,2450,2507；问在该工艺条件下，品质指标能否达到2500？($\alpha=0.05$)

2. 某公司长期以来生产的细纱支数的标准差为1.2,某日在产品中随机抽取16个小样做支数试验,其样本标准差为2.1。设纱线支数服从正态分布,在显著水平0.01下,问该日的细纱质量是否变劣？

3. 设在正常工作下,每5 m生条的定量为20 g,重量分布服从正态分布。今从所生产的每批生条中任取9段,

得数据如下(单位:g/5m):20.5,19.3,20.6,20.3,19.7,20.5,18.5,19.5,19.5。问这批生条是否符合定量要求? (α =0.05)

4. 设在两种工艺条件下,各纺得 32 批纱,分别测其品质指标,并假设 $\sigma_1 = \sigma_2 = 65$,得实测数据如下:$n_1 = n_2 = 32$;$\bar{x}_1 = 2435, \bar{x}_2 = 2466$。试问这两种工艺条件对细纱品质指标有无影响。($\alpha$ =0.05)

5. 对两个品牌的毛纺织品进行强度试验,已经测得数据见表 5-9。设该毛纺织品的强度服从正态分布。取 α =0.05,问两个品牌的毛纺织品的平均强度是否有显着差异?(设方差齐性)

表 5-9　毛纺织品强度测试结果

甲品牌	138,127,134,125
乙品牌	134,137,135,140,130,134

6. 分别测试了两台织布机上采用相同原料织造的五块机织物的强度,所得结果见表 5-10,是否可以认为第二台织布机生产的织物的强度大于第一台织布机的强度?(α =0.05)

表 5-10　机织物强度

织机 I	123,122,130,125,128
织机 II	125,127,132,130,132

7. 为检验某种新研发的浆料对棉纱强力的影响,对上浆前后的棉纱进行试验,数据见表 5-11。设上浆前后的单纱强力服从正态分布且方差齐性,问上浆前后单纱平均强力是否有显著差异? 如差异显著,估计上浆后单纱强力提高了多少?(α =0.05)

表 5-11　上浆前后单纱强力

上浆前	167,173,155,210,173,160,230,162,175,218,141,155,179,147,230,212,168,155,141,230,224,168,204,192,211
上浆后	197,249,199,210,243,180,236,190,228,274,190,243,210,280,228,230,234,268,205,218,224,224,218,230,230

8. 表 5-12 所示为测试得到的白天和晚上生产的纱线的支数,是否可以认为白天和晚上生产的纱线的总体方差一致?(α =0.05)

表 5-12　纱线支数测试结果

白天	37.2	36.8	37.5	36.9	35.9
晚上	33.5	36.2	37.0	35.8	36.2

9. 表 5-13 所示为检测 200 件衣服得到的机织物的疵点数,采用泊松分布拟合数据,是否符合此分布?(α =0.05)

表 5-13　疵点衣服数量分布

有疵点的衣服数量	0	1	2	3	4	5	6
数量	70	60	25	20	10	8	7

10. 对棉纱的缕纱强力进行了 150 次测试,观测值的频数分布见表 5-14,问这种棉纱的缕纱强力是否服从正态分布?（$\alpha = 0.05$）

表 5-14　缕纱强力观测值的频数分布

观测值	30.5	31	31.5	32	32.5	33	33.5	34	34.5	35	35.5
频数	1	1	2	3	0	3	3	3	2	5	4
观测值	36	36.5	37	37.5	38	38.5	39	39.5	40	40.5	41
频数	3	5	5	6	6	4	3	4	7	5	7
观测值	41.5	42	42.5	43	43.5	44	44.5	45	45.5	46	46.5
频数	5	4	4	5	6	5	4	6	3	4	2
观测值	47	47.5	48	48.5	49	49.5	50	50.5	51	51.5	52
频数	4	3	3	2	3	0	2	1	1	0	1

习题五答案

第6章 方差分析

6.1 简   介

"方差分析"（ANOVA）技术由 R. A. Fisher 在 1920 年处理农业数据时首次使用，是检验假设中检验两个总体均值是否相等的升级版，用于比较三个或更多总体的均值是否相等（$H_0: \mu_1 = \mu_2 = \cdots = \mu_k$）。主要思路是对三个或更多总体的均值通过观察值之间的误差进行比较判断，因此，称作方差分析技术。观察值的变化是由于多种因素而引起的，这些原因分为可控因素和随机因素。

可控因素：在引起观察值变化的因素中，可被识别或检测到的因素称为可控因素，我们可以控制这些因素。由于这些因素而导致的观测值变化称为可控因素变化。

随机因素：在引起观察值变化的因素中，无法识别或检测到的因素称为随机因素。我们无法控制这些因素，因此，无法完全消除它们。但是通过适当的实验设计（在下一章中讨论），可以尝试将其最小化。由于这些因素而导致的观测值变化称为随机误差。在实验中，需要随机误差越小越好。

因此，在方差分析中，观测值的总变化由多个部分组成，其中每个组成部分的变化由某些可控因素和随机因素引起。观测值的总变化划分之后，可将由可控因素引起的变化与由随机因素引起的变化进行比较，并做出关于接受或拒绝假设的决定。单因素方差分析和双因素方差分析是方差分析技术的两种不同类型。

6.2 单因素方差分析

除了随机因素之外，只有一个可控的因素引起数据观测值的变化，称为单因素方差分析。假设仅有一个因素用 A 表示，并且假设它具有"k"个不同的水平，分别用 $A_1, A_2, \cdots, A_k$ 表示。进一步假设，$\mu_1, \mu_2, \cdots, \mu_k$ 表示在 $A_1, A_2, \cdots, A_k$ 水平的观测值均值。因此，在单因素方差分析的情况下，是将水平 $A_1, A_2, \cdots, A_k$ 的观测值均值进行相互比较。即检验假设：

$$H_0: \mu_1 = \mu_2 = \cdots = \mu_k; H_1: \mu_i \neq \mu_j [至少一对(i,j)]$$

为了检验该假设，假设收集了总计"n"个观测值，对于每个 A_i 水平都有 n_i 个观测值，即

$\sum n_i = n$, $i=1,2,\cdots,k$。这 n 个观察结果见表6-1。

表6-1 单因素方差分析的观测值

A_1	A_2	...	...	A_k
x_{11}	x_{21}	...	...	x_{k1}
x_{12}	x_{22}	...	...	x_{k2}
...	...	...	...	...
...	...	...	...	...
x_{1n_1}	x_{2n_2}	...	...	x_{kn_k}

x_{ij} 对应于因素 A 的第 i 个水平的第 j 个观测值($i=1,2,\cdots,k$;$j=1,2,\cdots,n_k$)。

单因素方差分析的数学原理如下。

假设观测值 x_{ij} 的数学模型如下:

$$x_{ij} = \mu_i + \varepsilon_{ij} \tag{6-1}$$

式中:μ_i 为因素 A 在 A_i 水平下的均值;ε_{ij} 为随机误差分量,$\varepsilon_{ij} \sim N(0,\sigma^2)$,且所有$(i,j)$都是独立的。

进一步整理上面的数学模型得

$$x_{ij} = \mu + \alpha_i + \varepsilon_{ij} \tag{6-2}$$

式中:μ 为所有观测值的均值;α_i 为因素 A 在 A_i 水平下的固定效应。

因此,从这个新模型中,检验上述假设等同于检验以下假设:

$$H_0:\alpha_1 = \alpha_2 = \cdots = \alpha_k = 0;H_1:\alpha_i \neq 0(至少有一个 i)。$$

为了检验该假设,将观察结果的总变化分为以下两部分。

总离差平方和=因素 A 组间离差平方和+随机因素离差平方和,即

$$TSS = SSA + SSE \tag{6-3}$$

总离差平方和

$$TSS = \sum_{i=1}^{k} \sum_{j=1}^{n_i} (X_{ij} - \bar{X})^2 \tag{6-4}$$

因素 A 组间离差平方和

$$SSA = \sum_{i=1}^{k} n_i (\bar{X}_i - \bar{X})^2 \tag{6-5}$$

随机因素离差平方和

$$SSE = \sum_{i=1}^{k} \sum_{j=1}^{n_i} (X_{ij} - \bar{X}_i)^2 \tag{6-6}$$

TSS=SSA+SSE 推导如下:

第一步：

$$TSS = \sum_{i=1}^{k} \sum_{j=1}^{n_i} (X_{ij} - \bar{X})^2 = \sum_{i=1}^{k} \sum_{j=1}^{n_i} \left[(X_{ij} - \bar{X}_i) + (\bar{X}_i - \bar{X}) \right]^2$$

第二步：

$$TSS = \sum_{i=1}^{k} \sum_{j=1}^{n_i} (X_{ij} - \bar{X}_i)^2 + 2\sum_{i=1}^{k} \sum_{j=1}^{n_i} (X_{ij} - \bar{X}_i)(\bar{X}_i - \bar{X}) + \sum_{i=1}^{k} \sum_{j=1}^{n_i} (\bar{X}_i - \bar{X})^2$$

第三步：

$$TSS = \sum_{i=1}^{k} \sum_{j=1}^{n_i} (X_{ij} - \bar{X}_i)^2 + 2\sum_{i=1}^{k} (\bar{X}_i - \bar{X}) \sum_{j=1}^{n} (X_{ij} - \bar{X}_i) + \sum_{i=1}^{k} n_i (\bar{X}_i - \bar{X})^2$$

第四步：

$$\sum_{j=1}^{n_i} (X_{ij} - \bar{X}_i) = 0$$

第五步：

$$TSS = \sum_{i=1}^{k} \sum_{j=1}^{n_i} (X_{ij} - \bar{X}_i)^2 + \sum_{i=1}^{k} n_i (\bar{X}_i - \bar{X})^2$$

即
$$TSS = SSE + SSA$$

根据科克伦定理（Cochran's theorem）得

$$SSA \sim \sigma^2 \chi_{k-1}^2 \quad \text{i. e.} \quad \frac{SSA}{\sigma^2} \sim \chi_{k-1}^2$$

$$SSE \sim \sigma^2 \chi_{n-k}^2 \quad \text{i. e.} \quad \frac{SSE}{\sigma^2} \sim \chi_{n-k}^2$$

并且两个部分彼此独立。

因此，根据 F 概率分布的性质

$$F = \frac{\dfrac{SSA}{\sigma^2}/k-1}{\dfrac{SSE}{\sigma^2}/n-k} = \frac{MSSA}{MSSE} = \frac{\text{因素 } A \text{ 的平均平方和}}{\text{随机因素的平均平方和}} \tag{6-7}$$

以上所有数学分析结果均以表格形式填写，称为方差分析表（ANOVA 表），见表6-2。

表6-2 方差分析表

误差来源	df	SS	MSS	F 比
因素 A	$k-1$	SSA	MSSA $= SSA/k-1$	$F = MSSA/MSSE$
随机误差	$n-k$	SSE	MSSE $= SSE/n-k$	
	$n-1$	TSS		

期望统计量 $F \sim F_{\alpha}(k-1, n-k)$。

因此,相对于 H_1,如果 $F_{cal} > F_\alpha(k-1, n-k)$,原假设 H_0 被拒绝。

$F_\alpha(k-1, n-k)$ 表示该值上方的区域在 F 分布曲线下的面积为 α。

临界区间如图 6-1 所示。

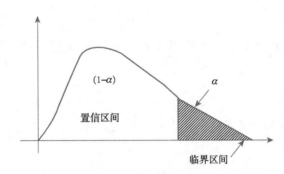

图 6-1　临界区间

如果 $H_0 : \alpha_1 = \alpha_2 = \cdots = \alpha_k = 0$ 被接受,则意味着因素 A 不同水平的影响并不显著。因此,接受假设 $\mu_1 = \mu_2 = \cdots = \mu_k$,即不同水平下 A 的均值是相同的,平均而言,对于所有水平的 A,X 的值都相同。

(1)注意事项

①方差分析不受基准点变化的影响。如果所有观测值减去一个常数,方差分析不会受到影响。

②如果计算结果 MSSA 小于 MSSE,F 的计算依旧为 $F = \text{MSSA} / \text{MSSE}$。

(2)计算过程和公式

①确定因素 A 及其水平"k"。

②求出因素 A 在每个水平的观测值的总和,用 $A_1, A_2, \cdots, A_k$ 表示。

③求 $G = \sum \sum x_{ij} = \sum A_i$。

④求 $CF = \dfrac{G^2}{n}$。

⑤求 $SS_{raw} = \sum \sum x_{ij}^2$,$SS_{raw}$ 为所有观测值的平方和。

⑥求 $\text{TSS} = SS_{raw} - CF$。

⑦求 $\text{SSA} = \sum \dfrac{A_i^2}{n_i} - CF$。

⑧求 $\text{SSE} = \text{TSS} - \text{SSA}$。

⑨填写 ANOVA 表,得出结论。

(3)离差平方和常用计算式

第 i 组所有观察值之和

$$S_i = \sum_{j=1}^{n_i} x_{ij}, i = 1, 2, \cdots, k \qquad (6-8)$$

第 i 组所有观察值平方之和

$$SS_i = \sum_{j=1}^{n_i} x_{ij}^2 \tag{6-9}$$

离差平方和常用计算式

$$TSS = \sum_{i=1}^{k} SS_i - \frac{1}{n} \left(\sum_{i=1}^{k} S_i \right)^2 \tag{6-10}$$

$$SSA = \sum_{i=1}^{k} S_i^2/n_i - \frac{1}{n} \left(\sum_{i=1}^{k} S_i \right)^2 \tag{6-11}$$

$$SSE = \sum_{i=1}^{k} SS_i - \sum_{i=1}^{k} S_i^2/n_i \tag{6-12}$$

例 6-1　实验研究了环锭细纱机的速度对纱线断裂次数的影响。每种速度各获取五个数据,见表 6-3。对以下数据进行分析并得出结论。

表 6-3

速度/(r·min^{-1})	15000	16000	17000	18000
纱线断裂次数	18	22	23	30
	20	20	23	32
	18	21	25	28
	15	18	24	28
	17	23	23	35

解:因素"A"是指环锭细纱机的速度,其水平为:$A_1 \sim 15000$,$A_2 \sim 16000$,$A_3 \sim 17000$,$A_4 \sim 18000$。

研究变量是 $X \sim$ 纱线断裂次数。

假设 $\mu_1, \mu_2, \mu_3, \mu_4$ 表示水平 $A_1, A_2, \cdots, A_4$ 的平均效应。$\alpha_1, \alpha_2, \cdots, \alpha_4$ 分别表示水平 A_1,$A_2, \cdots, A_4$ 的固定效应。

检验假设:

$$H_0: \mu_1 = \mu_2 = \cdots = \mu_4; H_1: \mu_i \neq \mu_j [\text{至少一对}(i,j)]$$

或

$$H_0: \alpha_1 = \alpha_2 = \cdots = \alpha_4 = 0; H_1: a_i \neq 0 (\text{至少一个} i)$$

为了检验上述假设,分析计算见表 6-4。

表 6-4　分析计算

15000	16000	17000	18000
18	22	23	30
20	20	23	32
18	21	25	28
15	18	24	28
17	23	23	35
$A_1 = 88$	$A_2 = 104$	$A_3 = 118$	$A_4 = 153$

$$G = \sum \sum x_{ij} = \sum A_i = 88 + 104 + 118 + 153 = 463$$

$$CF = \frac{G^2}{n} = \frac{463^2}{20} = 10718.45$$

$$SS_{raw} = \sum \sum x_{ij}^2 = 11245$$

$$TSS = SS_{raw} - CF = 11245 - 10718.45 = 526.55$$

$$SSA = \sum \frac{A_i^2}{n_i} - CF = 11178.6 - 10718.45 = 460.15$$

$$SSE = TSS - SSA = 526.55 - 460.15 = 66.4$$

表 6-5 为本例方差分析表。

表 6-5　方差分析表

误差来源	df	SS	MSS	F 比
因素 A	3	460.15	153.38	36.96
误差	16	66.4	4.15	
	19	526.55		

统计量 F 是自由度为 $(k-1) = 3$ 和 $(n-k) = 16$ 的 F 分布。

因此,在 5% 显著性水平下,$\alpha = 0.05$,$F_\alpha(k-1, n-k) = F_{0.05}(3,16) = 3.24$。

因为 $F_{cal} = 36.96 > F_{0.05}(3,16) = 3.24$,所以,在 5% 显著性水平下拒绝 $H_0 \Rightarrow$ 至少有一个 "i" 存在 $\alpha_i \neq 0 \Rightarrow$ 至少一个速度的固定作用是显著,至少一对速度的 $\mu_i \neq \mu_j \Rightarrow$ 至少一对速度的平均作用不相同。

因此,不同的细纱机速度下纱线断裂次数不同。

例 6-2　进行了一项实验,研究了四个不同公司(A, B, C 和 D)生产的染料对织物强度的影响,见表 6-6,对以下数据进行分析并得出结论。

表 6-6 染料对织物强度的影响

染料类型	A	B	C	D
	250	225	250	300
织物强度	275	250	275	250
	275	225	250	275
	300	300	250	300

解: 因素"A"是染料,其水平是:$A_1 \Rightarrow A, A_2 \Rightarrow B, A_3 \Rightarrow C, A_4 \Rightarrow D$。

研究变量是 $X \Rightarrow$ 织物的强度。

假设 $\mu_1, \mu_2, \cdots, \mu_4$ 表示水平 $A_1, A_2, \cdots, A_4$ 的平均效应。$\alpha_1, \alpha_2, \cdots, \alpha_4$ 分别表示水平 $A_1, A_2, \cdots, A_4$ 的固定效应。

因此,检验假设

$$H_0: \mu_1 = \mu_2 = \cdots = \mu_4; H_1: \mu_i \neq \mu_j [至少一对(i,j)]$$

或

$$H_0: \alpha_1 = \alpha_2 = \cdots = \alpha_4 = 0; H_1: a_i \neq 0(至少一个 i)$$

由于方差分析不受基准点和比例变化的影响,为简化计算过程,使用$(X-250)/25$ 计算变换后的值,见表 6-7。

表 6-7 计算变换后的值

染料类型			
A	B	C	D
0	-1	0	2
1	0	1	0
1	-1	0	1
2	2	0	2
$A_1 = 4$	$A_2 = 0$	$A_3 = 1$	$A_4 = 5$

$$G = \sum \sum x_{ij} = \sum A_i = 4 + 0 + 1 + 5 = 10$$

$$CF = \frac{G^2}{n} = \frac{10^2}{16} = 6.25$$

$$SS_{raw} = \sum \sum x_{ij}^2 = 22$$

$$TSS = SS_{raw} - CF = 22 - 6.25 = 15.75$$

$$SSA = \sum \frac{A_i^2}{n_i} - CF = 10.5 - 6.25 = 4.25$$

$$SSE = TSS - SSA = 15.75 - 4.25 = 11.5$$

表 6-8 为本例方差分析表。

表 6-8　方差分析表

误差来源	df	SS	MSS	F 比
因素 A(染料)	3	4.25	1.4167	1.4783
随机误差	12	11.50	0.9583	
合计	15	15.75		

统计量 F 是自由度为 $(k-1)=3$ 和 $(n-k)=12$ 的 F 分布。

在 5% 显著性水平下, $\alpha=0.05$, $F_{\alpha}(k-1,n-k)=F_{0.05}(3,12)=3.49$。

因为 $F_{cal}=1.4783<F_{0.05}(3,12)=3.49$, 所以在 5% 显著性水平下接受 $H_0 \Rightarrow$ 任意一个 "i" $\alpha_i=0 \Rightarrow$ 任意一种染料的固定效应不显著。所以, $\mu_1=\mu_2=\cdots=\mu_4$, 任意一种染料的平均效果是相同的。平均而言, 所有染料的织物强度均相同。

6.3　双因素方差分析

双因素方差分析分为单次双因素方差分析, 即每个个体观察一次(无重复); 重复双因素方差分析, 即每个个体具有多个观察值(重复)。

6.3.1　单次双因素方差分析

除了随机因素之外, 仅有两个不同的可控因素导致观测值发生变化时, 称为双因素方差分析。这两个不同的因素用 A 和 B 表示。假设因素 A 具有 "p" 个不同的水平, 分别由 $A_1, A_2, \cdots, A_p$ 表示, 因素 B 具有 "q" 个不同的水平, 分别由 $B_1, B_2, \cdots, B_q$ 表示。检验假设

$$H_0^A : \mu_1=\mu_2=\cdots=\mu_P ; H_1^A : \mu_i \neq \mu_j [至少一对(i,j)]$$
$$H_0^B : \mu_1=\mu_2=\cdots=\mu_q ; H_1^B : \mu_i \neq \mu_j [至少一对(i,j)]$$

为了检验这些假设, 假设每对水平 (A_i, B_j) 收集了一个观测值, 因此, 收集了总计 "pq" 个观测值, 使得对于每个水平 A_i 有 q 个观测值, 每个水平 B_j 有 p 个观测值。"pq" 个观测值见表 6-9。

表 6-9　单次双因素观测值

因素		B				
		B_1	B_2	…	…	B_q
A	A_1	x_{11}	x_{12}	…	…	x_{1q}
	A_2	x_{21}	x_{22}	…	…	x_{2q}
	…	…	…	…	…	…
	…	…	…	…	…	…
	A_p	x_{p1}	x_{p2}	…	…	x_{pq}

x_{ij} 为因素 A 的第 i 个水平和因素 B 的第 j 个水平对应的观测值（$i=1,2,\cdots,p$；$j=1,2,\cdots,q$）。

双因素方差分析的数学原理（无重复）如下。

假设 x_{ij} 的数学模型如下

$$x_{ij} = \mu_{ij} + \varepsilon_{ij} \tag{6-13}$$

μ_{ij}：在因素 A 的第 i 个水平和因素 B 的第 j 个水平下的均值；

ε_{ij}：随机误差分量，$\varepsilon_{ij} \sim N(0,\sigma^2)$，且所有 ε_{ij} 都是独立的。

上面的模型整理如下

$$x_{ij} = \mu + \alpha_i + \beta_j + \gamma_{ij} + \varepsilon_{ij} \tag{6-14}$$

式中：μ 为一般平均效应；α_i 为因素 A 的第 i 个水平的固定效应；β_j 为因素 B 的第 j 个水平的固定效应；γ_{ij} 为因素 A 的第 i 个水平和因素 B 的第 j 个水平的固定交互作用。

在这种情况下，由于每个个体（i,j）只有一个观测值，因此，无法研究或估算参数 γ_{ij}。因此，假设 $\gamma_{ij}=0$。

检验以下假设

$$H_0^A:\alpha_1 = \alpha_2 = \cdots = \alpha_p = 0；H_1^A:\alpha_i \neq 0（至少一个 i）$$
$$H_0^B:\beta_1 = \beta_2 = \cdots = \beta_q = 0；H_1^B:\beta_j \neq 0（至少一个 j）$$

为了检验上述假设，总变化分为以下三个部分

$$TSS = SSA + SSB + SSE \tag{6-15}$$

总离差平方和

$$TSS = \sum_{i=1}^{p}\sum_{j=1}^{q}(X_{ij} - \bar{X})^2 \tag{6-16}$$

因素 A 组间离差平方和

$$SSA = q\sum_{i=1}^{p}(\bar{X}_{i\cdot} - \bar{X})^2 \tag{6-17}$$

因素 B 组间离差平方和

$$SSB = p\sum_{j=1}^{q}(\bar{X}_{\cdot j} - \bar{X})^2 \tag{6-18}$$

随机因素离差平方和

$$SSE = \sum_{i=1}^{p}\sum_{j=1}^{q}(X_{ij} - \bar{X}_{i\cdot} - \bar{X}_{\cdot j} + \bar{X})^2 \tag{6-19}$$

TSS=SSA+SSB+SSE 推导如下：

第一步：

$$TSS = \sum_{i=1}^{p}\sum_{j=1}^{q}(X_{ij} - \bar{X})^2$$

第二步：

$$\text{TSS} = \sum_{i=1}^{p} \sum_{j=1}^{q} \left[(X_{ij} - \bar{X}_{i.} - \bar{X}_{.j} + \bar{X}) + (\bar{X}_{i.} - \bar{X}) + (\bar{X}_{.j} - \bar{X}) \right]^2$$

第三步：

$$\text{TSS} = \sum_{i=1}^{p} \sum_{j=1}^{q} (X_{ij} - \bar{X}_{i.} - \bar{X}_{.j} + \bar{X})^2 + \sum_{i=1}^{p} \sum_{j=1}^{q} (\bar{X}_{i.} - \bar{X})^2 +$$

$$\sum_{i=1}^{p} \sum_{j=1}^{q} (\bar{X}_{.j} - \bar{X})^2 + 2 \sum_{i=1}^{p} \sum_{j=1}^{q} (X_{ij} - \bar{X}_{i.} - \bar{X}_{.j} + \bar{X})(\bar{X}_{i.} - \bar{X}) +$$

$$2 \sum_{i=1}^{p} \sum_{j=1}^{q} (X_{ij} - \bar{X}_{i.} - \bar{X}_{.j} + \bar{X})(\bar{X}_{.j} - \bar{X}) + 2 \sum_{i=1}^{p} \sum_{j=1}^{q} (\bar{X}_{i.} - \bar{X})(\bar{X}_{.j} - \bar{X})$$

第四步：

$$\sum_{i=1}^{p} \sum_{j=1}^{q} (X_{ij} - \bar{X}_{i.} - \bar{X}_{.j} + \bar{X})(\bar{X}_{i.} - \bar{X}) = 0$$

$$\sum_{i=1}^{p} \sum_{j=1}^{q} (X_{ij} - \bar{X}_{i.} - \bar{X}_{.j} + \bar{X})(\bar{X}_{.j} - \bar{X}) = 0$$

$$\sum_{i=1}^{p} \sum_{j=1}^{q} (\bar{X}_{i.} - \bar{X})(\bar{X}_{.j} - \bar{X}) = 0$$

第五步：

$$\text{TSS} = \sum_{i=1}^{p} \sum_{j=1}^{q} (X_{ij} - \bar{X}_{i.} - \bar{X}_{.j} + \bar{X})^2 + s \sum_{i=1}^{p} (\bar{X}_{i.} - \bar{X})^2 + r \sum_{j=1}^{q} (\bar{X}_{.j} - \bar{X})^2$$

$$\text{TSS} = \text{SSE} + \text{SSA} + \text{SSB}$$

根据科克伦定理(Cochran's theorem)得

$$\text{SSA} \sim \sigma^2 \chi^2_{p-1} \quad \text{i. e.} \quad \frac{\text{SSA}}{\sigma^2} \sim \chi^2_{p-1}$$

$$\text{SSB} \sim \sigma^2 \chi^2_{q-1} \quad \text{i. e.} \quad \frac{\text{SSB}}{\sigma^2} \sim \chi^2_{q-1}$$

$$\text{SSE} \sim \sigma^2 \chi^2 \quad \text{i. e.} \quad \frac{\text{SSE}}{\sigma^2} \sim \chi^2$$

并且三个部分彼此独立。

因此，根据 F 概率分布的性质

$$F_A = \frac{\dfrac{\text{SSA}}{\sigma^2}/(p-1)}{\dfrac{\text{SSE}}{\sigma^2}/(p-1)(q-1)} = \frac{\dfrac{\text{SSA}}{p-1}}{\dfrac{\text{SSE}}{(p-1)(q-1)}} = \frac{\text{MSSA}}{\text{MSSE}} \tag{6-20}$$

$$F_B = \frac{\text{MSSB}}{\text{MSSE}} \tag{6-21}$$

式中:MSSA 代表由于因素 A 引起的均方离差;MSSB 代表由于因素 B 引起的均方离差;MSSE 代表由于随机误差引起的均方离差。

以上所有数学分析结果均以表格形式填写,称为方差分析表(ANOVA 表),见表6-10。

表6-10 方差分析表

误差来源	df	SS	MSS	F 比
因素 A	$p-1$	SSA	MSSA	$F_A = \dfrac{\text{MSSA}}{\text{MSSE}}$
因素 B	$q-1$	SSB	MSSB	$F_B = \dfrac{\text{MSSB}}{\text{MSSE}}$
随机误差	$(p-1)(q-1)$	SSE	MSSE	
合计	$pq-1$	TSS		

统计量 F_A 是自由度为 $(p-1)$ 和 $(q-1)(p-1)$ 的 F 分布,统计量 F_B 是自由度为 $(q-1)$ 和 $(q-1)(p-1)$ 的 F 分布。

(1)拒绝 H_0 的标准

①在 $100\alpha\%$ 显著性水平下,如果 $F_{\text{cal}}^A > F_{\alpha(p-1),(p-1)(q-1)}$,则拒绝原假设 H_0^A。

②在 $100\alpha\%$ 显著性水平下,如果 $F_{\text{cal}}^B > F_{\alpha(q-1),(p-1)(q-1)}$,则拒绝原假设 H_0^B。

(2)计算过程和公式

①使用给定的数据确定因素 A 和因素 B 以及它们的水平(p 和 q)。

②求出因素 A 的每个水平和因素 B 的每个水平的观测值的总和,并用 $A_1, A_2, \cdots, A_p$ 和 $B_1, B_2, \cdots, B_q$ 表示。

③求 $G = \sum \sum x_{ij} = \sum A_i = \sum B_j$。

④求 $CF = \dfrac{G^2}{pq}$。

⑤求 $SS_{\text{raw}} = \sum \sum x_{ij}^2$。

⑥求 $\text{TSS} = SS_{\text{raw}} - CF$。

⑦求 $\text{SSA} = \sum \dfrac{A_i^2}{qm} - CF$。

⑧求 $\text{SSB} = \sum \dfrac{B_j^2}{pm} - CF$。

⑨求 $\text{SSE} = \text{TSS} - \text{SSA} - \text{SSB}$。

⑩填写 ANOVA 表,将计算出的 F 值与 F 的对应值进行比较,得出结论。

(3)离差平方和常用计算式

因素 A 第 i 个水平下所有观测值之和

$$S_{i\cdot} = \sum_{j=1}^{q} x_{ij} \tag{6-22}$$

因素 B 第 j 个水平下所有观测值之和

$$S_{.j} = \sum_{i=1}^{p} x_{ij} \tag{6-23}$$

因素 A 第 i 个水平下所有观测值平方之和

$$SS_{i.} = \sum_{j=1}^{q} x_{ij}^2 \tag{6-24}$$

因素 B 第 j 个水平下所有观测值平方之和

$$SS_{.j} = \sum_{i=1}^{p} x_{ij}^2 \tag{6-25}$$

可得

$$S = \sum_{i=1}^{p} S_{i.} = \sum_{j=1}^{q} S_{.j} = \sum_{i=1}^{p} \sum_{j=1}^{q} x_{ij} \tag{6-26}$$

$$SS = \sum_{i=1}^{p} SS_{i.} = \sum_{j=1}^{q} SS_{.j} = \sum_{i=1}^{p} \sum_{j=1}^{q} x_{ij}^2 \tag{6-27}$$

则

$$TSS = SS - \frac{1}{pq} S^2 \tag{6-28}$$

$$SSA = \frac{1}{q} \sum_{i=1}^{p} S_{i.}^2 - \frac{1}{pq} S^2 \tag{6-29}$$

$$SSB = \frac{1}{p} \sum_{j=1}^{q} S_{.j}^2 - \frac{1}{pq} S^2 \tag{6-30}$$

$$SSE = SS - \frac{1}{q} \sum_{i=1}^{p} S_{i.}^2 - \frac{1}{p} \sum_{j=1}^{q} S_{.j}^2 + \frac{1}{pq} S^2 \tag{6-31}$$

例6-3 进行了一项实验,以研究环锭细纱机的速度对纱线支数的影响。在三个不同的环锭细纱机上以四种不同的速度纺制了纱线,纱线支数结果见表6-11。

表6-11 纱线支数实验结果

角速度/(r·min⁻¹)	15000	16000	17000	18000
R/F-Ⅰ	85	88	85	90
R/F-Ⅱ	70	85	90	95
R/F-Ⅲ	80	82	88	92

解： 因素 A:细纱机型号,具有三个水平 $A_1 \Rightarrow$ R/F-Ⅰ, $A_2 \Rightarrow$ R/F-Ⅱ, $A_3 \Rightarrow$ R/F-Ⅲ;

因素 B:细纱机的速度,具有四个水平 $B_1 \Rightarrow 15000, B_2 \Rightarrow 16000, B_3 \Rightarrow 17000, B_4 \Rightarrow 18000$。

检验假设

$$H_0^A : \mu_1 = \mu_2 = \cdots = \mu_3 ; H_1^A : \mu_i \neq \mu_j [至少一对 (i,j)]$$

$$H_0^B : \mu_1 = \mu_2 = \cdots = \mu_4 ; H_1^B : \mu_i \neq \mu_j [至少一对 (i,j)]$$

即检验假设

$$H_0^A : \alpha_1 = \alpha_2 = \cdots = \alpha_3 = 0 ; H_1^A : \alpha_i \neq 0 (至少一个 i)$$

$$H_0^B : \beta_1 = \beta_2 = \cdots = \beta_4 = 0 ; H_1^B : \beta_j \neq 0 (至少一个 j)$$

为了检验上述假设,分析如下

$$A_1 = 85 + 88 + 85 + 90 = 348$$
$$A_2 = 70 + 85 + 90 + 95 = 340$$
$$A_3 = 80 + 82 + 88 + 92 = 342$$
$$B_1 = 85 + 70 + 80 = 235$$
$$B_2 = 88 + 85 + 82 = 255$$
$$B_3 = 85 + 90 + 88 = 263$$
$$B_4 = 90 + 95 + 92 = 277$$
$$G = \sum A_i = \sum B_j = 1030$$
$$CF = \frac{G^2}{pq} = \frac{1030^2}{12} = 88408.3333$$
$$SS_{raw} = \sum \sum x_{ij}^2 = 88876$$
$$TSS = SS_{raw} - CF = 88876 - 88408.3333 = 467.6667$$
$$SSA = \sum \frac{A_i^2}{q} - CF = \frac{353668}{4} - 88408.3333 = 8.6667$$
$$SSB = \sum \frac{B_j^2}{p} - CF = \frac{266148}{3} - 88408.3333 = 307.6667$$
$$SSE = TSS - (SSA + SSB) = 467.6667 - (8.6667 + 307.6667) = 151.3333$$

表 6-12 为本例方差分析表。

表6-12　方差分析表

误差来源	df	SS	MSS	F 比
细纱机型号	2	8.6667	4.3334	$F_A = 0.1718$
角速度	3	307.6667	102.5556	$F_B = 4.06608$
随机误差	6	151.3333	25.2222	
合计	11	467.6667		

统计量 F_A、F_B 为 F 概率分布:

$$F_A \sim F_{(p-1),(p-1)(q-1)}, F_A \sim F(2,6)$$
$$F_B \sim F_{(q-1),(p-1)(q-1)}, F_B \sim F(3,6)$$

在5%显著性水平下,$\alpha = 0.05$

$$F_{\alpha(p-1),(p-1)(q-1)} = F_{0.05}(2,6) = 5.14$$
$$F_{\alpha(q-1),(p-1)(q-1)} = F_{0.05}(3,6) = 4.76$$

因为 $F_{Acal} = 0.1718 < F_{0.05}(2,6) = 5.14$,所以,接受 $H_0^A \Rightarrow$ 不同细纱机型号的固定效应不显著 $\Rightarrow$ 不同细纱机的平均效果是相同的,即不同细纱机的平均纱线支数是相同。

因为 $F_{Bcal} = 4.0661 < F_{0.05}(3,6) = 4.76$,所以,接受 $H_0^B \Rightarrow$ 不同速度的固定效应不显著 $\Rightarrow$ 不同速度的平均效果是相同的,即不同速度下平均纱线支数是相同的。

6.3.2 重复双因素方差分析

已知在双因素方差分析下,就是比较水平 $A_1, \cdots, A_p$ 之间的平均效应以及比较水平 $B_1, \cdots, B_q$ 之间的平均效应。就是检验假设

$$H_0^A : \mu_1 = \mu_2 = \cdots = \mu_p ; H_1^A : \mu_i \neq \mu_j [至少一对(i,j)]$$
$$H_0^B : \mu_1 = \mu_2 = \cdots = \mu_q ; H_1^B : \mu_i \neq \mu_j [至少一对(i,j)]$$

为了检验这些假设,假设每对水平 (A_i, B_j) 收集了 "m" 个观测值,因此,收集了总计 "pqm" 个观测值,使得对于每个水平 A_i 都有 qm 个观测值,对于每个水平 B_j 都有 pm 个观测值。"pqm" 个观测值见表 6–13。

表 6–13　重复双因素观测值

因素		B				
		B_1	B_2			B_q
A	A_1	$x_{111}, x_{112}, \cdots, x_{11m}$	$x_{121}, x_{122}, \cdots, x_{12m}$	$\cdots$	$\cdots$	$x_{1q1}, x_{1q2}, \cdots, x_{1qm}$
	A_2	$x_{211}, x_{212}, \cdots, x_{21m}$	$\cdots$	$\cdots$	$\cdots$	$x_{2q1}, x_{2q2}, \cdots, x_{2qm}$
	$\cdots$	$\cdots$	$\cdots$	$\cdots$	$\cdots$	$\cdots$
	$\cdots$	$\cdots$	$\cdots$	$\cdots$	$\cdots$	$\cdots$
	A_p	$x_{p11}, x_{p12}, \cdots, x_{p1m}$	$\cdots$	$\cdots$	$\cdots$	$x_{pq1}, x_{pq2}, \cdots, x_{pqm}$

x_{ijk} 为因素 A 的第 i 个水平和因素 B 的第 j 个水平对应的第 k 个观测值($i = 1, 2, \cdots, p; j = 1, 2, \cdots, q; k = 1, 2, \cdots, m$)。

双因素方差分析的数学原理(重复)如下。

假设 x_{ijk} 的数学模型如下:

$$x_{ijk} = \mu_{ijk} + \varepsilon_{ijk} \tag{6-32}$$

式中:μ_{ijk} 为在因素 A 的第 i 个水平和因素 B 的第 j 个水平下的均值;ε_{ijk} 为随机误差分量,$\varepsilon_{ijk} \sim N(0, \sigma^2)$,且所有的 ε_{ijk} 都是独立的。

上面的模型整理如下：

$$x_{ijk} = \mu + \alpha_i + \beta_j + \gamma_{ij} + \varepsilon_{ijk} \tag{6-33}$$

式中：μ 为一般平均效应；α_i 为因素 A 的第 i 个水平的固定效应；β_j 为因素 B 的第 j 个水平的固定效应；γ_{ij} 为因素 A 的第 i 个水平和因素 B 的第 j 个水平的固定交互作用。

在这种情况下，可研究参数 γ_{ij}。

检验假设

$$H_0^A : \alpha_1 = \alpha_2 = \cdots = \alpha_p = 0; H_1^A : \alpha_i \neq 0 (至少一个 i)$$
$$H_0^B : \beta_1 = \beta_2 = \cdots = \beta_q = 0; H_1^B : \beta_j \neq 0 (至少一个 j)$$
$$H_0^{AB} : \gamma_{11} = \gamma_{12} = \cdots = \gamma_{pq} = 0; H_1^{AB} : \gamma_{ij} \neq 0 [至少一对 (i,j)]$$

为了检验上述假设，总变化分为以下四个部分：

$$\text{TSS} = \text{SSA} + \text{SSB} + \text{SSAB} + \text{SSE} \tag{6-34}$$

总离差平方和

$$\text{TSS} = \sum_{i=1}^{p} \sum_{j=1}^{q} \sum_{k=1}^{m} (X_{ijk} - \bar{X})^2 \tag{6-35}$$

因素 A 组间离差平方和

$$\text{SSA} = qm \sum_{i=1}^{p} (\bar{X}_{i..} - \bar{X})^2 \tag{6-36}$$

因素 B 组间离差平方和

$$\text{SSB} = pm \sum_{j=1}^{q} (\bar{X}_{.j.} - \bar{X})^2 \tag{6-37}$$

因素 A 和因素 B 交互作用离差平方和

$$\text{SSAB} = m \sum_{i=1}^{p} \sum_{j=1}^{q} (\bar{X}_{ij.} - \bar{X}_{i..} - \bar{X}_{.j.} + \bar{X})^2 \tag{6-38}$$

随机因素离差平方和

$$\text{SSE} = \sum_{i=1}^{p} \sum_{j=1}^{q} \sum_{k=1}^{m} (X_{ijk} - \bar{X}_{ij.})^2 \tag{6-39}$$

根据科克伦定理（Cochran's theorem），得

$$\text{SSA} \sim \sigma^2 \chi_{p-1}^2 \quad \text{i. e.} \quad \frac{\text{SSA}}{\sigma^2} \sim \chi_{p-1}^2$$

$$\text{SSB} \sim \sigma^2 \chi_{q-1}^2 \quad \text{i. e.} \quad \frac{\text{SSB}}{\sigma^2} \sim \chi_{q-1}^2$$

$$\text{SSAB} \sim \chi_{(p-1)(q-1)}^2 \quad \text{i. e.} \quad \frac{\text{SSAB}}{\sigma^2} \sim \chi_{(p-1)(q-1)}^2$$

$$SSE \sim \chi^2_{(pq)(m-1)} \quad \text{i. e.} \quad \frac{SSAB}{\sigma^2} \sim \chi^2_{(pq)(m-1)}$$

并且四个部分彼此独立。

根据 F 概率分布的性质

$$F_A = \frac{\dfrac{SSA}{\sigma^2} \Big/ (p-1)}{\dfrac{SSE}{\sigma^2} \Big/ [pq(m-1)]} = \frac{\dfrac{SSA}{p-1}}{SSE \Big/ [pq(m-1)]} = \frac{MSSA}{MSSE} \tag{6-40}$$

$$F_B = \frac{MSSB}{MSSE} \tag{6-41}$$

$$F_{AB} = \frac{MSSAB}{MSSE} \tag{6-42}$$

式中:MSSA 代表由于因素 A 引起的均方离差;MSSB 代表由于因素 B 引起的均方离差;MSSAB 代表由于因素 A 和 B 引起的均方离差;MSSE 代表由于随机误差引起的均方离差。

以上所有数学分析结果均以表格形式填写,称为方差分析表(ANOVA 表),见表6-14。

表6-14 方差分析表

误差来源	df	SS	MSS	F 比
因素 A	$p-1$	SSA	MSSA	$F_A = \dfrac{MSSA}{MSSE}$
因素 B	$q-1$	SSB	MSSB	$F_B = \dfrac{MSSB}{MSSE}$
AB 交互作用	$(p-1)(q-1)$	SSAB	MSSAB	$F_{AB} = \dfrac{MSSAB}{MSSE}$
随机误差	$pq(m-1)$	SSE	MSSE	
合计	$(pqm-1)$	TSS		

统计量 F_A 是自由度为 $p-1$ 和 $pq(m-1)$ 的 F 分布,统计量 F_B 是自由度为 $q-1$ 和 $pq(m-1)$ 的 F 分布,统计量 F_{AB} 是自由度为 $(p-1)(q-1)$ 和 $pq(m-1)$ 的 F 分布。

(1)拒绝 H_0 的标准

①在 $100\alpha\%$ 显著性水平下,如果 $F^A_{cal} > F_{\alpha[p-1,pq(m-1)]}$,则拒绝原假设 H^A_0。

②在 $100\alpha\%$ 显著性水平下,如果 $F^B_{cal} > F_{\alpha[q-1,pq(m-1)]}$,则拒绝原假设 H^B_0。

③在 $100\alpha\%$ 显著性水平下,如果 $F^{AB}_{cal} > F_{\alpha[(p-1)(q-1),pq(m-1)]}$,则拒绝原假设 H^{AB}_0。

(2)计算过程和公式

①使用给定的数据确定因素 A 和因素 B 以及它们的水平(p 和 q),每队水平(A_i, B_j)的观察数(m)。

②求出因素 A 的每个水平和因素 B 的每个水平的观测值的总和,并用 $A_1, A_2, \cdots, A_p$ 和 $B_1,$

$B_2, \cdots, B_q$ 表示;求每队水平(A_i, B_j)的观测值的和,用 $T_{11}, T_{12}, \cdots, T_{pq}$ 表示。

③求 $G = \sum \sum \sum x_{ijk} = \sum A_i = \sum B_j = \sum \sum T_{ij}$。

④求 $CF = \dfrac{G^2}{pqm}$。

⑤求 $SS_{raw} = \sum \sum \sum x_{ijk}^2$。

⑥求 $TSS = SS_{raw} - CF$。

⑦求 $SSA = \sum \dfrac{A_i^2}{qm} - CF$。

⑧求 $SSB = \sum \dfrac{B_j^2}{pm} - CF$。

⑨求 $SSAB = \left(\dfrac{\sum \sum T_{ij}^2}{m} - CF \right) - SSA - SSB$。

⑩求 $SSE = TSS - SSA - SSB - SSAB$。

⑪填写 ANOVA 表,将计算出的 F 值与 F 的对应值进行比较,得出结论。

(3)离差平方和常用计算式

因素 A 第 i 个水平,因素 B 第 j 个水平下所有观测值之和

$$S_{ij\cdot} = \sum_{k=1}^{m} x_{ijk} \tag{6-43}$$

因素 A 第 i 个水平下所有观测值之和

$$S_{i\cdot\cdot} = \sum_{j=1}^{q} \sum_{k=1}^{m} x_{ijk} \tag{6-44}$$

因素 B 第 j 个水平下所有观测值之和

$$S_{\cdot j\cdot} = \sum_{i=1}^{p} \sum_{k=1}^{m} x_{ijk} \tag{6-45}$$

所有观测值之和

$$S = \sum_{i=1}^{p} \sum_{j=1}^{q} \sum_{k=1}^{m} x_{ijk} \tag{6-46}$$

所有观测值平方之和

$$SS = \sum_{i=1}^{p} \sum_{j=1}^{q} \sum_{k=1}^{m} x_{ijk}^2 \tag{6-47}$$

则

$$TSS = SS - \frac{1}{pqm} S^2 \tag{6-48}$$

$$SSA = \frac{1}{qm} \sum_{i=1}^{p} S_{i\cdot\cdot}^2 - \frac{1}{pqm} S^2 \tag{6-49}$$

$$SSB = \frac{1}{pm} \sum_{j=1}^{q} S_{\cdot j \cdot}^2 - \frac{1}{pqm} S^2 \qquad (6-50)$$

$$SSAB = \frac{1}{m} \sum_{i=1}^{p} \sum_{j=1}^{q} S_{ij\cdot}^2 - \frac{1}{qm} \sum_{i=1}^{p} S_{i\cdot\cdot}^2 - \frac{1}{pm} \sum_{j=1}^{q} S_{\cdot j \cdot}^2 + \frac{1}{pqm} S^2 \qquad (6-51)$$

$$SSE = SS - \frac{1}{m} \sum_{i=1}^{p} \sum_{j=1}^{q} S_{ij\cdot}^2 \qquad (6-52)$$

例 6-4 进行了一项实验,以研究环锭细纱机的速度对纱线支数的影响。在三个不同的环锭细纱机上以四种不同的速度纺制了纱线,见表 6-15,对以下数据进行分析并得出结论。

表 6-15　纱线支数实验结果

角速度/$(r \cdot min^{-1})$	15000	16000	17000	18000
R/F-Ⅰ	85,80,82	88,85,86	85,82,84	80,82,84
R/F-Ⅱ	79,82,80	85,80,78	80,86,83	85,88,86
R/F-Ⅲ	80,81,80	82,85,84	88,85,86	84,85,86

解: 因素 A:细纱机型号,具有三个水平 $A_1 \Rightarrow$ R/F-Ⅰ,$A_2 \Rightarrow$ R/F-Ⅱ,$A_3 \Rightarrow$ R/F-Ⅲ;

因素 B:细纱机的速度,具有四个水平 $B_1 \Rightarrow 15000$,$B_2 \Rightarrow 16000$,$B_3 \Rightarrow 17000$,$B_4 \Rightarrow 18000$。

检验假设

$$H_0^A : \alpha_1 = \alpha_2 = \cdots = \alpha_3 = 0; H_1^A : \alpha_i \neq 0 (至少一个 i)$$

$$H_0^B : \beta_1 = \beta_2 = \cdots = \beta_4 = 0; H_1^B : \beta_j \neq 0 (至少一个 j)$$

$$H_0^{AB} : \gamma_{11} = \gamma_{12} = \cdots = \gamma_{34} = 0; H_1^{AB} : \gamma_{ij} \neq 0 [至少一对 (i,j)]$$

为了检验这些假设,分析如下:

$$A_1 = 1003, A_2 = 992, A_3 = 1006$$

$$B_1 = 729, B_2 = 753, B_3 = 759, B_4 = 760$$

$$T_{11} = 247, T_{12} = 259, T_{13} = 251, T_{14} = 246$$

$$T_{21} = 241, T_{22} = 243, T_{23} = 249, T_{24} = 259$$

$$T_{31} = 241, T_{32} = 251, T_{33} = 259, T_{34} = 255$$

$$G = \sum A_i = \sum B_j = \sum \sum T_{ij} = 3001$$

$$CF = \frac{G^2}{pqm} = \frac{3001^2}{36} = 250166.7$$

$$SS_{raw} = \sum \sum x_{ij}^2 = 250431$$

$$TSS = SS_{raw} - CF = 250431 - 250166.7 = 264.3056$$

$$\text{SSA} = \sum \frac{A_i^2}{qm} - CF = 9.0556$$

$$\text{SSB} = \sum \frac{B_j^2}{pm} - CF = 70.0833$$

$$\text{SSAB} = \left(\frac{\sum \sum T_{ij}^2}{m} - CF \right) - \text{SSA} - \text{SSB} = 89.8333$$

$$\text{SSE} = \text{TSS} - \text{SSA} - \text{SSB} - \text{SSAB} = 95.3333$$

表 6-16 为本例方差分析表。

表6-16　方差分析表

误差来源	df	SS	MSS	F 比
细纱机型号	2	9.0556	4.5278	$F_A = 1.1399$
角速度	3	70.0833	23.3611	$F_B = 5.8811$
交互作用	6	89.8333	14.9722	$F_{AB} = 3.7692$
随机误差	24	95.3333	3.9722	
合计	35	264.3056		

统计量 F_A、F_B、F_{AB} 为 F 概率分布：

$$F_A \sim F_{[p-1, pq(m-1)]}, \text{即 } F_A \sim F(2,24);$$

$$F_B \sim F_{[q-1, pq(m-1)]}, \text{即 } F_B \sim F(3,24);$$

$$F_{AB} \sim F_{[(p-1)(q-1), pq(m-1)]}, \text{即 } F_{AB} \sim F(6,24);$$

在 5% 显著性水平下，$\alpha = 0.05$

$$F_{\alpha[p-1, pq(m-1)]} = F_{0.05}(2,24) = 3.40;$$

$$F_{\alpha[p-1, pq(m-1)]} = F_{0.05}(3,24) = 3.01;$$

$$F_{\alpha[(p-1)(q-1), pq(m-1)]} = F_{0.05}(6,24) = 2.51。$$

因为 $F_{Acal} = 1.1399 < F_{0.05}(2,24) = 3.40$，所以，接受 H_0^A ⇒ 不同细纱机型号的固定效应不显著 ⇒ 不同细纱机的平均效果是相同的，即不同细纱机的平均纱线支数是相同。

因为 $F_{Bcal} = 5.8811 > F_{0.05}(2,24) = 3.01$，所以，拒绝 H_0^B ⇒ 至少一种速度下，速度的固定效应显著有影响 ⇒ 速度的平均效果并不相同，因此，不同速度的平均纱线支数不相同。

因为 $F_{ABcal} = 3.7692 > F_{0.05}(6,24) = 2.51$，所以，拒绝 H_0^{AB} ⇒ 至少有一对细纱机型号和速度的交互作用对纱线支数的影响显著。

习题六

1. 引起变化的可控因素和随机因素有哪些？这些因素如何影响 ANOVA 的假设？

2. 浅谈方差分析技术。

3. 什么是方差分析? 它有哪些类型? 描述任何一个。

4. 选一种方差分析技术,结合数学模型,分析 F 分布如何检验假设。

5. 以下为丝光实验中在不同温度下获得的流动性值,见表6-17。使用单因素方差分析法,分析在不同温度下平均流动性值是否相同。

表6-17 丝光实验中在不同温度下的流动性值

温度/℃	流速/(m·min⁻¹)			
25	4.2	3.9	2.9	4.1
40	3.5	3.8	2.6	4.4
60	3.6	3.2	2.8	4.0
75	3.5	4.1	3.0	3.8

6. 以下是三种不同织机的织物产量(单位:m),见表6-18。使用单因素方差分析法,分析所有织机的平均产量是否相同。

表6-18 织物产量

织机	I	525	500	510	510
	II	500	495	505	515
	III	520	540	525	530

7. 以下是由三种不同的织机编织而成的织物所测得的强度结果(单位:MPa),见表6-19。使用单因素方差分析,分析以下数据并得出结论。

表6-19 强度测试结果

织机	I	52.0	54.0	52.5	53.0
	II	52.5	51.5	51.0	52.0
	III	50.0	50.5	49.5	51.5

8. 实验研究四种染料对织物强度的影响(单位:MPa),见表6-20,对以下数据进行分析并得出结论。

表6-20 染料对织物强度的影响

染料	A	8.67	8.68	8.66	8.65	
	B	7.68	7.58	8.67	8.65	8.62
	C	8.69	8.67	8.92	7.7	
	D	7.7	7.90	8.65	8.20	8.60

9. 实验研究四种洗涤剂在三种不同温度下对织物白度的影响(%),得到以下结果,见表6-21。对以下数据进行分析并得出结论。

表 6-21 不同洗涤剂在不同温度下对织物白度的影响

温度	洗涤剂			
	A	B	C	D
冷	57	55	67	60
暖	49	52	68	62
热	54	46	58	65

10. 表 6-22 显示在不同温度下使用不同含量的氢氧化钠获得的流动性值（单位：m/min）。使用双因素方差分析对以下数据进行分析并得出结论。

表 6-22 不同温度下不同含量氢氧化钠对流动性影响

温度/℃	氢氧化钠/%			
	18	22	24	30
25	4.2	3.9	2.9	4.1
40	3.5	3.8	2.6	4.4
60	3.6	3.2	2.8	4.0
75	3.5	4.1	3.0	3.8

11. 一家纺织厂产量大，织机多。为检测每个织机产量是否相同，一位工程师从四个不同操作员的三个不同的织机收集了三个批次的数据（单位：m），见表 6-23，分析以下数据并得出结论。

表 6-23 织机产量

操作员	A	B	C	D
织机 I	57,65,59	55,54,60	67,60,58	60,66,54
织机 II	49,55,60	52,48,50	68,65,62	62,60,66
织机 III	54,64,58	46,50,48	58,60,62	65,60,62

12. 表 6-24 是单因素方差分析表。填写表格并写下结论。

表 6-24 单因素方差分析表

误差来源	df	SS	MSS	F 比
因素 A	4	—		
随机误差	—	42.50	—	
合计	14	54.65		

13. 表 6-25 是双因素方差分析表。填写表格并写下结论。

表 6-25　双因素方差分析表

误差来源	df	SS	MSS	F 比
因素 A	4	—	12.56	—
因素 B	3	—	—	—
随机误差	12	42.50	—	
合计	19	440.65		

14. 表 6-26 是双因素方差分析表,每个个体有 3 个观测值。填写表格并写下结论。

表 6-26　双因素方差分析表

误差来源	df	SS	MSS	F 比
因素 A	4	—	12.56	—
因素 B	—	252.35	—	—
AB 交互作用	12	—	—	—
随机误差	—	142.50	—	
合计	59	1440.65		

习题六答案

第7章 试验设计

7.1 简 介

统计部门根据研究目的设计实验、完成实验、收集结果,再使用方差分析法分析数据并得出结论。

7.1.1 基本概念和术语

①处理类型:任何要研究的目标因素或参数都称为处理类型。
②实验材料:用于研究目的的实际原材料。
③实验单元:为研究目的,可以处理的最小或单个单元实验材料。
④响应:它是实验材料处理类型后,从实验单元收集的数值观察结果。
⑤区组:实验材料的子组称为区组。每个区组其内部是同质的,但是每个区组之间存在差异。

7.1.2 实验设计的三个基本原则

①随机原则:随机化意味着将处理类型随机应用于实验单元。随机化消除了个人偏见误差,提高了设计效率,确保了观察结果的独立性。
②重复原则:重复是指重复处理类型用于实验单元。重复次数越多,从统计分析获得的结果的准确性就越高。重复的数量取决于几个因素,如试验类型、时间、金钱、劳力等。
③局部控制原则:有时用于研究目的的实验材料并不均匀。在这种情况下,将实验材料划分为多个子组,以减小实验误差,提高实验效率。将实验材料分为多个子组的过程称为局部控制原则。这样的子组也称为区组。
实验设计的三个原则有助于减小实验误差,提高实验效率。基于实验设计的三个原则,衍生出三个基本实验设计:完全随机设计(CRD)、随机区组设计(RBD)、拉丁方设计(LSD)。

7.2 完全随机设计

这是最简单的标准设计,仅基于随机化和重复的原理。在完全随机设计(CRD)的情况下,

假设存在由 $T_1, T_2, \cdots, T_k$ 表示的"k"种不同处理类型。为将平均效果进行相互比较,将"k"种不同的处理类型方法随机应用于"n"个均质实验单元,即使用随机原则进行处理类型。

进一步假设,处理类型 T_1 有 n_1 次重复,处理类型 T_2 有 n_2 次重复……处理类型 T_k 有 n_k 次重复,因此,$n_1+n_2+\cdots+n_k=n$。在进行 CRD 实验后,获得的"n"个观测值见表 7-1。

表 7-1 实验观测值

处理类型			
T_1	T_2	$\cdots$	T_k
x_{11}	x_{21}	$\cdots$	x_{k1}
x_{12}	x_{22}	$\cdots$	x_{k2}
$\cdots$	$\cdots$	$\cdots$	$\cdots$
x_{1n1}	x_{2n2}	$\cdots$	x_{kn_k}

其中,x_{ij} 表示对应于第 i 个处理类型的第 j 个观察值。

可以使用单因素方差分析技术来分析 CRD 的结果(表 7-2)。

表 7-2 方差分析

误差来源	自由度	SS	MSS	F 比
处理类型	$k-1$	SST	MSST	
随机误差	$n-k$	SSE	MSSE	$F_T=\dfrac{\text{MSST}}{\text{MSSE}}$
合计	$n-1$	TSS		

注意 CRD 的示例与单因素 ANOVA 的示例相同。那就是使用单因素方差分析方法解决 CRD 的例子。

7.3 随机区组设计

随机区组设计(RBD)是对完全随机设计的改进。这比 CRD 更有效,因为它基于实验设计的三个原理。

对于 RBD,假设存在由 $T_1, T_2, \cdots, T_v$ 表示的"v"种不同处理类型。由于实验材料某项性质并不相同,实验材料划分为"b"个区组,以使每个区组在其内部是均匀的,并且每个区组之间存在差异。

对"b"个区组以随机方式应用"v"个处理类型,以使每个处理类型在每个区组中只会发生一次且仅发生一次。

区组的大小为"v",并且每种处理类型均具有"b"个重复。进行随机区组设计后,获得的"vb"个观测值见表 7-3。

表 7-3 观测值

处理类型	区组			
	B_1	B_2	...	B_b
T_1	x_{11}	x_{12}	...	x_{1b}
T_2	x_{21}	x_{22}	...	x_{2b}
...	...	...	...	...
T_v	x_{v1}	x_{v2}	...	x_{vb}

其中,x_{ij} 表示对应于第 i 个处理类型(T_j)和第 j 个区组(B_j)的观察值。

可以使用双因素方差分析技术来分析随机区组设计的结果,见表 7-4。

表 7-4 双因素方差分析

误差来源	df	SS	MSS	F 比
处理类型	$v-1$	SST	MSST	$F_T = \dfrac{MSST}{MSSE}$
区组	$b-1$	SSB	MSSB	$F_B = \dfrac{MSSB}{MSSE}$
随机误差	$(v-1)(b-1)$	SSE	MSSE	
合计	$vb-1$	TSS		

注意 RBD 的示例与双因素 ANOVA 的示例相同。那就是使用双因素方差分析方法解决 RBD 的例子。

7.4 拉丁方设计

拉丁方设计是对随机区组设计的进一步改进。像 RBD 一样,它也基于实验设计的三个原理。同样,在拉丁方设计的情况下,相互比较 $T_1, T_2, \cdots, T_m$ 的"m"种不同处理类型的平均效果,并且有两种不同性质的实验材料。为此,将实验材料分组为"m"行和"m"列,使实验材料性质在每一行/列都是均匀的,但是行与行、列与列之间存在差异。因此,该设计也称为 $m \times m$ LSD。

对"m"行和"m"列,随机应用"m"种处理类型,使得每种处理类型在每一行和每一列中只会发生一次。通过进行 LSD 实验,获得"m^2"个观测值。观测值用 x_{ijk} 表示,对应于第 i 行,第 j 列和第 k 种处理类型的观测值。例如,对应于四个处理类型 A, B, C 和 D 的 4×4 布局,见表 7-5。

表7-5 拉丁方设计

行	列			
	C_1	C_2	C_3	C_4
R_1	D	A	B	C
R_2	C	D	A	B
R_3	A	B	C	D
R_4	B	C	D	A

为了分析 $m×m$LSD 的结果,假设 x_{ijk} 的数学模型如下:

$$x_{ijk} = \mu_{ijk} + \varepsilon_{ijk} \tag{7-1}$$

其中,μ_{ijk} 是第 i 行,第 j 列和第 k 个处理类型的组合的平均效果;ε_{ijk} 是随机误差分量,$\varepsilon_{ijk} \sim N(0,\sigma^2)$,且所有的 ε_{ijk} 都是独立的。

上面的模型整理如下:

$$x_{ijk} = \mu + \alpha_i + \beta_j + \tau_k + \varepsilon_{ijk} \tag{7-2}$$

式中:μ 是一般平均效应;α_i 是第 i 行的固定效应;β_j 是第 j 列的固定效应;τ_k 是第 k 个处理类型的固定效应。

检验假设

$$H_0^R:\alpha_1 = \alpha_2 = \cdots = \alpha_m = 0; H_1^R:\alpha_i \neq 0(至少一个 i)$$

$$H_0^C:\beta_1 = \beta_2 = \cdots = \beta_m = 0; H_1^C:\beta_j \neq 0(至少一个 j)$$

$$H_0^T:\tau_1 = \tau_2 = \cdots = \tau_m = 0; H_1^T:\tau_k \neq 0(至少一个 k)$$

为检验上述假设,总变化分为以下四个部分:

$$TSS = SSR + SSC + SST + SSE \tag{7-3}$$

根据科克伦定理(Cochran's theorem),

$$SSR \sim \sigma^2 \chi_{m-1}^2 \quad i.e. \frac{SSR}{\sigma^2} \sim \chi_{m-1}^2$$

$$SSC \sim \sigma^2 \chi_{m-1}^2 \quad i.e. \frac{SSC}{\sigma^2} \sim \chi_{m-1}^2$$

$$SST \sim \sigma^2 \chi_{m-1}^2 \quad i.e. \frac{SST}{\sigma^2} \sim \chi_{m-1}^2$$

$$SSE \sim \sigma^2 \chi_{(m-1)(m-2)}^2 \quad i.e. \frac{SSE}{\sigma^2} \sim \chi_{(m-1)(m-2)}^2$$

并且四个组成部分彼此独立。

根据 F 概率分布的性质

$$F_R = \frac{\dfrac{\mathrm{SSR}}{\sigma^2}\Big/(m-1)}{\dfrac{\mathrm{SSE}}{\sigma^2}\Big/(m-1)(m-2)} = \frac{\dfrac{\mathrm{SSR}}{m-1}}{\dfrac{\mathrm{SSE}}{(m-1)(m-2)}} = \frac{\mathrm{MSSR}}{\mathrm{MSSE}} \tag{7-4}$$

同样

$$F_C = \frac{\mathrm{MSSC}}{\mathrm{MSSE}} \tag{7-5}$$

$$F_T = \frac{\mathrm{MSST}}{\mathrm{MSSE}} \tag{7-6}$$

式中:MSST 表示由于处理类型引起的平均平方和(均方离差);MSSR 表示由于行引起的平均平方和;MSSC 表示由于列引起的平均平方和;MSSE 表示由于误差引起的平均平方和。

以上数学分析结果写入方差分析表(ANOVA 表),见表 7-6。

表 7-6　方差分析表

误差来源	df	SS	MSS	F 比
处理类型	$m-1$	SST	MSST	$F_T = \dfrac{\mathrm{MSST}}{\mathrm{MSSE}}$
行	$m-1$	SSR	MSSR	$F_R = \dfrac{\mathrm{MSSR}}{\mathrm{MSSE}}$
列	$m-1$	SSC	MSSC	$F_C = \dfrac{\mathrm{MSSC}}{\mathrm{MSSE}}$
随机误差	$(m-1)(m-2)$	SSE	MSSE	
合计	m^2-1	TSS		

期望统计量 F_T,F_R 和 F_C 是自由度为 $(m-1)$ 和 $(m-1)(m-2)$ 的 F 分布。

(1)拒绝 H_0 的标准

①在 $100\alpha\%$ 显著性水平下,如果 $F_{\mathrm{cal}}^R > F_{\alpha[m-1,(m-1)(m-2)]}$,则拒绝原假设 H_0^R。

②在 $100\alpha\%$ 显著性水平下,如果 $F_{\mathrm{cal}}^C > F_{\alpha[m-1,(m-1)(m-2)]}$,则拒绝原假设 H_0^C。

③在 $100\alpha\%$ 显著性水平下,如果 $F_{\mathrm{cal}}^T > F_{\alpha[m-1,(m-1)(m-2)]}$,则拒绝原假设 H_0^T。

(2)计算过程和公式

①使用给定的数据确定行、列、处理类型及其水平数 (m)。

②求出每一行的观测值总和,并用 $R_1, R_2, \cdots, R_m$ 表示。

③求出每一列的观测值总和,并用 $C_1, C_2, \cdots, C_m$ 表示。

④求出每一种处理类型的观测值总和,并用 $T_1, T_2, \cdots, T_m$ 表示。

⑤求 $G = \sum \sum \sum x_{ijk} = \sum R_i = \sum T_j = \sum T_k$。

⑥求 $CF = \dfrac{G^2}{n}$。

⑦求 $SS_{raw} = \sum \sum \sum x_{ijk}^2$，即求出每个观测值平方的和。

⑧求 $TSS = SS_{raw} - CF$。

⑨求 $SSR = \sum \dfrac{R_i^2}{m} - CF$。

⑩求 $SSC = \sum \dfrac{C_j^2}{m} - CF$。

⑪求 $SST = \sum \dfrac{T_k^2}{m} - CF$。

⑫求 $SSE = TSS - SSR - SSC - SST$。

⑬填写 ANOVA 表，通过将计算出的 F 值与 F 的对应值进行比较，得出结论。

例7-1　进行 4×4LSD 研究，研究了四种不同的染料 A, B, C 和 D 对织物强度的影响。

为了消除实验室和操作人员的差异，四位操作人员在四个不同的实验室中进行了实验，见表 7-7。对以下数据进行分析并得出结论。

表 7-7　不同染料对织物强度的影响

序号	I	II	III	IV
I	66(B)	74(D)	70(A)	72(C)
II	75(D)	68(A)	68(C)	65(B)
III	69(A)	72(C)	63(B)	75(D)
IV	70(C)	65(B)	74(D)	70(A)

解： 行⇒实验室，列⇒操作员，处理类型⇒染料；

4×4LSD⇒每个都有四个水平，如下所示：

R_1⇒Lab-1，R_2⇒Lab-2，R_3⇒Lab-3，R_4⇒Lab-4；

C_1⇒操作员 1，C_2⇒操作员 2，C_3⇒操作员 3，C_4⇒操作员 4；

T_1⇒5%，T_2⇒7%，T_3⇒10%，T_4⇒15%。

因此，检验假设

$$H_0^R : \alpha_1 = \alpha_2 = \alpha_3 = \alpha_4 = 0; H_1^R : \alpha_i \neq 0 (至少一个 i)$$

$$H_0^C : \beta_1 = \beta_2 = \beta_3 = \beta_4 = 0; H_1^C : \beta_j \neq 0 (至少一个 j)$$

$$H_0^T : \tau_1 = \tau_2 = \tau_3 = \tau_4 = 0; H_1^T : \tau_k \neq 0 (至少一个 k)$$

为了检验这些假设，进行如下分析：

$$R_1 = 282, R_2 = 276, R_3 = 279, R_4 = 279$$

$$C_1 = 280, C_2 = 279, C_3 = 275, C_4 = 282$$

$$T_1 = 277, T_2 = 259, T_3 = 282, T_4 = 298$$

$$G = \sum \sum \sum x_{ijk} = \sum R_i = \sum T_j = \sum T_k = 1116$$

$$CF = \frac{G^2}{n} = 1116^2/16 = 77841$$

$$SS_{raw} = \sum \sum \sum x_{ijk}^2 = 78054$$

$$TSS = SS_{raw} - CF = 78054 - 77841 = 213$$

$$SSR = \sum \frac{R_i^2}{m} - CF = 4.5$$

$$SSC = \sum \frac{C_j^2}{m} - CF = 6.5$$

$$SST = \sum \frac{T_k^2}{m} - CF = 193.5$$

$$SSE = TSS - SSR - SSC - SST = 8.5$$

表 7-8 给出了方差分析表。

表 7-8 方差分析表

误差来源	df	SS	MSS	F 比
染料	3	193.5	64.5	$F_T = 45.5283$
实验室	3	4.5	1.5	$F_R = 1.0588$
操作员	3	6.5	2.1667	$F_C = 1.5294$
随机误差	6	8.5	1.4167	
合计	15	213		

期望统计量 F_T, F_R 和 F_C 是自由度为 3 和 6 的 F 分布。

在 5% 显著性水平下, 即 $\alpha = 0.05$, $F_{0.05}(3,6) = 4.76$。

$F_{Tcal} = 45.5283 > F_{0.05}(3,6) = 4.76$, 否定了处理类型假设 $\Rightarrow$ 至少一种处理类型的固定效果显著 $\Rightarrow$ 不同染料的平均织物强度不同;

$F_{Rcal} = 1.0588 < F_{0.05}(3,6) = 4.76$, 接受行假设 $\Rightarrow$ 实验室效果不显著 $\Rightarrow$ 所有实验室的平均织物强度相同;

$F_{Ccal} = 1.5294 < F_{0.05}(3,6) = 4.76$, 可以接受列假设 $\Rightarrow$ 操作员效果不显著 $\Rightarrow$ 所有操作者的平均织物强度均相同。

7.5 析因实验

如果在实验中研究两个及以上因素, 且每个因素具有两个或多个水平, 则称为析因实验。在析因实验中, 一次要研究几种因素的影响。这些因素可以通过采用均质的实验材料(CRD),

一种不同性质的非均质实验材料(RBD)以及两种不同性质的非均质实验材料(LSD)来研究。通常,析因实验是使用 RBD 进行。析因实验的类型有三种:对称析因实验(所有的因素水平数相同)、非对称析因实验(所有的因素水平数不同)和混合析因实验。

对称析因实验:析因实验中所有因素均采用相同数量的水平被称为对称析因实验。对称析因实验的主要类型有 2^n 析因实验,3^n 析因实验等。2^n 析因实验:如果 $n=2$,则只有两个因素,每个因素具有两个水平,则该实验称为 2^2 析因实验;如果 $n=3$,则存在三个不同因素,每个因素具有两个水平,则该实验称为 2^3 析因实验,依此类推。实验的两个水平通常用低水平和高水平表示。

7.5.1 2^2 析因实验

如果在一个实验中仅研究两个因素,每个因素具有两个水平,则称为 2^2 析因实验。2^2 析因实验的这两个因素通常用 A 和 B 表示。因素 A 的两个水平由 a_0(低水平)和 a_1(高水平)表示,因素 B 的两个水平由 b_0(低水平)和 b_1(高水平)表示。

在 2^2 析因实验中,a_0b_0,a_1b_0,a_0b_1 和 a_1b_1 是因素 A 和 B 的四个(2^2)不同的组合。这四种不同的组合可以用简单的 Yate 符号(Yate's notations)表示,见表7-9。

表7-9 2^2 析因实验不同组合的 Yate 符号

组合	Yate 符号
a_0b_0	I
a_1b_0	a
a_0b_1	b
a_1b_1	ab

在 2^2 析因实验中,将以上四种组合作为处理类型,并且使用"r"个区组进行研究。因此,通过进行 2^2 析因实验可以获得"$2^2 \times r$"个观测值。通过使用下面的 Yate 方法可以轻松地分析这些观察结果。

Yate's method:在这种方法中,因素效应分为两个主效应(A 和 B)和交互效应 AB,通过 Yate 表进行计算,见表7-10,Yate 表的最后一列提供了主要效应和交互效应的因素效应总计。

表7-10 2^2 析因实验中因素效应 Yate 表

处理类型组合	"r"次重复和		因素效应总计
I	(I)	$(I)+(a)$	$(I)+(a)+(b)+(ab)=G$
a	(a)	$(b)+(ab)$	$(a)-(I)+(ab)-(b)=[A]$
b	(b)	$(a)-(I)$	$(b)+(ab)-(I)-(a)=[B]$
ab	(ab)	$(ab)-(b)$	$(ab)-(b)-(a)+(I)=[AB]$

其中,G 代表总和,$[A]$ 代表主效应 A 的因素效应总和,$[B]$ 代表主效应 B 的因素效应总和,$[AB]$ 代表交互效应 AB 的因素效应总和。

总变化分为以下五个部分：

$$TSS = SSA + SSB + SSAB + SSBlocks + SSE \qquad (7-7)$$

$$主效应 A 估计：A = \frac{[A]}{2^2}, SSA = \frac{[A]^2}{2^2 \cdot r} \qquad (7-8)$$

$$主效应 B 估计：B = \frac{[B]}{2^2}, SSB = \frac{[B]^2}{2^2 \cdot r} \qquad (7-9)$$

$$交互效应 AB 估计：AB = \frac{[AB]}{2^2}, SSAB = \frac{[AB]^2}{2^2 \cdot r} \qquad (7-10)$$

$$区组平方的和：SSBlocks = \sum \frac{B_j^2}{2^2} - CF \qquad (7-11)$$

其中，$B_1, B_2, \cdots, B_j$ 是对应"j"区组的总和。

以上数学分析结果写入具有"r"个区组的 2^2 析因实验的方差分析表（ANOVA 表），见表 7-11。

表 7-11　方差分析表

误差来源		df	SS	MSS	F 比
主效应	A	1	SSA	MSSA	F_A
	B	1	SSB	MSSB	F_B
交互效应	AB	1	SSAB	MSSAB	F_{AB}
区组		$r-1$	SSBlocks	MSSBlocks	F_{Blocks}
随机误差		$(2^2-1)(r-1)$	SSE	MSSE	
合计		$2^2 \times r - 1$	TSS		

例 7-2　进行了 2^2 析因实验以研究细纱机速度（A）和钢丝圈质量（B）对纱线的毛羽数的影响。通过在相同的 R/F 细纱机上纺三种不同支数的纱线进行实验，见表 7-12。对以下数据进行分析并得出结论。

表 7-12　细纱机速度、钢丝圈质量对纱线毛羽数的影响

20^s	40^s	60^s
$(b)7.8$	$(ab)10.0$	$(I)6.5$
$(I)6.2$	$(a)8.5$	$(ab)9.5$
$(ab)10.2$	$(b)7.5$	$(b)7.0$
$(a)8.2$	$(I)6.8$	$(a)8.2$

解：因素是：$A \Rightarrow$ 细纱机的速度，$B \Rightarrow$ 钢丝圈重量；

因素 A 的两个水平由 a_0(低水平)和 a_1(高水平)表示;

因素 B 的两个水平由 b_0(低水平)和 b_1(高水平)表示;

2^2 析因实验进行了三次重复,即 $r=3$。

检验假设

H_0^A:速度(A)的主效应不显著;H_1^A:速度(A)的主效应显著

H_0^B:钢丝圈质量(B)的主效应不显著;H_1^B:钢丝圈质量(B)的主效应显著

H_0^{AB}:速度和钢丝圈质量(AB)的交互效应不显著;H_1^{AB}:速度和钢丝圈质量(AB)的交互效应显著

H_0^{Blocks}:区组效果不显著;H_1^{Blocks}:至少有一个区组效果显著

为了检验上述假设,使用 Yate 方法通过 Yate 表(表7-13)进行分析

表 7-13 Yate 表分析

(1)	(2)	(3)	(4)
组合	合计		因素效应总计
I	$(I)=19.5$	44.4	$96.4=G$
a	$(a)=24.9$	52	$12.8=[A]$
b	$(b)=22.3$	5.4	$7.6=[B]$
ab	$(ab)=29.7$	7.4	$2.0=[AB]$

$$CF = \frac{G^2}{n} = 96.4^2/12 = 774.4133$$

$$SS_{raw} = 794.04$$

$$TSS = SS_{raw} - CF = 19.5967$$

$$SSA = \frac{[A]^2}{2^2 \cdot r} = \frac{12.8^2}{12} = 13.65333$$

$$SSB = \frac{[B]^2}{2^2 \cdot r} = \frac{7.6^2}{12} = 4.813333$$

$$SSAB = \frac{[AB]^2}{2^2 \cdot r} = \frac{2.0^2}{12} = 0.333333$$

$$SSBlock = \frac{\sum B_j^2}{2^2} - CF = 0.3467$$

$$SSE = TSS - (SSA + SSB + SSAB + SSBlock) = 0.45$$

2^2 析因实验的方差分析表见表7-14。

表 7-14　方差分析表

误差来源	df	SS	MSS	F 比
速度(A)	1	13. 65333	13. 65333	170. 6667
钢丝圈质量(B)	1	4. 813333	4. 813333	60. 16667
交互效应 AB	1	0. 333333	0. 333333	4. 166667
区组	2	0. 3467	0. 173333	2. 166667
随机误差	6	0. 45	0. 08	
合计	11			

期望统计量 F_A，F_B 和 F_{AB} 是自由度为 1 和 6 的 F 分布，F_{Block} 是自由度为 2 和 6 的 F 分布。

在 5% 显著性水平下，即 $\alpha = 0.05$，$F_{0.05}(1,6) = 5.99$，$F_{0.05}(2,6) = 5.14$：

$F_{Acal} = 170.1667 > F_{0.05}(1,6) = 5.99 \Rightarrow$ 环锭细纱机速度对纱线的毛羽数有重大影响，即毛羽受到细纱机速度的影响；

$F_{Bcal} = 60.1667 > F_{0.05}(1,6) = 5.99 \Rightarrow$ 细纱机的钢丝圈质量对纱线的毛羽数有重大影响，即毛羽受到细纱机的钢丝圈质量的影响；

$F_{ABcal} = 4.1667 < F_{0.05}(1,6) = 5.99 \Rightarrow$ 细纱机的速度和钢丝圈质量的相互作用对纱线的毛羽数影响不显著，毛羽不受细纱机的速度和钢丝圈质量的相互作用影响；

$F_{Block} = 2.1667 < F_{0.05}(2,6) = 5.14 \Rightarrow$ 纱线支数对毛羽的影响不明显。

7.5.2　2^3 析因实验

研究三个不同因素(每个因素有两个层次)的实验称为 2^3 析因实验。2^3 析因实验的这三个因素通常用 A，B 和 C 表示。因素 A 的两个水平分别由 a_0(低水平)和 a_1(高水平)表示，因素 B 的两个水平分别由 b_0(低水平)和 b_1(高水平)表示，因素 C 的两个水平分别由 c_0(低水平)和 c_1(高水平)表示。在 2^3 析因实验中，$a_0 b_0 c_0$，$a_1 b_0 c_0$，$a_0 b_1 c_0$ 等是因素 A，B 和 C 的八种(2^3)不同组合。这 8 种不同的组合可以用 Yate 符号(Yate's notations)表示，见表 7-15。

表 7-15　2^3 析因实验组合的 Yate 符号表示

组合	Yate 符号
$a_0 b_0 c_0$	I
$a_1 b_0 c_0$	a
$a_0 b_1 c_0$	b
$a_1 b_1 c_0$	ab
$a_0 b_0 c_1$	c
$a_1 b_0 c_1$	ac
$a_0 b_1 c_1$	bc
$a_1 b_1 c_1$	abc

在 2^3 析因实验中,将以上 8 种组合作为处理类型,并且使用 "r" 个区组进行研究。

通过进行 2^3 析因实验可以获得 "$2^3 \times r$" 个观测值。使用 Yate 方法,可以很容易地分析这些观察结果。

在这种方法中,因素效应分为三个主效应(A,B 和 C),两个因素交互效应(AB,AC 和 BC)和三个因素交互效应(ABC),通过下面的 Yate 表进行计算。

Yate 表最后一列提供主要效应和交互效应的因素效应总计,见表 7-16。

表 7-16 因素效应

处理类型组合	"r"次重复和			因素效应总计
I	(I)	$(I)+(a)$	$(I)+(a)+(b)+(ab)$	$(I)+(a)+(b)+(ab)+(c)+(ac)+(bc)+(abc)=G$
a	(a)	$(b)+(ab)$	$(c)+(ac)+(bc)+(abc)$	$-(I)+(a)-(b)+(ab)-(c)+(ac)-(bc)+(abc)=[A]$
b	(b)	$(c)+(ac)$	$(a)-(I)+(ab)-(b)$	$-(I)-(a)+(b)+(ab)-(c)-(ac)+(bc)+(abc)=[B]$
ab	(ab)	$(bc)+(abc)$	$(ac)-(c)+(abc)-(bc)$	$(I)-(a)-(b)+(ab)+(c)-(ac)-(bc)+(abc)=[AB]$
c	(c)	$(a)-(I)$	$(b)+(ab)-(I)-(a)$	$-(I)-(a)-(b)-(ab)+(c)+(ac)+(bc)+(abc)=[C]$
ac	(ac)	$(ab)-(b)$	$(bc)+(abc)-(c)-(ac)$	$(I)-(a)+(b)-(ab)-(c)+(ac)-(bc)+(abc)=[AC]$
bc	(bc)	$(ac)-(c)$	$(ab)-(b)-(a)+(I)$	$(I)+(a)-(b)-(ab)-(c)-(ac)+(bc)+(abc)=[BC]$
abc	(abc)	$(abc)-(bc)$	$(abc)-(bc)-(ac)+(c)$	$-(I)+(a)+(b)-(ab)+(c)-(ac)-(bc)+(abc)=[ABC]$

其中,G 代表总和,$[A]$ 代表主效应 A 的因素效应总和,$[B]$ 代表主效应 B 的因素效应总和,$[C]$ 代表主效应 C 的因素效应总和,$[AB]$ 代表交互效应 AB 的因素效应总和,$[AC]$ 代表交互效应 AC 的因素效应总和,$[BC]$ 代表交互效应 BC 的因素效应总和,$[ABC]$ 代表交互效应 ABC 的因素效应总和。

总变化分为以下九个部分:

$$TSS = SSA + SSB + SSC + SSAB + SSAC + SSBC + SSABC + SSBlocks + SSE \quad (7-12)$$

$$主效应 A 估计: A = \frac{[A]}{2^3}, SSA = \frac{[A]^2}{2^3 \cdot r} \quad (7-13)$$

$$主效应 B 估计: B = \frac{[B]}{2^3}, SSB = \frac{[B]^2}{2^3 \cdot r} \quad (7-14)$$

$$主效应 C 估计: C = \frac{[C]}{2^3}, SSC = \frac{[C]^2}{2^3 \cdot r} \quad (7-15)$$

$$交互效应 AB 估计: AB = \frac{[AB]}{2^3}, SSAB = \frac{[AB]^2}{2^3 \cdot r} \quad (7-16)$$

$$交互效应 AC 估计: AC = \frac{[AC]}{2^3}, SSAC = \frac{[AC]^2}{2^3 \cdot r} \quad (7-17)$$

$$交互效应 BC 估计: BC = \frac{[BC]}{2^3}, SSBC = \frac{[BC]^2}{2^3 \cdot r} \quad (7-18)$$

$$交互效应\ ABC\ 估计：ABC = \frac{[ABC]}{2^3}, SSABC = \frac{[ABC]^2}{2^3 \cdot r} \tag{7-19}$$

$$区组平方的和：SSBlocks = \sum \frac{B_j^2}{2^3} - CF \tag{7-20}$$

其中，$B_1, B_2, \cdots, B_j$ 是对应"j"区组的总和。

以上数学分析结果写入具有"r"个区组的 2^3 析因实验的方差分析表（ANOVA 表），见表 7-17。

表 7-17　2^3 析因实验的方差分析表

误差来源		df	SS	MSS	F 比
主效应	A	1	SSA	MSSA	F_A
	B	1	SSB	MSSB	F_B
	C	1	SSC	MSSC	F_C
交互效应	AB	1	SSAB	MSSAB	F_{AB}
	AC	1	SSAC	MSSAC	F_{AC}
	BC	1	SSBC	MSSBC	F_{BC}
	ABC	1	SSABC	MSSABC	F_{ABC}
区组		$r-1$	SSBlocks	MSSBlocks	F_{Blocks}
随机误差		$(2^3-1)(r-1)$	SSE	MSSE	
合计		$2^3 \times r - 1$	TSS		

例 7-3　进行了 2^3 析因实验以研究细纱机速度（A），钢丝圈质量（B）和环直径（C）对纱线毛羽数的影响，见表 7-18。通过在相同的 R/F 上纺出三种不同支数的纱线进行实验。

表 7-18　2^3 析因实验数据

20^s	40^s	60^s
$(b)7.8$	$(ab)10.0$	$(c)6.5$
$(I)6.2$	$(c)8.5$	$(abc)9.5$
$(ab)10.2$	$(b)7.5$	$(b)7.0$
$(a)8.2$	$(I)6.8$	$(a)8.2$
$(c)7.8$	$(abc)10.0$	$(I)6.5$
$(ac)6.2$	$(a)8.5$	$(ac)9.5$
$(abc)10.2$	$(bc)7.5$	$(bc)7.0$
$(bc)8.2$	$(ac)6.8$	$(ab)8.2$

解：因素是：$A \Rightarrow$ 细纱机的速度，$B \Rightarrow$ 钢丝圈质量，$C \Rightarrow$ 圆环直径；

因素 A 的两个水平分别由 a_0(低水平)和 a_1(高水平)表示,

因素 B 的两个水平分别由 b_0(低水平)和 b_1(高水平)表示,

因素 C 的两个水平分别由 c_0(低水平)和 c_1(高水平)表示。

2^3 析因实验进行了三次重复,即 $r=3$。

检验假设

H_0^A:速度(A)的主效应不显著;H_1^A:速度(A)的主效应显著

类似地,可以写出其他假设 $H_0^B,H_1^B,H_0^C,H_1^C,H_0^{AB},H_1^{AB},H_0^{AC},H_1^{AC},H_0^{BC},H_1^{BC},H_0^{ABC},H_1^{ABC}$。

H_0^{Blocks}:区组效果不显著;H_1^{Blocks}:至少有一个区组效果显著

为了检验上述假设,使用 Yate 方法通过 Yate 表(表7-19)进行分析。

表7-19 Yate 表分析

处理类型组合	合计			因素效应合计
I	$(I)=19.5$	44.4	95.1	$G=192.8$
a	$(a)=24.9$	50.7	97.7	$[A]=18.2$
b	$(b)=22.3$	45.3	11.5	$[B]=13.4$
ab	$(ab)=28.4$	52.4	6.7	$[AB]=8$
c	$(c)=22.8$	5.4	6.3	$[C]=2.6$
ac	$(ac)=22.5$	6.1	7.1	$[AC]=-4.8$
bc	$(bc)=22.7$	-0.3	0.7	$[BC]=0.8$
abc	$(abc)=29.7$	7	7.3	$[ABC]=6.6$

$$CF=\frac{G^2}{n}=192.8^2/24=1548.8267$$

$$SS_{raw}=1588.08$$

$$TSS=SS_{raw}-CF=39.2533$$

$$SSA=\frac{[A]^2}{2^3\cdot r}=\frac{18.2^2}{24}=13.8017$$

$$SSB=\frac{[B]^2}{2^3\cdot r}=\frac{13.4^2}{24}=7.4817$$

$$SSC=\frac{[C]^2}{2^3\cdot r}=0.2817$$

$$SSAB=\frac{[AB]^2}{2^3\cdot r}=\frac{8^2}{24}=2.6667$$

$$SSAC=\frac{[AC]^2}{2^3\cdot r}=0.96$$

$$SSBC=\frac{[BC]^2}{2^3\cdot r}=0.0267$$

$$SSABC = \frac{[ABC]^2}{2^3 \cdot r} = 1.815$$

$$SSBlock = \sum \frac{B_j^2}{2^3} - CF = 0.6933$$

$$SSE = TSS - (SSA + SSB + SSC + SSAB + SSAC + SSBC + SSABC + SSBlock) = 11.5915$$

2^3 析因实验的方差分析表如表7-20所示。

表7-20 2^3 析因实验的方差分析表

误差来源		df	SS	MSS	F 比
主效应	A	1	13.8017	13.8017	16.7632
	B	1	7.4817	7.4817	9.0870
	C	1	2.6667	2.6667	3.2389
交互效应	AB	1	0.2817	0.2817	0.3421
	AC	1	0.9600	0.9600	1.1660
	BC	1	0.0267	0.0267	0.0324
	ABC	1	1.8150	1.8150	2.2045
区组		$r-1=2$	0.6933	0.3467	0.4211
随机误差		$(2^3-1)(r-1)=14$	11.5915	0.82	
合计		$2^3 \times r - 1 = 23$	39.2533		

期望统计量 $F_A, F_B, F_C, F_{AB}, F_{AC}, F_{BC}$ 和 F_{ABC} 是自由度为1和14的 F 分布；F_{Block} 是自由度为2和14的 F 分布。

在5%显著性水平下，即 $\alpha = 0.05$，$F_{0.05}(1,14) = 4.60$，$F_{0.05}(2,14) = 3.74$：

只有 $F_{A\,cal}$ 和 $F_{B\,cal}$ 大于 $F_{0.05}(1,14) = 4.60 \Rightarrow$ 细纱机速度和钢丝圈质量对纱线的毛羽数有重要影响，即毛羽受到细纱机的速度和钢丝圈质量的影响；

但是 $F_{C\,cal}, F_{AB\,cal}, F_{AC\,cal}, F_{BC\,cal}, F_{ABC\,cal}$ 小于 $F_{0.05}(1,14) = 4.60 \Rightarrow$ 环直径和所有相互作用都对纱线的毛羽数没有显著影响，毛羽不受环直径以及所有相互作用的影响；

$F_{Block} = 0.4211 < F_{0.05}(2,14) = 3.74 \Rightarrow$ 纱线支数对毛羽的影响不明显。

因此，毛羽受速度和钢丝圈质量的影响，但不受环直径、所有相互作用以及纱线支数的影响。

7.6 正交试验设计

正交试验设计是一种多因素的试验方法，使用正交表来安排试验和分析结果。用尽可能少的试验量，取得预期设计的试验效果。例如，棉纱拉伸强力受棉纤维拉伸强力、棉纤维长度、成熟度、纱线捻度、纱线细度、纱线条干不匀等一系列因素的影响，需要考虑各个因素变化对棉纱强力是否有显著作用。如果用多元方差分析方法,计算公式复杂,而且试验次数很多。

假设棉纱拉伸强力有 6 个因素,每个因素有 3 个水平,在每一种组合水平都要考虑到的情况下,总计要做 $3^6=729$ 次全面试验。为减少试验次数,可以考虑在每一种组合水平上选择一部分作局部试验,称作试验设计。同正交表安排试验的试验设计就称为正交试验设计。正交试验设计是众多试验方法的一种。

正交试验设计只适用于可控因素,不可控因素通常不在试验设计范围,比如,棉花日照时间、降雨量和气温等。正交试验设计包含两个内容:试验方案设计与试验结果分析。

纺织生产中,经常要试制新产品、改革老技术、研制新材料等,这都需要进行试验。实践证明,一个好的试验方法事半功倍,只要少量试验就能得到正确的结论和较好的效果。若试验方法不好,则事倍功半,往往做了很多试验还得不到预期的效果。

7.6.1 无交互作用的正交试验

在多因素试验中,若各个因素对结果的影响是独立的,称为无交互作用的正交试验。用正交试验法安排试验,需根据试验中的因素数量和各因素的水平,按照正交表安排试验。每个正交表都有一个标记,例如,表 7-21 是 $L_9(3^4)$ 正交表,L 表示正交表,脚码 9 表示正交表共有 9 行,可安排 9 次试验;该表有 9 行 4 列,最多可以安排 4 个因素,每个因素 3 个水平,9 次试验,表中数字 1、2、3(列号和试验号除外)表示因素水平。

表 7-21 $L_9(3^4)$ 正交表

试验号	列号			
	1	2	3	4
1	1	1	1	1
2	1	2	2	2
3	1	3	3	3
4	2	1	2	3
5	2	2	3	1
6	2	3	1	2
7	3	1	3	2
8	3	2	1	3
9	3	3	2	1

一般地,用正交表记号 $L_n(S^r)$ 表示至多安排 r 个因素,每个因素有 S 个水平,共作 n 次试验的正交表。其中 n 是试验数,S 是水平数,r 是因素数。

选择正交表时,首先要求正交表中水平数 S 与每个因素水平数一致,其次要求正交表中因素数 r 大于或等于实际因素数,在此基础上,适当选用试验次数 n 较小的正交表。

总结归纳如下。

（1）正交表特性

①任一列各水平都出现 n/S 个。

②任两列各组合水平都出现 n/S^2 个。

（2）选用正交表"三步曲"

①每个因素水平数必须与表中的 S 一致。

②表中因素数 $r \geq$ 实际因素数。

③在满足以上两项要求时选 n 最小的表。

例 7-4　某染料厂生产的染料收率一般在 60% ~ 80% 波动（收率＝实际产量/理论最大产量）。根据经验，反应温度的高低、加碱量的多少和催化剂的不同是造成收率不稳定的三个主要原因。根据以往经验，每个因素各选表 7-22 所列的三个水平。表 7-23 是试验方案表，指标计算见表 7-24。

表 7-22　收率试验因素水平表

水平	因素		
	A 温度/℃	B 加碱量/kg	C 催化剂种类
1	80	35	甲
2	85	48	乙
3	90	55	丙

设因素 A、B、C 间没有交互作用，选择正交表 $L_9(3^4)$。

表 7-23　收率试验方案表 $L_9(3^4)$

试验号	因素		
	A 温度/℃	B 加碱量/kg	C 催化剂
1	80	35	甲
2	80	48	乙
3	80	55	丙
4	85	35	乙
5	85	48	丙
6	85	55	甲
7	90	35	丙
8	90	48	甲
9	90	55	乙

表7-24　收率试验结果计算分析表 $L_9(3^4)$

试验号		因素			
		A 温度/℃	B 加碱量/kg	C 催化剂	试验指标收率/%
1		80	35	甲	51
2		80	48	乙	71
3		80	55	丙	58
4		85	35	乙	82
5		85	48	丙	69
6		85	55	甲	59
7		90	35	丙	77
8		90	48	甲	85
9		90	55	乙	84
K_1		K_1^A180	K_1^B210	K_1^C195	
K_2		K_2^A210	K_2^B225	K_1^C237	$K=636$
K_3		K_3^A246	K_3^B201	K_3^C204	
平均收率	k_1	k_1^A60	k_1^B70	k_1^C65	
	k_2	k_2^A70	k_2^B75	k_2^C79	$\bar{Y}=\dfrac{K}{9}=70.7$
	k_3	k_3^A82	k_3^B67	k_3^C68	
极差	R	22	8	14	

其中，K_i 表示第 i 水平指标之和，K_1^A 表示因素 A 第1水平指标之和，其余类推。k_i 表示第 i 水平指标的均值，k_1^A 表示因素 A 第1水平指标的均值，其余类推。

9个试验中第8号试验收率(80%)，其试验条件是 $A_3B_2C_1$，这是否就是因素 A,B,C 各水平的最佳搭配呢？还有没有更好的条件使收率更高？为直观起见，作出因素与指标的关系图。以因子水平作横坐标，平均收率为纵坐标作图。

由图7-1可知，生产条件宜选用 $A_3B_2C_2$：温度90 ℃、加碱量48 kg、乙种催化剂。

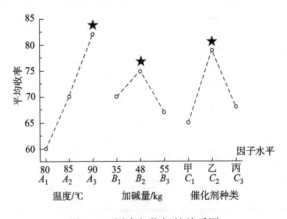

图7-1　因素与指标的关系图

是否每个因素都要取使平均收率最高的水平？通过分析极差寻找主要因素,极差越大,说明该因素对指标影响越大。

$$温度 80\ ℃—90\ ℃ \Rightarrow 收率 82 - 60 \Rightarrow 极差 22;$$
$$碱量 35\ kg—55\ kg \Rightarrow 收率 75 - 67 \Rightarrow 极差 8;$$
$$催化剂甲乙丙 \Rightarrow 收率 79 - 65 \Rightarrow 极差 14。$$

因素的主次顺序:ACB。

$$温度 80\ ℃—85\ ℃—90\ ℃ \Rightarrow 收率 60—70—82$$

收率单调递增,温度必须取 90 ℃——A_3;

$$催化剂甲 — 乙 — 丙 \Rightarrow 收率 65—79—68$$

乙比甲、丙的收率明显高,必须取乙——C_2;

$$碱量 35\ kg—48\ kg—55\ kg \Rightarrow 收率 70—75—67$$

碱量为最次要因素,不妨取 35 kg——B_1;
又一个较好的生产条件是 $A_3B_1C_2$。

9 个试验中最好的生产条件是 $A_3B_2C_1$,通过计算和分析找出的较好的生产条件是 $A_3B_2C_2$,或 $A_3B_1C_2$,这三个中哪个更好? 一般来说,后两个比前一个要好,但是还必须用试验来验证。为此,对这三个生产条件再各做两次验证试验(其实只要再做 5 次试验)。验证试验结果见表 7-25。

表 7-25　验证试验结果表

试验号		试验条件	收率/%		平均收率/%
8	10	$A_3B_2C_1$	85	82	83.5
11	12	$A_3B_2C_2$	95	90	92.5
13	14	$A_3B_1C_2$	93	89	91

从保证收率高又节约用碱的原则出发,最后确定 $A_3B_1C_2$ 为正式生产条件。至此对染料收率进行的正交试验完成。

分析试验结果的方法与步骤如下。

(1)找出试验中结果最好的一个,计算各列的 K,k,R。

(2)根据 R 的大小,排出因素的主次顺序,对主要因素根据 k_i 的大小,取平均指标最好的水平;对次要因素可取平均指标好的水平,也可取能节约成本的水平。

(3)当好条件不止一个时,再通过验证试验确定最好的一个。

当然,旧矛盾解决了,新矛盾、新问题还会不断产生。比如:进一步提高温度,收率能否再提高? 乙种催化剂较贵,能否减少其用量? 但这是下次正交试验需要考虑的问题。一般而言,直观上,可用因素在各水平上试验值的平均数考察此因素不同水平对试验结果的影响。而要断定哪个因素对试验结果影响显著,则不能靠直观,需用方差分析法。下面以表 7-26 建立例 7-4

的数学模型并说明检验方法。

表 7-26　例 7-4 的方差分析模型表

试验号	列号			组合水平	试验值
	1 A	2 B	3 C		
1	1	1	1	$A_1 B_1 C_1$	Y_1
2	1	2	2	$A_1 B_2 C_2$	Y_2
3	1	3	3	$A_1 B_3 C_3$	Y_3
4	2	1	2	$A_2 B_1 C_2$	Y_4
5	2	2	3	$A_2 B_2 C_3$	Y_5
6	2	3	1	$A_2 B_3 C_1$	Y_6
7	3	1	3	$A_3 B_1 C_3$	Y_7
8	3	2	1	$A_3 B_2 C_1$	Y_8
9	3	3	2	$A_3 B_3 C_2$	Y_9

因素 A, B, C 在水平 A_i, B_i, C_i 上的效应分别为 a_i, b_i, c_i，试验值用 Y_j 表示，于是有

$$Y_1 = \mu + a_1 + b_1 + c_1 + \varepsilon_1$$
$$Y_2 = \mu + a_1 + b_2 + c_2 + \varepsilon_2$$
$$Y_3 = \mu + a_1 + b_3 + c_3 + \varepsilon_3$$
$$Y_4 = \mu + a_2 + b_1 + c_2 + \varepsilon_4$$
$$Y_5 = \mu + a_2 + b_2 + c_3 + \varepsilon_5$$
$$Y_6 = \mu + a_2 + b_3 + c_1 + \varepsilon_6$$
$$Y_7 = \mu + a_3 + b_1 + c_3 + \varepsilon_7$$
$$Y_8 = \mu + a_3 + b_2 + c_1 + \varepsilon_8$$
$$Y_9 = \mu + a_3 + b_3 + c_2 + \varepsilon_9$$

其中 $\sum_{i=1}^{3} a_i = 0, \sum_{i=1}^{3} b_i = 0, \sum_{i=1}^{3} c_i = 0, \varepsilon_1, \varepsilon_2, \cdots, \varepsilon_9 \overset{\text{i.i.d}}{\sim} N(0, \sigma^2)$。

假设

$$H_{01}: a_1 = a_2 = a_3 = 0$$
$$H_{02}: b_1 = b_2 = b_3 = 0$$
$$H_{03}: c_1 = c_2 = c_3 = 0$$

若假设 H_{0i} 成立，表示第 i 个因素对试验结果无显著作用。

记试验值的总平均数为 $\overline{Y}$，则

$$\overline{Y} = \frac{1}{9} \sum_{i=1}^{9} Y_i$$

则有

$$\bar{Y} = \frac{1}{3}(k_1^J + k_2^J + k_3^J), J = A, B, C$$

总离差平方和为 Q_T,则

$$Q_T = \sum_{i=1}^{9}(Y_i - \bar{Y})^2 = Q_A + Q_B + Q_C + Q_E$$

其中

$$Q_J = 3\sum_{i=1}^{3}(k_i^J - \bar{Y})^2, J = A, B, C$$

$$Q_T \text{ 有一约束条件} \, 9\bar{Y} - \sum_{i=1}^{9} Y_i = 0 \Rightarrow Q_T/\sigma^2 \sim \chi^2(8)$$

$$Q_J \text{ 有一约束条件} \, 3\bar{Y} - \sum_{i=1}^{3} k_i^J = 0 \Rightarrow Q_J/\sigma^2 \sim \chi^2(2)$$

由分解定理得

$$\frac{Q_A}{\sigma^2}, \frac{Q_B}{\sigma^2}, \frac{Q_C}{\sigma^2}, \frac{Q_E}{\sigma^2} \overset{\text{i.i.d.}}{\sim} \chi^2(2)$$

于是

$$F_A = \frac{Q_A}{Q_E}, F_B = \frac{Q_B}{Q_E}, F_C = \frac{Q_C}{Q_E} \sim F(2,2)$$

在给定显著性水平 α 下,当 $F_J \geq F_\alpha(2,2)$,则拒绝原假设,认为因素 J 对试验结果有显著作用;反之,无显著作用,$J = A, B, C$。

计算 Q_A, Q_B, Q_C, Q_E 的公式如下:

$$K = \sum_{i=1}^{9} Y_i; P = \frac{1}{9}K^2; W = \sum_{i=1}^{9} Y_i^2;$$

$$U_A = \frac{1}{3}\sum_{i=1}^{3}(K_i^A)^2; U_B = \frac{1}{3}\sum_{i=1}^{3}(K_i^B)^2; U_C = \frac{1}{3}\sum_{i=1}^{3}(K_i^C)^2;$$

$$Q_A = U_A - P; Q_B = U_B - P; Q_C = U_C - P; Q_T = W - P;$$

$$Q_E = Q_T - Q_A - Q_B - Q_C$$

例 7-4 计算结果列于表 7-27 中,表 7-28 为方差分析表。

表 7-27　收率试验结果计算表

试验号	A 温度/℃	B 加碱量/kg	C 催化剂种类	Y_i	Y_i^2
1	80	35	甲	51	2601

试验号	A 温度/℃	B 加碱量/kg	C 催化剂种类	Y_i	Y_i^2
2	80	48	乙	71	5041
3	80	55	丙	58	3364
4	85	35	乙	82	6724
5	85	48	丙	69	4761
6	85	55	甲	59	3481
7	90	35	丙	77	5929
8	90	48	甲	85	7225
9	90	55	乙	84	7056
K_1	180	210	195	$K=636$	
K_2	210	225	237	$W=46182$	
K_3	246	201	204		
U	45672	45042	45270	$P=44944$	
Q	728	98	326		

表 7-28 正交试验方差分析表

来源	离差平方和	自由度	均方离差	F 值
因素 A	728	2	364	8.47
因素 B	98	2	49	1.14
因素 C	326	2	163	3.79
误差	86	2	43	
总和	1238	8		

取 $\alpha=0.05$，$F_{0.05}(2,2)=19$，$F_A<19$，$F_B<19$，$F_C<19$。

接受原假设 H_{01}，H_{02}，H_{03}，即认为每个因素对收率都无显著性影响。

7.6.2 有交互作用的正交试验

在多因素试验中，若一个因素对指标的影响与另外的因素有关系，则称为因素间有交互作用。关系越密切，交互作用越显著。

在常用正交表中，有的表格安排"两列间交互作用"列，用于安排有交互作用的正交试验。有 A，B，C 三个因素交互作用表的表头设计见表 7-29。

表 7-29 三因素交互作用正交表的表头设计

列号	1	2	3	4	5	6	7
因素	A	B	$A\times B$	C	$A\times C$	$B\times C$	

例 7-5 某上浆试验需要考虑 A,B,C,D 四个因素,每个因素有两个水平,见表 7-30。

表 7-30 某上浆试验因素水平表

水平＼因素	A 微量成分/%	B 聚丙烯酸酯/%	C 淀粉/%	D 时间/min
1	0.6	13	3	20
2	0.35	17	4	25

微量成分包括褐藻酸钠、磷酸二氢钾和碳酸钙三种,两水平具体组成见表 7-31。

表 7-31 微量成分数值表

总量	褐藻酸钠/%	磷酸二氢钾	碳酸钙
0.6	0.2	0.3	0.1
0.35	0.1	0.2	0.05

解: 根据经验,微量成分、聚丙烯酸酯和淀粉之间可能存在交互作用 $A×B,A×C,B×C$。而时间与它们的交互作用可以忽略。试验要考察 4 个因素和 3 个交互作用,所以,选用至少有 7 列的二水平正交表,恰有 7 列的 $L_8(2^7)$ 最为合适。

表头设计见表 7-32,其中交互列见表 7-33,试验方案见表 7-34,计算结果见表 7-35。

表 7-32 试验表头设计

列号	1	2	3	4	5	6	7
因素	A	B	$A×B$	C	$A×C$	$B×C$	D

表 7-33 $L_8(2^7)$ 两列间的交互列安排表

1	2	3	4	5	6	7	列号
(1)	3	2	5	4	7	6	1
	(2)	1	6	7	4	5	2
		(3)	7	6	5	4	3
			(4)	1	2	3	4
				(5)	3	2	5
					(6)	1	6
						(7)	7

表 7-34　试验方案表 $L_8(2^7)$

试验号	A 微量成分/%	B 聚丙烯酸酯/%	A×B	C 淀粉/%	A×C	B×C	D 时间/min
1	(1)0.6	(1)13	1	(1)3	1	1	(1)20
2	(1)0.6	(1)13	1	(2)4	2	2	(2)25
3	(1)0.6	(2)17	2	(1)3	1	2	(2)25
4	(1)0.6	(2)17	2	(2)4	2	1	(1)20
5	(2)0.35	(1)13	2	(1)3	2	1	(2)25
6	(2)0.35	(1)13	2	(2)4	1	2	(1)20
7	(2)0.35	(2)17	1	(1)3	2	2	(1)20
8	(2)0.35	(2)17	1	(2)4	1	1	(2)25

表 7-35　试验结果计算分析表

试验号	A	B	A×B	C	A×C	B×C	D	效价
1	1	1	1	1	1	1	1	2.05
2	1	1	1	2	2	2	2	2.24
3	1	2	2	1	1	2	2	2.44
4	1	2	2	2	2	1	1	1.10
5	2	1	2	1	2	1	2	1.50
6	2	1	2	2	2	2	1	1.35
7	2	2	1	1	2	2	1	1.26
8	2	2	1	2	1	1	2	2.00
K_1	7.83	7.14	7.55	7.25	7.84	6.65	5.76	$K=13.94$
K_2	6.11	6.80	6.39	6.69	6.10	7.29	8.18	
k_1	1.9575	1.785	1.8875	1.8125	1.96	1.6625	1.44	
k_2	1.5275	1.7	1.5975	1.6725	1.525	1.8225	2.045	
R	0.43	0.085	0.29	0.14	0.435	0.16	0.605	

由表看出第 3 号试验 $A_1B_2C_1D_2$ 搭配较好,依极差大小排出各因素和交互作用的主次顺序为 $D,A×C,A$,这是选水平的主要依据,另外,$A×B$ 也可作为参考依据。

D 是主要因素,且 $k_2>k_1$,故取 D_2。

由表 7-36 选 $A×C$ 搭配表应取 A_1C_1。

表 7-36　$A×C$ 搭配表

因素搭配	A_1C_1	A_1C_2	A_2C_1	A_2C_2
平均效价	2.245	1.67	1.38	1.625

B 是次要因素且 $A \times B$ 是有些影响的交互作用,故应根据表 7-37 中 A 和 B 搭配的情况选 B 的水平。

表7-37 $A \times B$ 搭配表

因素搭配	A_1B_1	A_1B_2	A_2B_1	A_2B_2
平均效价	2.145	1.77	1.425	1.63

由此得到较好的水平组合是 $A_1B_1C_1D_2$,用它和 3 号试验条件 $A_1B_2C_1D_2$ 作验证试验加以比较,结果是 $A_1B_1C_1D_2$ 较好。

7.6.3 正交试验中的显著性检验

例7-6 在梳棉机上纺混纺纱(表 7-38),为了提高质量,需要考察金属针布类型(A)、产量水平(B)、锡林速度(C)对棉结粒数有无显著影响。

表7-38 混纺纱试验因素水平表

水平	因素		
	A 金属针布类型	B 产量水平/kg	C 锡林速度/(r·min^{-1})
1	进口	6	238
2	国产	8	320

解: 根据过去的经验,金属针布类型、产量水平和锡林速度之间可能存在交互作用 $A \times B$,$A \times C$,$B \times C$。试验要考察 3 个因素和 3 个交互作用,所以,选用至少有 6 列的二水平正交表。$L_8(2^7)$ 有 7 列,满足要求。

表头设计见表 7-39。

表7-39 混纺纱试验表头设计

列号	1	2	3	4	5	6
因素	A	B	$A \times B$	C	$A \times C$	$B \times C$

混纺纱试验方案见表 7-40。

表7-40 混纺纱试验方案表 $L_8(2^7)$

试验号	A 金属针布类型	B 产量水平/kg	$A \times B$	C 锡林速度/(r·min^{-1})	$A \times C$	$B \times C$
1	(1)进口	(1)13	1	(1)238	1	1
2	(1)进口	(1)13	1	(2)320	2	2

试验号	A 金属针布类型	B 产量水平/kg	$A×B$	C 锡林速度/(r·min⁻¹)	$A×C$	$B×C$
3	(1)进口	(2)17	2	(1)238	1	2
4	(1)进口	(2)17	2	(2)320	2	1
5	(2)国产	(1)13	2	(1)238	2	1
6	(2)国产	(1)13	2	(2)320	1	2
7	(2)国产	(2)17	1	(1)238	2	2
8	(2)国产	(2)17	1	(2)320	1	1

计算 $Q_A, Q_B, Q_C, Q_{AB}, Q_{AC}, Q_{BC}, Q_E$ 的公式如下：

$$K = \sum_{i=1}^{8} Y_i, P = \frac{1}{8}K^2, W = \sum_{i=1}^{8} Y_i^2$$

$$Q_T = W - P, U_J = \frac{1}{4}\sum_{i=1}^{2}(K_i^J)^2, Q_J = U_J - P$$

$$J = A, B, C, AB, AC, BC$$

$$Q_E = Q_T - Q_A - Q_B - Q_C - Q_{AB} - Q_{AC} - Q_{BC}$$

两水平时计算 Q_J 的简化公式如下：

$$Q_J = \frac{1}{n}(K_1^J - K_2^J)^2, J = A, B, C, AB, AC, BC$$

计算结果见表7-41。

表7-41 混纺纱试验结果分析表

试验号	A	B	$A×B$	C	$A×C$	$B×C$	试验值	平方
1	1	1	1	1	1	1	0.30	0.09
2	1	1	1	2	2	2	0.35	0.1225
3	1	2	2	1	1	2	0.20	0.04
4	1	2	2	2	2	1	0.30	0.09
5	2	1	2	1	2	1	0.15	0.0225
6	2	1	2	2	1	2	0.50	0.25
7	2	2	1	1	2	2	0.15	0.0225
8	2	2	1	2	1	1	0.40	0.16
K_1	1.15	1.30	1.20	0.8	1.40	1.15	$K=2.35$	
K_2	1.20	1.05	1.15	1.55	0.95	1.20	$W=0.7975$	
U	0.690625	0.698125	0.690625	0.760625	0.715625	0.690625	$P=0.6903125$	
Q	3.125	78.125	3.125	703.125	253.125	3.125		

正交试验方差分析表见表7-42和表7-43。

表 7-42 正交试验方差分析表一

来源	离差平方和	自由度	均方离差	F 值
因素 A	3.125	1		
因素 B	78.125	1		
$A \times B$	3.125	1		
因素 C	703.125	1		
$A \times C$	253.125	1		
$B \times C$	3.125	1		
误差	28.125	1		
总和	1071.875	7		

表 7-43 正交试验方差分析表二

来源	离差平方和	自由度	均方离差	F 值
因素 B	78.125	1	78.125	8.3
因素 C	703.125	1	703.125	75
$A \times C$	253.125	1	253.125	27
误差	37.5	4	9.375	
总和	1071.875	7		

取 $\alpha = 0.05$，$F_{0.05}(1,4) = 7.71$，$F_B > 7.71$，$F_C > 7.71$，$F_{A \times C} > 7.71$，所以，产量水平、锡林速度以及金属针布类型与锡林速度的交互作用对棉结粒数都有显著影响。

关于交互作用正交试验设计的五点说明如下。

（1）例 7-5、例 7-6 表头设计中两因素的交互作用都只占一列，而有些试验需要两列才能完整地表现出交互作用，此时就要选大一些的正交表。当交互作用占有两列以上时，以极差 R 最大的一列为准。

（2）对 4 因素 2 水平且因素间都有交互作用的试验，选 $L_8(2^7)$ 是有些欠妥的。此时因素间的交互作用会混杂在一起，见表 7-44。

表 7-44 $L_8(2^7)$ 表头设计

因素 列号	1	2	3	4	5	6	7
4	A	B $C \times D$	$A \times B$	C $B \times D$	$A \times C$	D $B \times C$	$A \times D$

若取 $L_{16}(2^{15})$ 便可避免混杂现象。

（3）若某因素只在一个交互作用中是较重要的，则不管这个因素本身的极差大小，都应按因素搭配的好坏选取它的水平。因为在因素搭配下的平均指标是各因素单独作用和它们的交互作用的共同结果。如例 7-5 中因素 C 的水平的选取。

（4）当按照因素的重要性来选取与按照交互作用来选最佳水平组合时产生矛盾,应优先考虑更主要的因素及其交互作用。也可适当多选一两个组合,进行验证试验。

（5）交互作用与因素的变化范围有很大关系。如在某个变化范围内,两个因素的交互作用比较大,但在另一个变化范围内,两因素的交互作用可以忽略不计。在安排试验时应加以注意。

习题七

1. 什么是实验设计? 它的基本原则是什么?
2. 描述实验设计的基本原则。
3. 描述完全随机设计。
4. 描述随机区组设计。
5. 描述拉丁方设计。
6. 什么是析因实验? 它有什么用?
7. 描述两因素析因实验。
8. 描述 2^3 析因实验。
9. 正交试验设计中极差分析法和方差分析法的各自优点是什么?
10. 表 7-45 是 CRD 的 ANOVA 表。填写表格并写下结论。

表 7-45　CRD 的 ANOVA 表

误差来源	df	SS	MSS	F 比
处理类型	4	—	—	—
随机误差	—	42.50	—	
合计	14	140.65		

11. 表 7-46 是 RBD 的 ANOVA 表。填写表格并写下结论。

表 7-46　RBD 的 ANOVA 表

误差来源	df	SS	MSS	F 比
处理类型	4	—	12.56	—
区组	3	—	—	—
随机误差	12	42.50	—	
合计	19	440.65		

12. 表 7-47 是 5×5LSD 的 ANOVA 表。填写表格并写下结论。

表 7-47　5×5 LSD 的 ANOVA 表

误差来源	df	SS	MSS	F 比
处理类型	—	—	12.56	—
行	—	252.35	—	—

误差来源	df	SS	MSS	F 比
列	—	—	—	—
随机误差	—	142.50	—	
合计	—	1440.65		

13. 表 7-48 是进行三个重复的 2^2 析因实验的 ANOVA 表。填写表格并写下结论。

表 7-48　三个重复的 2^2 析因实验的 ANOVA 表

误差来源		df	SS	MSS	F 比
主效应	A	—	25.65	—	—
	B	—	—	12.56	—
交互效应	AB	—	—	—	—
区组		—	5.48	—	—
随机误差		—	32.50	—	
合计		—	540.65		

14. 进行了一个完全随机的实验,以研究四种不同化学物质对织物强度的影响,并获得了织物强度的结果,见表 7-49。对以下数据进行分析并得出结论。

表 7-49　不同化学物质对织物强度影响测试数据

化学物质	A	8.67	8.68	8.66	8.65	
	B	7.68	7.58	8.67	8.65	8.62
	C	8.69	8.67	8.92	7.7	
	D	7.7	7.90	8.65	8.20	8.60

15. 以下是在不同实验室、不同温度下从染色实验获得的 CCM 值结果,见表 7-50。假设实验室为区组,使用 ANOVA 技术分析数据并得出结论。

表 7-50　CCM 值测试结果

温度/℃	实验室			
	A	B	C	D
25	4.2	3.9	2.9	4.1
40	3.5	3.8	2.6	4.4
60	3.6	3.2	2.8	4.0
75	3.5	4.1	3.0	3.8

16. 用 4×4LSD 进行了研究,以研究四种不同的染料 A, B, C 和 D 对纱线伸长率的影响。由四个不同的操作人员在 4 个不同的实验室中进行了该实验,见表 7-51。使用 ANOVA 技术分析以下数据并得出结论。

表7-51 不同染料对纱线伸长率的影响实验结果

操作员	实验室			
	I	II	III	IV
1	4.2 C	3.9 B	2.9 A	4.1 D
2	3.5 B	3.8 A	2.6 D	4.4 C
3	3.6 D	3.2 C	2.8 B	4.0 A
4	3.5 A	4.1 D	3.0 C	3.8 B

17. 进行了 2^2 析因实验,以研究环直径 (A) 和钢丝圈质量 (B) 对纱线的毛羽数的影响。通过在三个不同的细纱机上纺纱来进行实验,见表7-52。对以下数据进行分析并得出结论。

表7-52 不同细纱机纺纱实验结果

R/F- I	R/F- II	R/F- III
(b)4.8	(ab)8.0	(1)6.5
(1)6.2	(a)5.5	(ab)6.5
(ab)7.2	(b)7.5	(b)7.0
(a)5.2	(I)6.8	(a)5.2

18. 进行 2^3 析因实验,以研究细纱机速度 (A),钢丝圈质量 (B) 和环直径 (C) 对纱线条环匀率 $U\%$ 的影响。在相同的 R/F 细纱机上纺制三种不同支数的纱线进行实验,见表7-53。对以下数据进行分析并得出结论。

表7-53 2^3 析因实验结果

20^s	40^s	60^s
(b)12.8	(ab)11.0	(c)16.5
(1)14.2	(c)11.5	(abc)15.5
(ab)13.2	(b)9.5	(b)12.0
(a)12.2	(1)12.8	(a)11.2
(c)14.5	(abc)9.0	(1)15.5
(ac)12.2	(a)11.5	(ac)12.4
(abc)13.4	(bc)12.5	(bc)10.0
(bc)14.2	(ac)9.8	(ab)15.2

19. 一染料厂生产某种产品,需要找出影响收率的因素。对这三个因素各取三种水平,列于表7-54,用 $L_9(3^4)$ 表安排9次试验,试验结果见表7-55。假设没有交互作用。在 $\alpha=0.05$ 下检验各个因素对收率有无显著影响?

表 7-54　三因素三水平表

因素	温度/℃	加碱量/kg	催化剂种类
1 水平	80	35	甲
2 水平	85	48	乙
3 水平	90	55	丙

表 7-55　$L_9(3^4)$ 试验结果

试验号	1 温度	2 加碱量	3 催化剂种类	收率/%
1	1	1	1	51
2	1	2	2	71
3	1	3	3	58
4	2	1	2	82
5	2	2	3	69
6	2	3	1	59
7	3	1	3	77
8	3	2	1	85
9	3	3	2	84

20. 做浆纱试验,考虑三个因素:卷取速度、浓度、用浆量。为了检验它们对产量的影响,每个因素取二种水平,具体水平见表 7-56。

表 7-56　三因素二水平表

因素	卷取速度	浓度/%	用浆量/kg
1 水平	低	15	8
2 水平	高	25	12

用 $L_8(2^7)$ 表安排 8 次试验。试验结果见表 7-57。

表 7-57　$L_8(2^7)$ 试验结果

试验号	1 卷取速度	2 浓度	3 用浆量	浆纱量/kg
1	1	1	1	600
2	1	1	2	613.3
3	1	2	1	600.6
4	1	2	2	606.6
5	2	1	1	674
6	2	1	2	746.6
7	2	2	1	688
8	2	2	2	686.6

在 $\alpha=0.05$ 下检验各因素及每两个因素交互作用对浆纱量有无显著影响?

21. 某编织车间研究工艺参数对编织物质量的影响,试验选用的因素水平见表7-58。

表7-58 试验选用的因素水平表

水平	因素			
	A	B	C	D
1	300	20	50	1.5
2	500	28	100	2.5
3	700	35	150	3.5

根据以往经验,因素 D 和其他三个因素交互作用不大,可以忽略。只需要考虑 $A \times B$, $B \times C$, $A \times C$ 的交互作用。

要求:(1)进行表头设计;

(2)排出试验方案。

习题七答案

第8章 线性回归分析

在纺织领域中,一个变量(如纱线的拉伸断裂强力),通常和其他变量(如纱线的成分比例、线密度、捻度等)存在一定的联系,一般来说,变量之间的关系可以分为两类:一类是确定的关系,或已经发现了的关系,呈现为数学、物理模型的形式;另一类是非确定的关系,或尚未发现的关系。例如,纱线的线密度和断裂强力之间有密切的关系,但因为受其他因素影响,尚未能用合适的数学函数关系表达出来。又如,织物的结构紧密度与织物的透气性之间有一定的关系,同样也不能用函数关系来表达,变量之间的这种非确定性关系一般称为相关关系。

对于具有相关关系的变量,虽然尚未找到它们之间的精确函数表达式,但它们之间的关系往往通过数值之间的关联性表示出来。通过大量的观测数据,可以发现它们之间存在一定的统计规律性,数理统计中,研究变量之间相关关系的一种常规、有效方法就是回归分析。

8.1 线性回归参数的最小二乘估计

设有两个变量 X 与 Y,其中 X 是可以精确测量或控制的非随机变量,通常称为自变量,而 Y 是随自变量变换而变化的随机变量,称为因变量。研究自变量可控时变量间的关系称为回归分析。

设进行 n 次独立的试验,测得试验数据见表 8-1。

表 8-1 测试试验数据

X	x_1	x_2	x_3	$\cdots$	x_n
Y	y_1	y_2	y_3	$\cdots$	y_n

其中,x_i 及 $y_i(i=1,2,\cdots,n)$ 分别是自变量 X 和随机变量 Y 在第 i 次试验中的观测值。为获得两个变量的数据之间的初步关系直观印象,通常先把点 (x_i,y_i) 画在直角坐标平面上,得到散点图。图 8-1 显示为一份试样的观察值散点图,显示 Y 和 X 具有一定的相关关系。现在的问题是,如何用"最佳的"形式来表达变量 Y 与 X 之间的相关关系?

比较合理的做法就是,取 $X=x$ 时随机变量 Y 的数学期望 $E(Y)|_{X=x}$ 作为 $X=x$ 时 Y 的估计值,即

$$\hat{y} = \hat{Y}|_{X-x} = E(Y)|_{X=x} \tag{8-1}$$

可以看到,当 x 变化时,$E(Y)|_{X=x}$ 是 x 的函数,记作

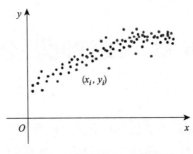

图 8-1　观察值(x_i, y_i)散点图

$$\mu(x) = E(Y)\big|_{X=x} \tag{8-2}$$

于是,可以用一个确定的函数关系式(8-3)大致地描述 Y 与 X 之间的相关关系

$$\hat{y} = \mu(x) \tag{8-3}$$

函数 $\mu(x)$ 称为 Y 关于 X 的回归函数,方程(8-3)称为 Y 关于 X 的回归方程。回归方程反映了 Y 的数学期望 $E(Y)$ 随 X 的变化而变化的规律性。

然而,要找到合适的回归函数 $\mu(x)$ 并不容易,通常总是假设 $\mu(x)$ 为某一类型的函数。选择函数 $\mu(x)$ 的类型有两类方法,一是物理模型,由与被研究问题的本质相关的物理假设来推演确定函数 $\mu(x)$ 的类型;二是经验模型,在没有找到现有理论可供参考的情况下,根据在试验结果中得到的数据之间的关系来设定函数 $\mu(x)$ 的类型。在确定了函数 $\mu(x)$ 的类型后,就可以设

$$\mu(x) = \mu(x; a_1, a_2, \cdots, a_k) \tag{8-4}$$

其中 $a_1, a_2, \cdots, a_k$ 为未知参数。

下一步的问题是:如何根据试验数据合理地选择 $a_1, a_2, \cdots, a_k$ 的估计值 $\hat{a}_1, \hat{a}_2, \cdots, \hat{a}_k$,使方程

$$\hat{y} = \mu(x; \hat{a}_1, \hat{a}_2, \cdots, \hat{a}_k) \tag{8-5}$$

在一定意义下"最佳地"表现变量 Y 与 X 之间的相关关系。

解决上述问题的常用方法是"最小二乘法":为了使观测值 (x_i, y_i) $(i=1, 2, \cdots, n)$ 出现的可能性最大,应当适当选取 $\mu(x; a_1, a_2, \cdots, a_k)$ 中的参数 $a_1, a_2, \cdots, a_k$,使得观测值 y_i 与相应的函数值 $\mu(x_i; a_1, a_2, \cdots, a_k)$ 的偏差平方和为最小,即

$$S = \sum_{i=1}^{n} [y_i - \mu(x_i; \hat{a}_1, \hat{a}_2, \cdots, \hat{a}_k)]^2 \tag{8-6}$$

取最小值。这是最小二乘法的概率意义。

在等式(8-6)中,分别求 S 对 $a_1, a_2, \cdots, a_k$ 的偏导数,并令它们等于零,得

$$
\begin{cases}
\sum_{i=1}^{n} \left[y_i - \mu(x_i; a_1, a_2, \cdots, a_k) \right] \dfrac{\partial}{\partial a_1} \mu(x_i; a_1, a_2, \cdots, a_k) = 0 \\[2mm]
\sum_{i=1}^{n} \left[y_i - \mu(x_i; a_1, a_2, \cdots, a_k) \right] \dfrac{\partial}{\partial a_2} \mu(x_i; a_1, a_2, \cdots, a_k) = 0 \\[2mm]
\cdots\cdots \\[2mm]
\sum_{i=1}^{n} \left[y_i - \mu(x_i; a_1, a_2, \cdots, a_k) \right] \dfrac{\partial}{\partial a_k} \mu(x_i; a_1, a_2, \cdots, a_k) = 0
\end{cases}
\tag{8-7}
$$

解方程组(8-7),求出参数 $a_1, a_2, \cdots, a_k$ 的估计值,代入方程(8-5),即可得到回归方程。一般来说,解方程组(8-7)较为困难,仅当函数 $\mu(x; a_1, a_2, \cdots, a_k)$ 是未知参数 $a_1, a_2, \cdots, a_k$ 的线性函数时,这时,方程组(8-7)是关于 $a_1, a_2, \cdots, a_k$ 的线性方程组,可以比较容易地求出这些参数的估计值。

现在讨论在随机变量 Y 与自变量 X 之间存在线性相关关系的情况下,确定回归函数 $\mu(x)$ 中未知参数的值。

设随机变量 Y 与自变量 X 之间存在线性相关关系,则

$$
\hat{y} = a + bx + \varepsilon
\tag{8-8}
$$

其中 $\varepsilon \sim N(0, \sigma^2)$, a, b, σ 为常数值。

当 x 取定值时,有

$$
Y \sim N(a + bx, \sigma^2)
\tag{8-9}
$$

记为 $\hat{y}(x) = E(Y \mid x)$,因此,有 $\hat{y}(x) = a + bx$。上式称为随机变量 Y 对自变量 X 的回归方程;b 称为回归方程的回归系数。

当 $\hat{y}(x)$ 为 X 的线性函数时,称为线性回归,否则称为非线性回归。按最小二乘法确定未知参数 a 和 b 时,有偏差平方和

$$
S = \sum_{i=1}^{n} (y_i - a - bx_i)^2
\tag{8-10}
$$

为了使 S 取得最小值,分别求 S 对 a 和 b 的偏导数,并令它们等于零,得

$$
\begin{cases}
\sum_{i=1}^{n} (y_i - a - bx_i) = 0 \\[2mm]
\sum_{i=1}^{n} (y_i - a - bx_i)x_i = 0
\end{cases}
\tag{8-11}
$$

整理得

$$\begin{cases} na + \left(\sum_{i=1}^{n} x_i \right) b = \sum_{i=1}^{n} y_i \\ \left(\sum_{i=1}^{n} x_i \right) a + \left(\sum_{i=1}^{n} x_i^2 \right) b = \sum_{i=1}^{n} x_i y_i \end{cases} \tag{8-12}$$

解方程组(8-12)得

$$\begin{cases} \hat{a} = \bar{y} - \hat{b}\bar{x} \\ \hat{b} = \dfrac{l_{xy}}{l_{xx}} \end{cases} \tag{8-13}$$

上式中

$$\bar{x} = \frac{1}{n} \sum_{i=1}^{n} x_i \tag{8-14}$$

$$\bar{y} = \frac{1}{n} \sum_{i=1}^{n} y_i \tag{8-15}$$

$$l_{xx} = \sum_{i=1}^{n} (x_i - \bar{x})^2 = (n-1)s_x^2 \tag{8-16}$$

其中，s_x^2 是观测值 $x_1, x_2, \cdots, x_n$ 的样本方差。

$$l_{xy} = \sum_{i=1}^{n} (x_i - \bar{x})(y_i - \bar{y}) = \sum_{i=1}^{n} x_i y_i - n\bar{x} \cdot \bar{y} \tag{8-17}$$

为了以后进一步分析的需要，再引进

$$l_{yy} = \sum_{i=1}^{n} (y_i - \bar{y})^2 = (n-1)s_y^2 \tag{8-18}$$

其中，s_y^2 是观测值 $y_1, y_2, \cdots, y_n$ 的样本方差。

将由式(8-13)计算得到的 $\hat{a}$ 及 $\hat{b}$ 的值代入式(8-8)，就得到所求的线性方程

$$\hat{y} = \hat{a} + \hat{b}x \tag{8-19}$$

即为 Y 关于 X 的线性回归方程，$\hat{b}$ 称为回归系数的估计值，对应的直线称为回归直线。

例8-1　有一系列纯棉坯布样品，从中取了15份样品，分别测试其厚度 X(单位：mm)

和平方米重 Y(单位：g/m²)，测试数据见表8-2，求平方米重 Y 关于厚度 X 的线性回归方程。

表8-2　纯棉坯布样品厚度和平方米重测试数据

X	0.69	0.44	0.31	0.38	0.35	0.43	0.48	0.35	0.41	0.98
Y	233	210	167	202	167	216	224	181	194	300

解：X 样本均值为：$\bar{x} = \dfrac{1}{n} \sum\limits_{i=1}^{n} x_i = 0.482$，$Y$ 样本均值为：$\bar{y} = \dfrac{1}{n} \sum\limits_{i=1}^{n} y_i = 209.4$；

并计算得到：$\qquad l_{xx} = 0.376, l_{xy} = 68.13, l_{yy} = 13716.4$

根据式(8.13)计算得到线性回归系数 a 和 b 的估计值：

$$\hat{a} = 122.00, \hat{b} = 181.32$$

因此，得到平方米重 Y 关于厚度 X 的线性回归方程为：$\hat{y} = 122.00 + 181.32x$。

把估计值 $\hat{a}, \hat{b}$ [公式 8-13]代入回归方程(8-19)得到

$$\hat{y} = \hat{a} + \hat{b}x = \bar{y} + \hat{b}(x - \bar{x}) \tag{8-20}$$

上式称为 Y 对 X 的经验回归直线方程，它表明对于子样观测值 $(x_1, y_1), (x_2, y_2), \cdots, (x_n, y_n)$，经验回归直线通过散点图的几何中心 $(\bar{x}, \bar{y})$。

图 8-2 显示子样观测值的散点图、回归直线 $\hat{y} = \hat{a} + \hat{b}x$ 以及散点图几何中心 $(\bar{x}, \bar{y})$ 在平面直角坐标系中的相对位置。

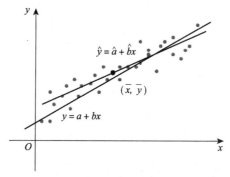

图 8-2　回归直线 $\hat{y} = \hat{a} + \hat{b}x$ 通过散点图的几何中心

8.2　一元线性回归中统计量的分布

从 8.1 节得到随机变量 Y 关于 X 的线性回归方程 $\hat{y} = \hat{a} + \hat{b}x$，并根据式(8-13)可以计算得到 a 和 b 的估计值 $\hat{a}$ 和 $\hat{b}$。可以知道，$\hat{a}$ 及 $\hat{b}$ 取值于 X 和 Y 的样本数据，是由最小二乘法计算得到的统计量，有必要研究样品统计量 $\hat{a}$ 和 $\hat{b}$ 的分布，从而对回归值的估计进行统计推断。

定理 8-1　$E(\hat{b}) = b, D(\hat{b}) = \dfrac{\sigma^2}{l_{xx}}$ $\qquad\qquad\qquad\qquad\qquad\qquad$ (8-21)

证：从式(8-9)可以知道 $y_i \sim N(a + bx_i, \sigma^2)$ $(i = 1, 2, \cdots, n)$，$y_1, y_2, \cdots, y_n$ 相互独立，所以

$$E(y_i) = a + bx_i, D(y_i) = \sigma^2 (i = 1, 2, \cdots, n)$$

$$E(\bar{y}) = E\left(\frac{1}{n}\sum_{i=1}^{n} y_i\right) = \frac{1}{n}\sum_{i=1}^{n} E(y_i) = \frac{1}{n}\sum_{i=1}^{n} E(a + bx_i) = a + b\bar{x}$$

$$D(\bar{y}) = D\left(\frac{1}{n}\sum_{i=1}^{n} y_i\right) = \frac{1}{n^2}\sum_{i=1}^{n} D(y_i) = \frac{1}{n^2}\sum_{i=1}^{n} \sigma^2 = \frac{\sigma^2}{n}$$

$$E(\hat{b}) = E\left(\frac{l_{xy}}{l_{xx}}\right) = E\left[\frac{\sum_{i=1}^{n}(x_i - \bar{x})(y_i - \bar{y})}{l_{xx}}\right] = \frac{\sum_{i=1}^{n}(x_i - \bar{x})E[(y_i - \bar{y})]}{l_{xx}} = \frac{\sum_{i=1}^{n}(x_i - \bar{x})b(x_i - \bar{x})}{l_{xx}} = b$$

$$D(\hat{b}) = D\left(\frac{l_{xy}}{l_{xx}}\right) = D\left[\frac{\sum_{i=1}^{n}(x_i - \bar{x})(y_i - \bar{y})}{l_{xx}}\right] = \frac{D\left[\sum_{i=1}^{n}(x_i - \bar{x})y_i - \bar{y}\sum_{i=1}^{n}(x_i - \bar{x})\right]}{l_{xx}}$$

$$= \frac{\sum_{i=1}^{n}(x_i - \bar{x})^2 D(y_i)}{l_{xx}^2} = \frac{\sum_{i=1}^{n}(x_i - \bar{x})^2 \sigma^2}{l_{xx}^2} = \frac{\sigma^2}{l_{xx}}$$

定理 8-2　$\mathrm{cov}(\bar{y}, \hat{b}) = 0$ (8-22)

证：由于 $y_1, y_2, \cdots, y_n$ 相互独立，所以 $\mathrm{cov}(y_i, y_j) = \begin{cases} D(y_i) & i = j \\ 0 & i \neq j \end{cases}$

因此

$$\mathrm{cov}(\bar{y}, \hat{b}) = \mathrm{cov}\left(\frac{\sum_{i=1}^{n} y_i}{n}, \frac{\sum_{i=1}^{n}(x_i - \bar{x})y_i}{l_{xx}}\right) = \frac{\sum_{i=1}^{n}(x_i - \bar{x})D(y_i)}{nl_{xx}}$$

$$= \frac{\sum_{i=1}^{n}(x_i - \bar{x})\sigma^2}{nl_{xx}} = \frac{\left(\sum_{i=1}^{n} x_i - \bar{x}\right)\sigma^2}{nl_{xx}} = 0$$

定理 8-3　$E(\hat{a}) = a, D(\hat{a}) = \left(\frac{1}{n} + \frac{\bar{x}^2}{l_{xx}}\right)\sigma^2$ (8-23)

证：$E(\hat{a}) = E(\bar{y} - \hat{b}\bar{x}) = E(\bar{y}) - E(\hat{b})\bar{x} = (a + b\bar{x}) - b\bar{x} = a$
由此可知，$\hat{a}$ 是 a 的无偏估计值。

$$D(\hat{a}) = D(\bar{y} - \hat{b}\bar{x}) = \mathrm{cov}(\bar{y} - \hat{b}\bar{x}, \bar{y} - \hat{b}\bar{x})$$

$$= \mathrm{cov}(\bar{y}, \bar{y}) - 2\mathrm{cov}(\bar{y}, \hat{b})\bar{x} + \mathrm{cov}(\hat{b}, \hat{b})\bar{x}^2 = D(\bar{y}) - 0 + D(\hat{b})\bar{x}^2$$

$$= \frac{\sigma^2}{n} + \frac{\sigma^2}{l_{xx}}\bar{x}^2 = \left(\frac{1}{n} + \frac{\bar{x}^2}{l_{xx}}\right)\sigma^2$$

定理 8-4　回归系数的分布 $\hat{b} \sim N\left(b, \dfrac{\sigma^2}{l_{xx}}\right)$，$\hat{a} \sim N\left[a, \left(\dfrac{1}{n} + \dfrac{\bar{x}^2}{l_{xx}}\right)\sigma^2\right]$。　　　(8-24)

证：因为 $\hat{b} = \dfrac{l_{xy}}{l_{xx}} = \dfrac{\sum\limits_{i=1}^{n}(x_i - \bar{x})y_i}{l_{xx}}$ 和 $\hat{a} = \bar{y} - \hat{b}\bar{x}$ 都是 $y_1, y_2, \cdots, y_n$ 的线性函数，而 $y_1, y_2, \cdots, y_n$ 相互独立，都服从正态分布，所以 $\hat{a}$ 和 $\hat{b}$ 也都服从正态分布。

由定理 8-1 可知，$E(\hat{b}) = b$，$D(\hat{b}) = \dfrac{\sigma^2}{l_{xx}}$，因此，$\hat{b} \sim N\left(b, \dfrac{\sigma^2}{l_{xx}}\right)$。

由定理 8-3 可知，$E(\hat{a}) = a$，$D(\hat{a}) = \left(\dfrac{1}{n} + \dfrac{\bar{x}^2}{l_{xx}}\right)\sigma^2$，因此，$\hat{a} \sim N\left(a, \left(\dfrac{1}{n} + \dfrac{\bar{x}^2}{l_{xx}}\right)\sigma^2\right)$。

定理 8-5　随机变量 Y 的观测值与估计值的偏差平方和，也称为剩余平方和，或残差平方和，是公式(8-10)给出的偏差平方和 S 的最小值 $Se = \sum\limits_{i=1}^{n}(y_i - \hat{a} - \hat{b}x_i)^2$，则有

$$\dfrac{Se}{\sigma^2} \sim \chi^2(n-2)，且 Se, \hat{b}, \bar{y} 相互独立。$$　　　(8-25)

证：当变量 X 取值 x_i 时，Y 的观测值与估计值的差值

$$\varepsilon_i = y_i - \hat{y}_i = y_i - a - bx_i, i = 1, 2, \cdots, n$$

所以 $\bar{\varepsilon} = \dfrac{1}{n}\sum\limits_{i=1}^{n}\varepsilon_i = \dfrac{1}{n}\sum\limits_{i=1}^{n}(y_i - a - bx_i) = \bar{y} - a - b\bar{x}$

$$\sum\limits_{i=1}^{n}(\varepsilon_i - \bar{\varepsilon})^2 = Se + (\hat{b} - b)^2 l_{xx}$$

因为 $\varepsilon_i \sim N(0, \sigma^2)$，$i = 1, 2, \cdots, n$，$\varepsilon_1, \varepsilon_2, \cdots, \varepsilon_n$ 相互独立，所以 $\dfrac{\varepsilon_i}{\sigma} \sim N(0, 1)$，$i = 1, 2, \cdots, n$，$\dfrac{\varepsilon_1}{\sigma}, \dfrac{\varepsilon_2}{\sigma}, \cdots, \dfrac{\varepsilon_n}{\sigma}$ 相互独立。

$$\sum\limits_{i=1}^{n}\left(\dfrac{\varepsilon_i}{\sigma}\right)^2 = \dfrac{\sum\limits_{i=1}^{n}\varepsilon_i^2}{\sigma^2} = \dfrac{\sum\limits_{i=1}^{n}(\varepsilon_i - \bar{\varepsilon})^2 + n\bar{\varepsilon}^2}{\sigma^2} = \dfrac{Se + (\hat{b} - b)^2 l_{xx} + n\bar{\varepsilon}^2}{\sigma^2}$$

$$= \dfrac{Se}{\sigma^2} + \dfrac{(\hat{b} - b)^2 l_{xx}}{\sigma^2} + \dfrac{n\bar{\varepsilon}^2}{\sigma^2} = Q_1 + Q_2 + Q_3$$

其中 $Q_1 = \dfrac{Se}{\sigma^2} = \dfrac{\sum\limits_{i=1}^{n}(y_i - \hat{a} - \hat{b}x_i)^2}{\sigma^2}$ 是 n 项的平方和，但因为 $\hat{a}, \hat{b}$ 是方程(8-11)的解，所以这 n 项又满足 2 个线性关系式：

$$\sum\limits_{i=1}^{n}(y_i - \hat{a} - \hat{b}x_i) = 0; \sum\limits_{i=1}^{n}x_i(y_i - \hat{a} - \hat{b}x_i) = 0$$

所以 Q_1 的自由度 $f_1 = n-2$。

$Q_2 = \dfrac{(\hat{b}-b)^2 l_{xx}}{\sigma^2} = \left(\dfrac{\hat{b}-b}{\sigma}\sqrt{l_{xx}}\right)^2$ 是 1 项的平方，所以 Q_2 的自由度 $f_2 = 1$。

$Q_3 = \left(\dfrac{\bar{\varepsilon}\sqrt{n}}{\sigma}\right)^2$ 是 1 项的平方，所以 Q_3 的自由度 $f_3 = 1$。

因为 $f_1 + f_2 + f_3 = n$，所以由 Cochran 定理可知：

$$Q_1 = \frac{Se}{\sigma^2} \sim \chi^2(n-2), \quad Q_2 = \left(\frac{\hat{b}-b}{\sigma}\sqrt{l_{xx}}\right)^2 \sim \chi^2(1), \quad Q_3 = \left(\frac{\bar{\varepsilon}\sqrt{n}}{\sigma}\right)^2 \sim \chi^2(1)$$

且 Q_1, Q_2, Q_3 相互独立，即 $Se, \hat{b}, \bar{y}$ 相互独立。

并且可以推导得到剩余平方和 Se 的计算公式

$$Se = \sum_{i=1}^{n}(y_i - \hat{a} - \hat{b}x_i)^2 = l_{yy} - \frac{l_{xy}^2}{l_{xx}} \tag{8-26}$$

定理 8-6　剩余平方和的数学期望 $E(Se) = (n-2)\sigma^2$，$E(\hat{\sigma}^2) = \sigma^2$，即 $\hat{\sigma}^2 = \dfrac{Se}{n-2}$ 是 σ^2 的无偏估计。证明从略。

在 8.1 节，用最小二乘法计算了 a 和 b 的估计值，下面计算 σ^2 的估计值。

（1）矩估计

由于 $\sigma^2 = D(\varepsilon) = E(\varepsilon^2)$，所以用 $\dfrac{1}{n}\sum_{i=1}^{n}\varepsilon_i^2$ 来估计 σ^2。其中 $\varepsilon_i = y_i - a - bx_i$，因此 σ^2 的估计量为

$$\hat{\sigma}^2 = \frac{1}{n}\sum_{i=1}^{n}(y_i - \hat{a} - \hat{b}x_i)^2 \tag{8-27}$$

$\hat{\sigma}^2$ 可以进一步简化计算如下。取最小剩余方差

$$Q_{\min} = \sum_{i=1}^{n}(y_i - \hat{y}_i)^2 = \sum_{i=1}^{n}(y_i - \hat{a} - \hat{b}x_i)^2$$

$$= \sum_{i=1}^{n}(y_i - \bar{y} + \hat{b}\bar{x} - \hat{b}x_i)^2 = \sum_{i=1}^{n}[(y_i - \bar{y}) - \hat{b}(x_i - \bar{x})]^2$$

$$= \sum_{i=1}^{n}(y_i - \bar{y})^2 - 2\hat{b}\sum_{i=1}^{n}(x_i - \bar{x})(y_i - \bar{y}) + \hat{b}^2\sum_{i=1}^{n}(x_i - \bar{x})^2$$

由此得
$$Q_{\min} = \sum_{i=1}^{n}(y_i - \bar{y})^2 - \hat{b}^2\sum_{i=1}^{n}(x_i - \bar{x})^2 = l_{yy} - \hat{b}l_{xy} \tag{8-28}$$

由此得到

$$\hat{\sigma}^2 = \frac{Q_{\min}}{n-2}，且有 E(\hat{\sigma}^2) = E\left(\frac{Q_{\min}}{n-2}\right) = \sigma^2，因此，\hat{\sigma}^2 是 \sigma^2 的无偏估计量。$$

（2）无偏估计

根据定理 8-6，及方程（8-28），可以计算得到 σ^2 的无偏估计量

$$\hat{\sigma}^2 = \frac{Se}{n-2} = \frac{1}{n-2}\sum_{i=1}^{n}(y_i - \bar{y})^2 - \hat{b}^2 \frac{1}{n-2}\sum_{i=1}^{n}(x_i - \bar{x})^2 = \frac{1}{n-2}(l_{yy} - \hat{b}l_{xy}) \quad (8\text{-}29)$$

例 8-2　对例 8-1 中的数据，计算 σ^2 的估计值 $\hat{\sigma}^2$。

解： σ^2 的无偏估计量计算为

$$\hat{\sigma}^2 = \frac{1}{n-2}(l_{yy} - \hat{b}l_{xy}) = \frac{1}{10-2}(13716.4 - 181.32 \times 68.13) = 170.36$$

定理 8-7　$T_{\text{b}} = \frac{\hat{b}-b}{\hat{\sigma}}\sqrt{l_{xx}} \sim t(n-2), T_{\text{a}} = \frac{\hat{a}-a}{\hat{\sigma}\sqrt{\frac{1}{n}+\frac{\bar{x}^2}{l_{xx}}}} \sim t(n-2)$　　（8-30）

其中，剩余标准差 $\hat{\sigma}$ 可计算为 $\hat{\sigma} = \sqrt{\dfrac{Se}{n-2}} = \sqrt{\left(l_{yy} - \dfrac{l_{xy}^2}{l_{xx}}\right)/(n-2)}$

由定理 8-4 可知：$\hat{b} \sim N\left(b, \dfrac{\sigma^2}{l_{xx}}\right)$，因此，有统计量 $u = \dfrac{\hat{b}-b}{\sqrt{\sigma^2/l_{xx}}} \sim N(0,1)$。

由定理 8-5 和定理 8-6 可知：$\chi^2 = \dfrac{Se}{\sigma^2} = \dfrac{(n-2)\hat{\sigma}^2}{\sigma^2} \sim \chi^2(n-2)$，且 $Se, \hat{b}$ 相互独立，因此，统计量 u 和 χ^2 相互独立。由 t 分布定义得

$$T_{\text{b}} = \frac{u}{\sqrt{\chi^2/(n-2)}} = \frac{\hat{b}-b}{\hat{\sigma}}\sqrt{l_{xx}} \sim t(n-2)$$

同样方法可以证明 $T_{\text{a}} = \dfrac{\hat{a}-a}{\hat{\sigma}\sqrt{\dfrac{1}{n}+\dfrac{\bar{x}^2}{l_{xx}}}} \sim t(n-2)$。

上述定理 8-1 到定理 8-7 中所涉及的统计量及分布，是一元线性回归中对随机变量 Y 进行预测和区间估计、对回归系数进行精确度估计的基础。

8.3　线性回归的显著性检验

8.3.1　线性相关性检验

在 8.1 节讨论了如何根据试验数据求得线性回归方程。然而，实际上，对于 X 与 Y 的任何

一组试验数据(x_i, y_i) $(i=1,2,\cdots,n)$,只要$x_1, x_2, \cdots, x_n$不全相等,则无论Y与X之间是否存在线性相关关系,都可以按上述计算方法写出一个线性回归方程。只有当Y与X之间存在线性相关关系时,这样的线性回归方程才是有意义的;如果Y与X之间根本不存在线性相关关系,则这样写出来的方程就毫无意义了。

因此,需要先判断Y与X之间是否存在线性相关关系。判断变量Y与X是否存在线性相关性,检验线性相关关系的显著性,通常有三种方法:t检验,F检验和相关系数检验法。

检验Y与X之间是否具有线性相关性,相当于检验原假设:$H_0 : b = 0$。

如果否定原假设H_0,即$H_0 : b \neq 0$,则X与Y线性相关;如果接受原假设$H_0 : b = 0$,则X与Y不具有线性相关性。

检验方法一:t检验法

根据8.2节定理8-7:$T_b = \dfrac{\hat{b} - b}{\hat{\sigma}} \sqrt{l_{xx}} \sim t(n-2)$,可知对原假设$H_0 : b = 0$的拒绝域为:$|T_b| > t_{\alpha/2}(n-2)$。

若$H_0 : b = 0$为真,则$T_b = \dfrac{\bar{a}}{\hat{\sigma}} \sqrt{l_{xx}} \sim t(n-2)$,从观测数据求出统计量$T_b$,根据设定的显著性水平$\alpha$,查表得到$\alpha$分位点$t_{\alpha/2}(n-2)$。若达到条件$|T_b| > t_{\alpha/2}(n-2)$,则拒绝原假设$H_0$,即认为$X$与$Y$线性相关;否则,认为$X$与$Y$不具有线性相关性。

例8-3 实验室测试一款全棉斜纹牛仔面料的表面摩擦性能,将面料试样的一面与转动的摩擦辊表面进行摩擦,改变摩擦辊的转速X(单位:mm/s),测量得到反映动摩擦力变化的摩擦因数Y(单位:%)数据,汇总数据见表8-3。

表8-3 摩擦辊转数与摩擦因数数据

X	1	2	3	4	5	6	7	8	9	10
Y	0.09	0.11	0.14	0.16	0.23	0.29	0.31	0.37	0.41	0.45

(1)请采用t检验方法判断该类型面料试样的摩擦因数Y与摩擦辊转速X是否具有线性相关性(显著性水平为0.05)。

(2)如果有线性相关性,求摩擦因数Y与摩擦辊转速X的线性回归方程。

解:(1)$\bar{x} = 5.5$;$\bar{y} = 0.256$;$l_{xx} = 82.5$,$l_{yy} = 0.15$,$l_{xy} = 3.5$

计算得
$$\hat{b} = \frac{l_{xy}}{l_{xx}} = 0.042$$

$$\hat{\sigma} = \sqrt{\frac{Se}{n-2}} = \sqrt{\left(l_{yy} - \frac{l_{xy}^2}{l_{xx}}\right) / (n-2)} = 0.016, \quad T_b = \frac{\hat{b}}{\hat{\sigma}} \sqrt{l_{xx}} = 23.84$$

查表得
$$T_{\alpha/2}(n-2) = T_{0.025}(8) = 2.31$$

因为$T_b > T_{0.025}(8)$,所以可以证明试样的摩擦因数Y与摩擦辊转速X具有线性相关性。

(2)计算得$\hat{a} = 0.023$,$\hat{b} = 0.042$,从而得到摩擦因数Y关于摩擦辊转速X的线性回归方程：$y = 0.023 + 0.042x$。

例8-4 对例8-1的数据，请采用 t 检验法分析平方米重 Y（单位：g/m^2）和厚度 X（单位：mm）是否具有线性相关性（显著性水平为 0.05）。

解： 计算 t 统计量得

$$T_b = \frac{\hat{b}}{\hat{\sigma}}\sqrt{l_{xx}} = \frac{181.32}{\sqrt{170.36}}\sqrt{0.376} = 8.52，查表得 T_{0.025}(8) = 2.31$$

因为 $T_b > T_{0.025}(8)$，所以可以证明平方米重 Y 和厚度 X 具有线性相关性。

检验方法二：F 检验法。

取统计量 F，令 $F = T_b^2 = \left(\frac{\hat{b}-b}{\hat{\sigma}}\sqrt{l_{xx}}\right)^2 \sim F(1, n-2)$，对于给定的显著性水平 α，统计量 F 对原假设的 H_0 的拒绝域为 $F > F_a(1, n-2)$。

若 $H_0 : b = 0$ 为真，计算 $F = \left(\frac{\hat{b}}{\hat{\sigma}}\sqrt{l_{xx}}\right)^2$，查表得到 α 分位点 $F_\alpha(1, n-2)$。若条件 $F > F_a(1, n-2)$ 满足，则拒绝原假设 H_0，即认为 X 与 Y 线性相关；否则，认为 X 与 Y 不具有线性相关性。

显著性水平 α 通常取两个值 0.05 和 0.01。如果 $F > F_{0.05}(1, n-2)$，可认为变量 X 与 Y 线性相关性显著；如果 $F > F_{0.01}(1, n-2)$，则认为 X 与 Y 的线性相关性特别显著。

例8-5 某真丝企业设计开发了系列真丝面料，采用统一的经纬纱线，但对组织紧密度 X（单位：%）分别做了调整，织制了系列面料试样，测试其克重 Y（单位：g/cm^2）数据，见表8-4。

表8-4 真丝面料克重

X	92	101	106	105	105	85	78	103	84	90
Y	155	160	187	174	177	143	129	166	140	150

（1）请采用 F 检验方法判断该类型面料试样的克重 Y 与组织紧密度 X 是否具有线性相关性。

（2）如果有线性相关性，求克重 Y（g/cm^2）关于组织紧密度 X（%）的线性回归方程。

解： （1）$\bar{x} = 94.9, \bar{y} = 158.1; l_{xx} = 964.9, l_{yy} = 2988.9, l_{xy} = 1635.1$

计算得

$$F = \left(\frac{\hat{b}}{\hat{\sigma}}\sqrt{l_{xx}}\right)^2 = \frac{l_{xy}^2(n-2)}{l_{xx}l_{yy} - l_{xy}^2} = 101.6$$

查表得

$$F_{0.05}(1,8) = 5.32; F_{0.01}(1,8) = 11.26$$

因为 $F > F_{0.01}(1,8)$，所以，可以证明试样的克重 Y 与组织紧密度 X 线性相关性非常显著。

（2）计算得 $\hat{a} = -2.72, \hat{b} = 1.69$，从而得到克重 Y 关于组织紧密度 X 的线性回归方程：$y = -2.72 + 1.69x$。

检验方法三：相关系数法。

利用相关系数对线性回归进行显著性检验,是较为常见的方法。变量 Y 与 X 的相关系数 $R(X,Y)$ 是表示两者之间线性相关性的一个数字特征。可以通过考察相关系数 $R(X,Y)$ 的大小来检验 Y 与 X 之间的线性相关关系是否显著。

若相关系数 $R(X,Y)$ 的绝对值很小,则表明 Y 对 X 之间的线性相关关系不显著,或者不存在线性相关关系;当相关系数 $R(X,Y)$ 的绝对值较大(接近于 1)时,才表明 Y 与 X 之间的线性相关关系显著。

两个总体 X 和 Y 的相关系数 $R(X,Y)$ 通常是未知的,可以通过试验数据计算 X 与 Y 的样本相关系数 r 作为相关系数 $R(X,Y)$ 的估计值。用样本均值与样本二阶中心矩分别作为待观测总体数学期望与方差的估计值,X 与 Y 的样本相关系数 r 可通过公式(8-31)计算

$$r = \widehat{R}(X,Y) = \frac{\sum_{i=1}^n (x_i - \bar{x})(y_i - \bar{y})}{\sqrt{\sum_{i=1}^n (x_i - \bar{x})^2 \sum_{i=1}^n (y_i - \bar{y})^2}} = \frac{l_{xy}}{\sqrt{l_{xx}l_{yy}}} \tag{8-31}$$

根据试验数据 $(x_i,y_i)(i=1,2,\cdots,n)$,计算出 l_{xx},l_{yy} 和 l_{xy} 后,可由上述公式计算得到样品相关系数 r 的值。因为样品相关系数 r 是总体相关系数 $R(X,Y)$ 的估计值,所以 r 的绝对值越接近 1,Y 与 X 之间的线性相关关系越显著。当 $r>0$ 时,Y 与 X 为正相关;当 $r<0$ 时,Y 与 X 为负相关;当 r 的绝对值接近 0 时,则可以认为 Y 与 X 之间不存在线性相关关系。这时有两种可能情况:一是 Y 与 X 不相关;二是 Y 与 X 之间存在非线性相关关系。

样本相关系数 r 的绝对值究竟应当多大,才可认为 Y 与 X 之间的线性相关关系显著呢?要找到一个临界值,作为判断线性相关关系的参考点。样本相关系数 r 的临界值 r_a 依赖于显著性水平 α 和自由度 $n-2$,即 $r_a(n-2)$。

本书附表 5 给出了两个常用的显著性水平 $\alpha=0.05$ 和 $\alpha=0.01$ 下的相关系数显著性检验表。表中的数值是对应于自由度 $n-2$ 的相关系数的临界值 $r_a(n-2)$,其中 n 为样本容量(即试验次数)。由试验数据计算出样本相关系数 r 的值,因此:

(1)当 $|r| \leq r_{0.05}(n-2)$ 时,则认为 Y 与 X 之间的线性相关关系不显著,或者不存在线性相关关系;

(2)当 $r_{0.05}(n-2) < |r| \leq r_{0.01}(n-2)$ 时,认为 Y 与 X 之间的线性相关关系显著;

(3)当 $|r| > r_{0.01}(n-2)$ 时,则可以确定 Y 与 X 之间的线性相关关系特别显著。

例 8-6 有一份棉氨弹性针织面料,拟分析其拉伸弹性回复率 $Y(\%)$ 与拉伸定伸长率 $X(\%)$ 之间的关系,对该份试样开展了 9 次定伸长拉伸弹性试验,分别在给定的定伸长率 $X(\%)$ 下测试其弹性回复率 $Y(\%)$,测试数据见表 8-5。

表 8-5　不同定伸长率下的弹性回复率

定伸长率 X	0	5	10	15	20	25	30	35	40
弹性回复率 Y	100	97.97	97.59	96.90	93.48	92.02	91.90	91.85	90.88

（1）请采用相关系数法判断该类试样的弹性回复率 Y 与定伸长率 X 线性相关性是否显著（显著性水平为 $0.05,0.01$）。

（2）如果有线性相关性，求线性回归方程。

解：（1）$\bar{x}=20$，$\bar{y}=94.73$；$l_{xx}=1500$，$l_{yy}=91.19$，$l_{xy}=-355.5$

计算得　　　　　　　相关系数 $r=\dfrac{l_{xy}}{\sqrt{l_{xx}}\cdot\sqrt{l_{yy}}}=-0.9612$

查表得　　　　　　　$r_{0.05}(7)=0.666$；$r_{0.01}(7)=0.798$

因为 $|r|>r_{0.01}(7)$，所以可以证明试样的弹性回复率 Y 与定伸长率 X 线性相关性非常显著。

（2）计算得到 $\hat{a}=99.47$，$\hat{b}=-0.237$

弹性回复率 Y 关于定伸长率 X 的线性回归方程：$Y=99.47-0.237X$。

8.3.2　回归系数检验

检验假设：$H_0:b=b_0$；$H_1:b\neq b_0$，根据 8.2 节定理 8-7，选用检验统计量 $T_b=\dfrac{\hat{b}-b_0}{\hat{\sigma}}\sqrt{l_{xx}}\sim$ $t(n-2)$；当 $|T_b|>t_{\alpha/2}(n-2)$ 时，拒绝原假设，认为回归系数与 b_0 有显著差异，否则无显著差异。上述为双侧假设检验，也可以采用统计量 T_b 对回归系数 b 进行单侧假设检验，方法相同，只是拒绝域变为单侧。

例 8-7　对例 8-5，假设检验 $H_0:b=1.60$，显著性水平 $\alpha=0.01$。

解： 计算得到 $\bar{x}=94.9$，$\bar{y}=158.1$，$l_{xx}=964.9$，$l_{yy}=2988.9$，$l_{xy}=1635.1$

进一步计算得到 $\hat{b}=1.69$，$\hat{\sigma}=\sqrt{\dfrac{Se}{n-2}}=\sqrt{\left(l_{yy}-\dfrac{l_{xy}^2}{l_{xx}}\right)/(n-2)}=5.22$

计算检验统计量　$T_b=\dfrac{\hat{b}-b_0}{\hat{\sigma}}\sqrt{l_{xx}}=\dfrac{1.69-1.60}{5.22}\sqrt{964.9}=0.536$

查表得临界值　　　　　　$t_{0.005}(8)=3.36$

因为 $T_b<t_{0.005}(8)$，不在拒绝域内，因此接受原假设，可认为回归系数 $b=1.60$。

8.4　线性回归的点预测和区间预测

8.4.1　因变量的点预测和区间预测

采用 8.3 节的检验方法，检验 Y 与 X 之间的线性相关关系，根据公式(8-13)计算线性回归方程的回归系数 a 和 b 的估计值，得到 Y 关于 X 的线性回归方程 $\hat{y}=\hat{a}+\hat{b}x$，该方程可大致描述 Y

与 X 之间的数值变化规律。进一步地,可以对因变量 Y 进行点预测和区间预测。

因变量 y_0 的点预测:即为由回归方程计算所得因变量的回归值。对于已知 x_0,预测相应的因变量 y_0 的取值为:$\hat{y}_0 = \hat{a} + \hat{b}x_0$。观察值 y_0 与其预测值 $\hat{y}_0$ 之间的预测误差:$\varepsilon_0 = y_0 - \hat{y}_0$。

定理8-8 $E(\varepsilon_0) = E(y_0 - \hat{y}_0) = 0; D(\varepsilon_0) = D(y_0 - \hat{y}_0) = \sigma^2 \left[1 + \dfrac{1}{n} + \dfrac{(x_0 - \bar{x})^2}{l_{xx}} \right]$ (8-32)

可见,如果要降低 $D(\varepsilon_0)$,可以采取如下措施:

(1)增大样品容量 n;

(2)增大样本中自变量 x 的分散性,即增大 l_{xx};

(3)减少 x_0 与自变量样本均值 $\bar{x}$ 之间的距离。

因变量 y_0 的区间预测:由正态分布的线性组合关系,可知预测误差 $\varepsilon_0 = y_0 - \hat{y}_0$ 也服从线性分布,结合定理8-8可知:$\varepsilon_0 \sim N\left(0, \sigma^2 \left[1 + \dfrac{1}{n} + \dfrac{(x_0 - \bar{x})^2}{l_{xx}} \right] \right)$。

并由 8.2 节定理8-5:$\dfrac{Se}{\sigma^2} \sim \chi^2(n-2)$ 可知,$Se, \hat{b}, \bar{y}, \varepsilon_0$ 相互独立。

根据 t 分布定义得到 t 统计量

$$T_0 = \frac{y_0 - \hat{y}_0}{\hat{\sigma} \sqrt{1 + \dfrac{1}{n} + \dfrac{(x_0 - \bar{x})^2}{l_{xx}}}} \sim t(n-2), \text{其中剩余标准差 } \hat{\sigma} = \sqrt{\frac{Se}{n-2}}。$$

对于给定的置信水平 $1-\alpha$,选取对称区间 $[-t_{\alpha/2}(n-2), t_{\alpha/2}(n-2)]$,使 $P\left(|T_0| < t_{\alpha/2}(n-2) \right) = 1-\alpha$,即

$$P\left(\left| \frac{y_0 - \hat{y}_0}{\hat{\sigma} \sqrt{1 + \dfrac{1}{n} + \dfrac{(x_0 - \bar{x})^2}{l_{xx}}}} \right| < t_{\alpha/2}(n-2) \right) = 1 - \alpha$$

解不等式 $\left| \dfrac{y_0 - \hat{y}_0}{\hat{\sigma} \sqrt{1 + \dfrac{1}{n} + \dfrac{(x_0 - \bar{x})^2}{l_{xx}}}} \right| < t_{\alpha/2}(n-2)$,得到在置信水平为 $1-\alpha$ 下,y_0 的置信区间为

$$\left[\hat{y}_0 - t_{\alpha/2}(n-2)\hat{\sigma} \sqrt{1 + \frac{1}{n} + \frac{(x_0 - \bar{x})^2}{l_{xx}}}, \hat{y}_0 + t_{\alpha/2}(n-2)\hat{\sigma} \sqrt{1 + \frac{1}{n} + \frac{(x_0 - \bar{x})^2}{l_{xx}}} \right]$$

(8-33)

令 $\delta(x) = t_{\alpha/2}(n-2)\hat{\sigma} \sqrt{1 + \dfrac{1}{n} + \dfrac{(x - \bar{x})^2}{l_{xx}}}$,则对于任一 x_0,变量 $y = a + bx_0 + \varepsilon$ 在置信水平为 $1-\alpha$ 下的置信区间为:$[\hat{y}_0 - \delta(x_0), \hat{y}_0 + \delta(x_0)]$。由于 $\delta(x)$ 是关于 x 的函数,可以在 x—y 坐标系中画图表示,图8-3显示 X 和 Y 的回归直线 $\hat{y} = \hat{a} + \hat{b}x$,$Y$ 的 $1-\alpha$ 预测区间下限 $y = \hat{y} - \delta(x)$ 以及 $1-\alpha$ 预

测区间上限 $y=\hat{y}+\delta(x)$ 在 x—y 坐标系中的相对位置。

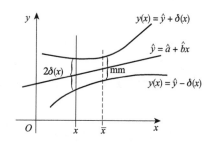

图 8-3　变量 Y 对 X 的线性回归关系曲线及 $1-\alpha$ 预测区间

图中两条曲线之间区域表示预测带,其中 $x=\bar{x}$ 处的预测区间最窄,表示预测精度越高;x 越远离 $\bar{x}$,则区间越宽。

例 8-8 对例题 8-5,当上述真丝织物的组织紧密度 X 设计为 $100(\%)$ 时,求所织制织物的克重 Y(单位:g/cm^2)的预测区间,置信水平设为 99%。

解: 计算得 $\bar{x}=94.9$,$\bar{y}=158.1$;$l_{xx}=964.9$,$l_{yy}=2988.9$,$l_{xy}=1635.1$

计算得 $\hat{a}=-2.72$,$\hat{b}=1.69$,得到克重 Y 关于组织紧密度 X 的线性回归方程:$y=-2.72+1.69x$

当 $x_0=100$ 时,$y_0=-2.72+1.69x_0=166.28$

$$\hat{\sigma}=\sqrt{\frac{Se}{n-2}}=\sqrt{\left(l_{yy}-\frac{l_{xy}^2}{l_{xx}}\right)/(n-2)}=5.22$$

查表得 $t_{\alpha/2}(n-2)=t_{0.005}(8)=3.36$;则

$$\delta(x_0)\Big|_{x_0=100}=t_{\alpha/2}(n-2)\sigma\sqrt{1+\frac{1}{n}+\frac{(x_0-\bar{x})^2}{l_{xx}}}=3.36\times5.22\times\sqrt{1+\frac{1}{10}+\frac{(100-94.9)^2}{964.9}}=18.66$$

当 $x_0=100$ 时,在置信水平为 99% 下,克重 Y 的预测区间为:$(166.28-18.66, 166.28+18.66)$,即为 $(147.62, 184.94)$。

在样本容量充分大的情况下,y_0 的预测区间可以简化:对于一元线性回归模型 $y=a+bx+\varepsilon$,其中误差项满足正态性、独立性的条件。给定 x_0,则对应 y_0 的点预测值为:$\hat{y}_0=\hat{a}+\hat{b}x_0$;当 n 充分大时,y_0 的置信水平为 $1-\alpha$ 的置信区间可近似表示为:$(\hat{y}_0-u_{\alpha/2}\hat{\sigma}, \hat{y}_0+u_{\alpha/2}\hat{\sigma})$。

8.4.2　区间预测

当 Y 对 X 的回归效果显著时,可以对回归系数 b 进行区间估计。对于一元线性回归模型 $y_i=a+bx_i+\varepsilon_i$,$i=1,2,\cdots,n$,预测误差 $\varepsilon_i\sim N(0,\sigma^2)$。

(1)若 σ^2 为已知,则可以根据 8.2 节定理 8-4,选择服从标准正态分布的统计量 u:$u=\dfrac{\hat{b}-b}{\sigma/\sqrt{l_{xx}}}\sim N(0,1)$;则在置信水平为 $1-\alpha$ 下,回归系数 b 的置信区间为

$$(\hat{b} - \hat{u}_{\alpha/2}\sigma/\sqrt{l_{xx}}, \hat{b} + \hat{u}_{\alpha/2}\sigma/\sqrt{l_{xx}}) \tag{8-34}$$

（2）若 σ^2 未知，则可以用 σ^2 的无偏差估计 $\hat{\sigma}^2$，根据8.2节定理8-7，选择服从 t 分布的统计量 $T_b:T_b = \dfrac{\hat{b}-b}{\hat{\sigma}/\sqrt{l_{xx}}} \sim t(n-2)$；则在置信水平为 $1-\alpha$ 下，回归系数 b 的置信区间为

$$\left[\hat{b} - t_{\alpha/2}(n-2)\frac{\hat{\sigma}}{\sqrt{l_{xx}}}, \hat{b} + t_{\alpha/2}(n-2)\frac{\hat{\sigma}}{\sqrt{l_{xx}}}\right] \tag{8-35}$$

8.5　可线性化的一元非线性回归

在众多的纺织活动中，材料与性能特性的关系、材料性能与工艺参数的关系等直接表现为线性的并不多见，绝大多数呈现为非线性、复杂的相关关系。

然而，还可以看到，有相当部分的非线性关系，可以通过数学上的处理，使之转化为数学上的线性关系，从而可以运用线性回归的估计和检验方法进行处理，此类模型被称为可线性化的非线性模型。常见的可线性化的非线性模型有幂函数模型、指数函数模型、对数函数模型、双曲函数模型和多项式函数模型。

8.5.1　幂函数模型

幂函数模型是典型的非线性函数模型之一，常见的幂函数公式为

$$y = ax^b e^u \tag{8-36}$$

图8-4显示系数 b 取不同值的幂函数曲线图形。

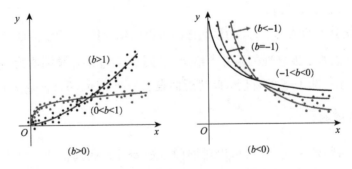

图8-4　幂函数曲线图

对公式（8-36）等号两侧同时取对数，得到转换后的方程

$$\ln y = \ln a + b\ln x + u \tag{8-37}$$

令 $y^* = \ln y, a^* = \ln a + u, x^* = \ln x$,则上式表示为

$$y^* = a^* + bx^* \tag{8-38}$$

由此,将原来变量 x 和 y 的幂函数关系转换为 x^* 和 y^* 的线性关系。然后利用线性回归的方法来确定回归参数 a^* 和 b 的估计值,并对因变量 y^* 以及 y 进行点预测和区间预测。

例 8-9 实验室通过改变电极压强 X(单位:Pa)来研究不同柔性电极对织物试样的体积比电阻率 Y[单位:10E/($\Omega \cdot cm$)]测试数据的影响,通常情况下,织物试样的体积比电阻率 Y 与测试电极压强 X 呈幂函数关系:$y = ax^b$,本次试验测试数据见表 8-6,求 Y 关于 X 的回归方程。

表 8-6 测试电极压强与织物试样的体积比电阻率测试数据

X	50	75	100	125	150	175	200	225	250	275
Y	4	2.8	1.8	1.3	0.8	0.7	0.5	0.5	0.48	0.4

解: 对 $y = ax^b$ 等号两侧都取对数,得到转换后的方程:$\ln y = \ln a + b\ln x$,

令 $y^* = \ln y, a^* = \ln a, x^* = \ln x$,则原式转换为:$y^* = a^* + bx^*$。转换后的数据见表 8-7。

表 8-7 转换后数据

x^*	3.912	4.317	4.605	4.828	5.011	5.165	5.298	5.416	5.521	5.617
y^*	1.386	1.030	0.588	0.262	-0.223	-0.357	-0.693	-0.693	-0.734	-0.916

检验 y^* 和 x^* 的线性相关性(可以采用 t 检验、F 检验或相关系数检验法),这里采用相关系数法。

计算得 $\bar{x}^* = 4.969, \bar{y}^* = -0.035; l_{x^*x^*} = 2 \cdot 767, l_{y^*y^*} = 5.900, l_{x^*y^*} = -4.003$

进一步计算得相关系数 $r^* = -0.991$

查表得 $r_{0.05}(8) = 0.632; r_{0.01}(8) = 0.765$

因为 $|r| > r_{0.01}(8)$,可证明 y^* 与 x^* 线性相关性非常显著。

(2)计算得到 $\hat{a}^* = 7.154, \hat{b} = -1.447$

从而 y^* 对 x^* 的线性回归方程:$y^* = 7.154 - 1.447x^*$

将变量 $y^* = \ln y, a^* = \ln a, x^* = \ln x$ 代入得 $\ln y = 7.154 - 1.447\ln x$;

因此,得到 Y 关于 X 的回归方程:$y = 1279x^{-1.447}$。

8.5.2 指数函数模型

指数函数公式为

$$y = ae^{bx+u} \tag{8-39}$$

指数函数曲线如图 8-5 所示。

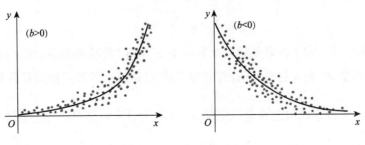

图 8-5　指数函数曲线

指数函数公式(8-39)两侧同取自然对数,得到

$$\ln y = \ln a + bx + u \tag{8-40}$$

令 $y^* = \ln y, a^* = \ln a + u$,则上式表示为

$$y^* = a^* + bx \tag{8-41}$$

由此,将原来变量 x 和 y 的指数关系转换为 x^* 和 y^* 的线性关系。再利用线性回归的方法来确定 x 和 y^* 的线性回归系数的估计值,最后将变量置换,得到 x 和 y 的非线性关系公式。

8.5.3　对数函数模型

对数函数公式为

$$y = a + b\ln x + u \tag{8-42}$$

对数函数曲线如图 8-6 所示。

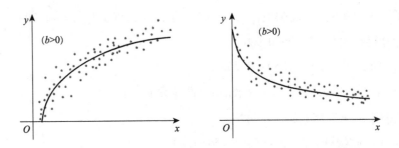

图 8-6　对数函数关系曲线

令 $a^* = a + u, x^* = \ln x$,则有

$$y = a^* + bx^* \tag{8-43}$$

利用线性回归方法,得到参数 a^* 和 b 的估计值,即 x^* 和 y 的线性回归公式;经过变量反置换得到 x 和 y 的对数关系公式。

例 8-10 某纺织企业开发系列防水透气型复合面料,研究不同的涂层厚度 X(单位:mm)对透气损失率 Y(单位:%)的作用关系,因此开展了试验,测试不同涂层厚度 X 与试样的透气损失率 Y 数据,得到试验结果见表8-8。

表8-8 不同涂层厚度与试样透气损失率数据

X	0.01	0.015	0.02	0.025	0.03	0.035	0.04	0.045	0.05	0.055
Y	10	25	40	61	75	80	84	85	86	88

根据经验,涂层厚度 X 和透气损失率 Y 服从经验公式:$y = a + b\ln x$,求 Y 对 X 的经验回归公式。

解: 令 $x^* = \ln x, y^* = y$ 则原式转换为:$y^* = a + bx^*$,转换后的数据为表8-9。

表8-9 转换后数据

x^*	−4.605	−4.2	−3.912	−3.689	−3.507	−3.352	−3.219	−3.101	−2.996	−2.90
y^*	10	25	40	61	75	80	84	85	86	88

检验 y^* 和 x^* 的线性相关性:这里用 t 检验法。

计算得 $\bar{x}^* = -3.548, \bar{y}^* = 63.4; l_{x^*x^*} = 2.767, l_{y^*y^*} = 7296.4, l_{x^*y^*} = 138.907$

进一步计算得 t 统计量:$t^* = 13.137$

取显著性水平 $\alpha = 0.01$,查表得 $t_{0.005}(8) = 3.36$

因为 $|t| > t_{0.005}(8)$,可证明 y^* 与 x^* 有明显线性相关性。

(2)计算得到 $\hat{a} = 241.5, \hat{b} = 50.2$

从而 y^* 对 x^* 的线性回归方程:$y^* = 241.5 + 50.2x^*$

将变量 $y^* = y, x^* = \ln x$ 代入得:$y = 241.5 + 50.2\ln x$,即 Y 关于 X 的回归方程。

8.5.4 双曲函数模型

双曲函数有两类公式,分别为式(8-44)和式(8-45)

$$1/y = a + b/x + u \tag{8-44}$$

$$y = a + b/x + u \tag{8-45}$$

对于公式(8-44),令 $y^* = 1/y, a^* = a + u, x^* = 1/x$,则公式(8-44)转换为

$$y^* = a^* + bx^* \tag{8-46}$$

利用线性回归方法,得到 x^* 和 y^* 的线性回归公式,变量置换回来得到 x 和 y 的双曲函数关系公式,以及相应的回归参数估计值。

对于公式(8-45),令 $a^* = a + u, x^* = 1/x$,则公式(8-45)转换为

$$y = a^* + bx^* \tag{8-47}$$

根据线性回归方法计算线性回归系数 a^* 和 b，得到 x^* 和 y 的线性回归公式，最后，变量置换回来，得到 x 和 y 的双曲函数关系方程，及相应的回归参数估计值。

8.5.5 多项式回归模型

有相当部分数学公式难以转换为线性模型，最为典型的是多项式模型。设回归模型为

$$\hat{y} = a_0 + a_1 x + a_2 x^2 + \cdots + a_m x^m = \mu(x; \hat{a}_1, \hat{a}_2, \cdots, \hat{a}_m) \tag{8-48}$$

假设多项式的次数 m 小于试验次数 n。针对 $m \geq 2$ 的多项式回归模型，利用最小二乘法确定系数 $a_0, a_1, a_2, \cdots, a_m$ 的值。

为使观测值 y_i 与相应的函数值 $\mu(x_i; a_1, a_2, \cdots, a_m)$ 的偏差平方和为最小，即

$$S = \sum_{i=1}^{n} [y_i - \mu(x_i, \hat{a}_1, \hat{a}_2, \cdots, \hat{a}_m)]^2 \tag{8-49}$$

取最小值，对等式(8-49)分别求 S 对 $a_1, a_2, \cdots, a_m$ 的偏导数，并令它们等于零，得

$$\begin{cases} \sum_{i=1}^{n} [y_i - \mu(x_i; a_1, a_2, \cdots, a_m)] \dfrac{\partial}{\partial a_1} \mu(x_i; a_1, a_2, \cdots, a_m) = 0 \\[2mm] \sum_{i=1}^{n} [y_i - \mu(x_i; a_1, a_2, \cdots, a_m)] \dfrac{\partial}{\partial a_2} \mu(x_i; a_1, a_2, \cdots, a_m) = 0 \\[2mm] \cdots \\[2mm] \sum_{i=1}^{n} [y_i - \mu(x_i; a_1, a_2, \cdots, a_m)] \dfrac{\partial}{\partial a_m} \mu(x_i; a_1, a_2, \cdots, a_m) = 0 \end{cases} \tag{8-50}$$

解方程组(8-50)，求出参数 $a_0, a_1, a_2, \cdots, a_m$ 的估计值，代入式(8-48)即得到回归方程。

习题八

1. 企业实验室织制了一批纯棉平纹织物试样，拟分析组织密度对织物弯曲性能的影响作用。取了 10 份试样，读取各试样的经向设计密度 X（单位：根数/10 cm）数据以及测量得到的弯曲长度 Y（单位：cm）数据，见表8-10。

表8-10 不同经向设计密度的弯曲长度测试数据

经向设计密度 X	201	195	173	156	120	200	190	170	157	140
弯曲长度 Y	22	19	15	13	8	20	18	15	13	11

(1)请分别采用 t 检验（显著性水平为 0.05）和相关系数法判断该批试样的弯曲长度 Y 与设计密度 X 线性相关性是否显著。

(2)如果有线性相关性，求弯曲长度 Y 对设计密度 X 的线性回归方程。

2. 为研究织物厚度对其抗皱性能的作用关系,从一批牛仔布料中选取不同厚度 X(单位:mm)的试样,测试其折皱回复角 Y[单位:(°)],数据见表 8-11。

表 8-11 不同织物厚度的折皱回复角测试结果

厚度 X	0.77	0.8	0.72	0.55	0.58	0.49	0.38	0.6	0.47	0.54
回复角 Y	111	120	98	75	74	66	59	67.8	85.2	88.1

(1)假设该批织物试样的回复角 Y 与厚度 X 存在线性相关性,请预测回归系数和回归方程;

(2)请用 F 检验法分析回复角 Y 与厚度 X 的线性相关关系。

(3)若 Y 与 X 线性相关,当厚度 X 为 0.7 mm 时,预测回复角 Y 在 95% 置信水平下的分布区间。

3. 已知黄色纤维在黄蓝混合纤维中的配比 Q(单位:%)对所制成面料的颜色 L 值(明暗度)呈指数函数关系:$L=ae^{bQ}$;研究人员设计了 10 份不同配比的混合纤维样品,并加工成织物,测试织物的颜色 L 值,得到数据见表 8-12。

表 8-12 不同配比下的织物颜色 L 值

配比 Q	0.1	0.2	0.3	0.4	0.5	0.6	0.7	0.8	0.9	1.0
颜色 L	37	38	39	41	42	44	47	53	58	60

计算织物颜色 L 值关于黄色配比 Q 的回归方程;若设计黄色纤维为 50% 含量,预测所制成面料产品的颜色 L 值范围,取 95% 置信水平。

4. 上染真丝产品的一种专用染液,其黏度 M(单位:mPa·s)随温度 K(单位:K)发生变化,经验公式为:$M=aK^b$。现配制了染液后在不同温度 K 下测试其黏度 M,得到测试数据见表 8-13。

表 8-13 不同温度下染液黏度测试数据

温度 K	280	290	300	310	320	330	340	350	360	370
黏度 M	1.8	1.3	0.75	0.6	0.45	0.4	0.38	0.3	0.3	0.2

求染液黏度 M 对温度 K 的回归方程。

习题八答案

第9章 纺织品销售的时间序列分析

9.1 时间序列概述

9.1.1 时间序列

随着时间的推移,任何现象都会在时间上呈现出某种发展和运动过程。时间序列就是指将同一统计指标的数值按其发生的时间先后顺序排列而成的数列。

时间序列形式上包含两部分:一是现象所属的时间,二是反映数量特征的统计指标。这两个部分是任何一个时间序列所应具备的两个基本要素。现象所属的时间可以是年份、季度、月份或者其他任何时间形式。表9-1反映我国服装行业规模在2012～2016年的发展变化。

表9-1 我国服装行业规模

年份	2012	2013	2014	2015	2016
规模/亿元	14134	15519	16626	17322	17144

时间序列还可以用直角坐标系来进行图像描述,横轴表示时间,纵轴表示指标数值,通过图形大致反映出发展变化的特征和趋势。

表9-1的时间序列还可以用图9-1来表示。

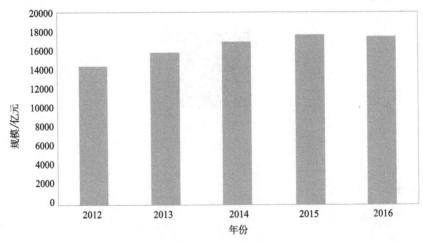

图9-1 我国服装行业规模

研究时间序列具有重要的作用,通过对时间序列的编制和分析:

(1)可以描述客观现象发展变化的基本特征和过程,如现象的发展变化的水平等;

(2)可以探索现象发展变化的规律,如现象的长期趋势等;

(3)进行统计预测,如趋势外推预测等。

9.1.2 时间序列的种类

时间序列可以从不同的角度分类,通常按其变量的表现形式可以将时间序列分为绝对数时间序列(也称为总量指标时间序列)、相对数时间序列和平均数时间序列三种。其中,绝对数时间序列是基本序列,相对数时间序列和平均数时间序列可以根据绝对数时间序列计算出来,属于派生序列。

(1)绝对数时间序列

绝对数时间序列即总量指标时间序列,是指由反映某事物在不同时间上规模大小、数量多少的绝对数所构成的时间序列。例如,各年度的国内生产总值,绝对数的时间有两种表示方式:时期和时点,对应的绝对数时间序列为时期序列与时点序列。

时期序列的各指标反映的是某种事物在一定时期(年,月等)的发展过程的总量。如表9-1反映的是随着时间(年份)变化服装行业的消费规模的总量,属于时期序列。

时点序列中的各项指标反映的是某种事物在某一个时刻点上所达到的规模或水平,如表9-2 中企业的人数反映的是该企业在月末这一时刻的人数,属于时点序列。

表9-2 某企业人数

月份/月	1	2	3	4	5
月末职工人数/人	210	240	248	260	300

(2)相对数时间序列

相对数时间序列是指将一系列同类相对指标按先后顺序所构成的时间序列。它反映客观现象之间的相互联系发展的过程。相对数时间数列中的指标,由于计算时间的基数不同,不具有可加性。如表9-3 中次品率这个指标,由于企业每个月生产量不同,所以,对于次品率这个指标数值不能简单相加后求平均值。

表9-3 某企业下半年生产棉手套次品率

月份/月	7	8	9	10	11	12
生产量/副	12000	15000	14000	12000	10000	10000
次品数/副	98	122	105	94	79	76
次品率/%	0.82	0.81	0.75	0.78	0.79	0.76

(3)平均数时间序列

平均数时间序列是指将一系列同类平均指标按时间先后顺序所构成的时间序列,反映客观现象的一般水平的发展变化趋势。例如,每月的平均工资见表9-4,与相对数时间序列一样,平均数时间序列的指标也不具有可加性。

表9-4 某企业各月工人的平均产值

月份/月	1	2	3	4	5	6
产值/元	500000	555500	649000	720200	936000	1056000
工人人数/人	50	55	59	65	72	80
工人平均产值/元	10000	10100	11000	11080	13000	13200

时间序列中的每个数值,都是由许多不同因素共同作用的综合结果。

9.1.3 时间序列的编制

编制时间序列的目的是为了进行时间序列分析,因而要保证时间序列中各项指标值的可比性,这便是时间序列的基本原则。所谓可比,就是要求各指标所属的时间、总体范围、计算方法、计算价格、计量单位等可以比较。主要内容如下。

(1)指标值所属时间可比

指标值所属的时间是一致的。时间序列相应的观测值,都是在相同的时间内产生的数值,时间间隔长短必须相等,不能有的采用月份有的采用季节。

(2)指标值总体范围可比

预测对象的总体范围要一致,例如,所属的地区范围、分组范围等要一致,不能有的按照省统计,有的按照地级市统计。如果时间序列中某些指标的范围不一致时,必须要先进行调整,使得总体范围一致才能进行分析。

(3)指标值计算方法和计量单位可比

指标值的计算方法不同导致数值存在差异,例如,国内生产总值,按照生产法、支出法、分配法计算的结果就存在差异。计算单位不同,数值也不同,例如,有的是按时间段统计,而有的是按时间点统计,两者数值是不同的。所以,指标的计算方法和计量单位这两者必须一致,这样数值才有可比性。

9.1.4 时间序列分析方法

时间序列分析最常用的方法有两种:一种是指标分析法,另一种是构成因素法。

(1)时间序列指标分析法

所谓指标分析法,是指通过计算时间序列分析指标来揭示现象的发展状况和发展变化程度。包括发展水平、平均发展水平、增减量、平均增减量、发展速度、平均发展速度、增减速度、平均增减速度等指标。

(2)时间序列构成因素分析法

这种方法是将时间序列看作是由长期趋势、季节变动、循环变动和不规则变动等因素构成,对这些因素的分解分析,可以揭示现象随时间变化的规律,并在此基础上,假定事物今后发展趋势遵循这些规律,从而对事物的未来发展进行预测。

　　时间序列的两种基本分析方法,各有不同的特点和作用,各揭示不同的问题和状况,分析具体问题时应根据研究的目的和任务,分别采用或者综合应用这两种基本方法。

9.2　时间序列指标分析法

9.2.1　发展水平和平均发展水平

　　发展水平是时间序列中数据的具体数值,反映某种现象发展变化所达到的规模、程度和水平。在时间序列中,用 $t_i(i=1,2,\cdots,n)$ 表示现象所属的时间,$y_i(i=1,2,\cdots,n)$ 表示现象在不同时间上的指标值,y_i 称为现象在 t_i 上的发展水平,其中 y_1 称为最初发展水平,y_n 称为最末发展水平。

　　将一个时间序列各期发展水平加以平均而得的平均数,叫平均发展水平,又称为序时平均数,用 $\bar{y}$ 表示,它可以概括地描述现象在一段时间内所达到的一般水平。

　　(1)绝对数时间序列的序时平均数

　　绝对数时间序列的序时平均数的计算方法是最基本的,绝对数时间序列有时期序列和时点序列,对应的序时平均数的计算也是有区别的。

　　时期数列的序时平均数的计算方法为

$$\bar{y}=\frac{y_1+y_2+\cdots+y_n}{n}=\frac{\sum y_i}{n} \tag{9-1}$$

其中:$\bar{y}$ 为序时平均数,n 为观察值的个数。

　　例 9-1　对表 9-1 中的服装行业规模,计算年度平均行业规模。

　　解:根据时期数列的序时平均数公式有

$$y=\frac{\sum y_i}{n}=\frac{14134+15519+16626+17322+17144}{5}=16149(亿元)$$

　　时点序列又分为连续时点和间断时点,在连续时点序列情况下,又分为等间隔和不等间隔两类。间断时点也可以分为等间隔和不等间隔两类,所以,总共有四种情况,对应的序时平均数计算方式有所差别。

　　①若掌握的资料是间隔相等的连续时点(如每日的时点)序列,则计算方式和时期数列的序时平均数计算方法一致,即

$$y=\frac{\sum y_i}{n} \tag{9-2}$$

②若掌握的资料是间隔不等的连续时点序列,则序时平均数为

$$\bar{y} = \frac{y_1 f_1 + y_2 f_2 + \cdots + y_n f_n}{f_1 + f_2 + \cdots + f_n} = \frac{\sum y_i f_i}{\sum f_i} \tag{9-3}$$

其中:f_i 是权数,是指每一个指标值的持续时间。

③若掌握的资料是间隔相等的间断时点,则采用首末折半法计算序时平均数。

$$\bar{y} = \frac{\frac{y_1 + y_2}{2} + \frac{y_2 + y_3}{2} + \cdots + \frac{y_{n-1} + y_n}{2}}{n-1} = \frac{\frac{y_1}{2} + y_2 + \cdots + y_{n-1} + \frac{y_n}{2}}{n-1} \tag{9-4}$$

④若掌握的资料是间隔不等的间断时点序列,采用"间隔加权"方法,计算公式为

$$\bar{y} = \frac{\sum \bar{y}_i f_i}{\sum f_i} = \frac{\frac{1}{2}(y_1 + y_2)f_1 + \frac{1}{2}(y_2 + y_3)f_2 + \cdots + \frac{1}{2}(y_{n-1} + y_n)f_{n-1}}{f_1 + f_2 + \cdots + f_{n-1}} \tag{9-5}$$

例9-2 某服装店会根据库存情况确定下个月的进货数量,其中一款男士夹克外套4月的库存资料见表9-5,计算该夹克衫四月的日平均库存量。

表9-5 某服装店4月夹克外套库存资料

日期	1~4	5~10	11~20	21~26	27~30
库存量/件	40	45	30	25	20

解: 该夹克衫4月的日平均库存量为

$$\bar{y} = \frac{\sum y_i f_i}{\sum f_i} = \frac{40 \times 4 + 45 \times 6 + 30 \times 10 + 25 \times 6 + 20 \times 4}{4 + 6 + 10 + 6 + 4} = 32(件)$$

例9-3 某服装生产企业某款服装的库存量见表9-6,求该产品第二季度的月平均库存量。

表9-6 某企业服装库存量

日期	3月末	4月末	5月末	6月末
库存量/百件	66	72	76	82

解: 4月份平均库存量 $= \frac{66+72}{2} = 69$(百件)

5月份平均库存量 $= \frac{72+76}{2} = 74$(百件)

$$6\ 月份平均库存量 = \frac{76+82}{2} = 79(百件)$$

$$\bar{y} = \frac{69 + 74 + 79}{4 - 1} = 74(百件)$$

该企业第二季度的月平均库存量为 74 件。

例 9-4 某生产企业为了开发新产品的需要,2008 年采购了 120 台生产用的机器,后续分别又在 2011 年、2013 年、2017 年和 2018 年购进 10 台、15 台、20 台和 10 台,具体见表 9-7,求该企业拥有机器年平均数量。

表 9-7 某企业采购机器数量

年份	2008	2011	2013	2017	2018
购买数量	120	10	15	20	10
拥有机器数/台	120	130	145	165	175

解: $\bar{y} = \dfrac{\sum y_i f_i}{\sum f_i}$

$$= \frac{\frac{1}{2}(120 + 130) \times 3 + \frac{1}{2}(130 + 145) \times 2 + \frac{1}{2}(145 + 165) \times 4 + \frac{1}{2}(165 + 175) \times 1}{3 + 2 + 4 + 1}$$

$$= 127$$

所以,该企业拥有机器年平均数为 127 台。

(2)相对数时间序列和平均数时间序列的序时平均数

相对数和平均数时间序列,是由绝对数时间序列派生出来的序列,不能直接采用以上计算绝对数时间序列的序时平均公式来计算平均数。如表 9-8 中的次品率这个指标是由次品数和生产量这两个指标之比得到的,因此,对于相对数和平均数时间序列的平均数,要先分别计算出分子、分母两个绝对数时间序列的序时平均数,然后再计算分子和分母的比值,进而求出相对数和平均数时间序列的平均数。

若相对指标或平均指标表示为 $y = \dfrac{a}{b}$,则相对数和平均数时间序列的序时平均数的计算为

$$\bar{y} = \frac{\bar{a}}{\bar{b}} \tag{9-6}$$

式中:$\bar{y}$ 为相对指标或平均指标时间序列的序时平均数;$\bar{a}$ 代表作为分子的时间序列序时平均数;$\bar{b}$ 代表作为分母的时间序列序时平均数。

例 9-5 某企业第二季度生产牛津包数量见表 9-8,其中次品需要另外处理,计算该

企业牛津包第二季度的次品率。

表9-8 某企业第二季度生产的牛津包的次品率

日期	3月末	4月末	5月末	6月末
生产量/百个	340	350	365	370
次品数/个	166	168	171	166
次品率/%	0.49	0.48	0.47	0.45

解：
$$\bar{y} = \frac{\bar{a}}{\bar{b}} = \frac{(a_1/2 + a_2/2) + (a_2/2 + a_3/2) + \cdots + (a_{n-1}/2 + a_n/2)}{(b_1/2 + b_2/2) + (b_2/2 + b_3/2) + \cdots + (b_{n-1}/2 + b_n/2)}$$

$$= \frac{a_1/2 + a_2 + a_3 + \cdots + a_{n-1} + a_n/2}{b_1/2 + b_2 + b_3 + \cdots + b_{n-1} + b_n/2}$$

$$= \frac{166/2 + 168 + 171 + 166/2}{(340/2 + 350 + 365 + 370/2) \times 100} \times 100\% = 0.47\%$$

例9-6 某口罩生产企业下半年劳动生产资料见表9-9，计算月平均劳动生产率和下半年平均职工劳动生产率。

表9-9 某口罩企业下半年劳动生产资料

月份/月	6	7	8	9	10	11	12
总产值/万元	8.5	9.9	9.9	9.9	10.8	8.7	8.4
月末职工数/个	50	55	60	60	60	58	56
劳动生产率/(元·人$^{-1}$)	1700	1800	2000	2000	1800	1500	1500

解： 下半年每月平均总产值

$$\bar{a} = \frac{\sum a_i}{n} = \frac{9.9 + 9.9 + 9.9 + 10.8 + 8.7 + 8.4}{6} = 9.6(万元)$$

下半年每月平均职工数

$$\bar{b} = \frac{b_1/2 + b_2 + b_3 + \cdots + b_{n-1} + b_n/2}{n-1} = \frac{50/2 + 55 + 60 + 60 + 60 + 58 + 56/2}{6} \approx 57.7(个)$$

代入得

$$\bar{y} = \frac{\bar{a}}{\bar{b}} = \frac{9.6 \times 10000}{57.7} \approx 1664(元／人)$$

下半年平均职工劳动生产率为：1664×6＝9984(元/人)

9.2.2 增长量与平均增长量

增长量是表明某种现象在一段时期内增长的绝对量，它等于报告期水平减其基期水平。由于所选基期的不同,增长量可分为逐期增长量和累计增长量。

逐期增长量是报告期水平与前一期水平之差,说明本期较上期增长的绝对数量,计算公式为

$$y_i - y_{i-1}(i = 2,3,\cdots,n) \tag{9-7}$$

累计增长量是报告期水平与某一固定时期水平(通常是时间序列最初水平)之差

$$y_i - y_1(i = 2,3,\cdots,n) \tag{9-8}$$

逐期增长量和累计增长量之间存在一定的关系:逐期增长量的和等于相应时期累计增长量。

平均增长量是时间序列中逐期增长量的序时平均数,其计算公式为

$$平均增长量 = \frac{\sum (y_i - y_{i-1})}{n - 1} \text{ 或平均增长量} = \frac{y_i - y_1}{n - 1}$$

其中 n 为观察值个数。

例9-7 表9-10 是某企业商品在 2010～2018 年的销售规模,其中逐年增长量表示报告期水平与上一年水平的增长量,而累计增长量是报告期水平和固定时期(2010 年)的增长量。

表9-10 某企业生产的商品销售规模

年份	2010	2011	2012	2013	2014	2015	2016	2017	2018
销售规模/万元	964	1084	1225	1381	1553	1733	1936	2158	2411
逐年增长量/万元		120	141	156	172	180	203	222	253
累计增长量/万元		120	261	417	589	769	972	1194	1447

解: 根据表9-10 资料,计算该企业商品的销售规模的平均增长量。

$$平均增长量 = \frac{\sum (y_i - y_{i-1})}{n - 1} = \frac{120 + 141 + 156 + 172 + 180 + 203 + 222 + 253}{9 - 1}(万元)$$

9.2.3 发展速度和增长速度

发展速度是报告期发展水平与基期水平之比,用于描述现象在观察期内相对的发展变化程度。由于基期不同,可以分为定基发展速度和环比发展速度。定基发展速度是报告期水平与某一固定时期水平(通常为最初水平)之比,用 $R_{i,1}$ 表示,可以写为

$$R_{i,1} = \frac{y_i}{y_1} \tag{9-9}$$

环比发展速度是报告期水平同前一期水平之比,反映事物及现象特征的逐期发展变动情况,用 R_i 表示

$$R_i = \frac{y_i}{y_{i-1}} \qquad (9\text{-}10)$$

增长速度是增长量与基期水平之比,说明事物及其现象的某一数量特征在一定时期内增长的相对程度,也称为增长率。由于采用的基期不同,增长速度分为定基增长速度和环比增长速度。

定基增长速度是累计增长量与固定期水平之比,反映某一数量特征在一段较长时期内总的增长程度,用 $G_{i,1}$ 表示

$$G_{i,1} = \frac{y_i - y_1}{y_1} = \frac{y_i}{y_1} - 1 \qquad (9\text{-}11)$$

环比增长速度是逐期增长量与前期水平之比,反映某一数量特征逐期增长程度,用 G_i 表示

$$G_i = \frac{y_i - y_{i-1}}{y_{i-1}} = \frac{y_i}{y_{i-1}} - 1 \qquad (9\text{-}12)$$

针对表9-10中的定基发展速度、环比发展速度、定基增长速度和环比增长速度的具体计算实例见表9-11。

表9-11 某企业生产的商品销售规模的发展和增长情况

年份	2000	2001	2002	2003	2004	2005	2006	2007	2008
销售规模/万元	964	1084	1225	1381	1553	1733	1936	2158	2411
逐期增长量		120	141	156	172	180	203	222	253
累计增长量	0	120	261	417	589	769	972	1194	1447
定基发展速度/%	100	112	127	143	161	180	201	224	250
环比发展速度/%		112	113	113	112	112	112	111	112
定基增长速度/%	0	12	27	43	61	80	101	124	150
环比增长速度/%		12	13	13	12	12	12	11	12

9.2.4 平均发展速度与平均增长速度

平均发展速度是一定时期内各期环比发展速度的序时平均数,常用的计算方法有几何平均法和高次方程法。其中,几何平均法的计算方法相对简便,计算公式为

$$\bar{R} = \sqrt[n-1]{\frac{y_2}{y_1} \times \frac{y_3}{y_2} \times \cdots \times \frac{y_n}{y_{n-1}}} = \sqrt[n-1]{\frac{y_n}{y_1}} \qquad (9\text{-}13)$$

平均增长速度说明现象逐渐增长的平均程度,平均增长速度与平均发展速度存在的关系 $\bar{G} = \bar{R} - 1$。

例9-8 已知某企业商品的销售规模,见表9-10,计算销售的平均发展速度和平均增

长速度。

解：平均发展速度：$\bar{R}=\sqrt[8]{\dfrac{2411}{964}}\approx 112.1\%$

平均增长速度：$\bar{G}=\bar{R}-1=12.1\%$

9.3　时间序列因素分析法

9.3.1　时间序列的构成因素及其组合模型

（1）时间序列的构成因素

时间序列所反映的某一数值特征的发展变化是由多种复杂因素共同作用的结果，可将时间序列中的影响因素大致分为四类：长期趋势（T）、季节变动（S）、循环变动（C）和不规则变动（I）。

长期趋势是指时间序列在一个相当长的时期内，持续向上或向下发展变化的趋势，反映了长期发挥作用的基本因素引起的变动。时间序列的长期趋势是由某种固定的基本因素主导作用下形成的事物及现象发展的基本态势。长期趋势根据其变动的具体形式可以概括地划分为线性趋势和非线性趋势。

季节变动是时间序列以一年为周期的有规律的波动，现象在一年内由于受社会、政治、经济、自然等因素的影响，形成的以一定时期为周期的有规律的重复变动。

循环变动是指时间序列中现象围绕长期趋势出现的一种高低往复，周而复始的规则性变动。循环变动往往比一年时间要长，根据周期的不同，一般可分为短周期、中周期和长周期，例如，短周期一般指 3～5 年的周期。

随机变动即剩余变动，是指时间序列中除了长期趋势、季节变动、循环变动之外，由于各种偶然因素的影响而呈现的不规则运动。

（2）时间序列的组合模型

将长期趋势、季节变动、循环变动和不规则变动从时间序列中分离出来，然后将这些因素按照一定的方式组合起来，构成反映事物及其现象的某一数量特征发展变化的某种模型，这就是时间序列变动因素的组合模型。通常以长期趋势值（T）为绝对量基础，再根据各类变动对时间序列的影响是否独立，建立两种组合模型，即加法模型和乘法模型。

①加法模型：

$$Y = T + S + C + I \tag{9-14}$$

此模型假定四类变动是相互独立的，对时间序列的影响程度以绝对数表示。加法模型中，构成时间序列的各个因素均是绝对量的形式。

②乘法模型:

$$Y = T \times S \times C \times I \tag{9-15}$$

此模型假定四类变动之间存在着交互作用,则其他各类变动对时间序列各期指标值的影响程度是以相对数的形式表示出来。乘法模型中,Y 和 T 是绝对量,S、C 和 I 均是相对量,表现为对长期趋势的一个影响比率。

9.3.2 移动平均预测法

平均数预测法包括简单平均数预测法和移动平均预测法,其中,简单平均预测法包括算数平均、加权平均和几何平均等,分别在 9.2 节指标分析法中相应介绍,简单平均预测法只能反映现象的集中程度,不能反映现象的发展过程和趋势,因此,这里主要介绍移动平均预测法。

移动平均的基本思想是:随机因素的影响是相互独立的,因此,短期数据由于随机因素而形成的差异,在加和求平均的过程中会相互抵消,其平均数就显示了现象由于其本质因素所决定的趋势值。

移动平均的操作过程是从时间序列的顶端向下,选择 N 个时间点进行一次平均,然后选择范围向下移动一个时间点,再进行一次平均,依此类推。每次平均计算的结果,记录在 N 个时间点的中间位置,如果 N 为奇数,则其中间项的趋势测定值经过一次移动平均就可得,用 $M_t^{(1)}$ 表示一次移动平均数,计算公式为

$$M_t^{(1)} = \frac{1}{N}\left(y_{t-\frac{N-1}{2}} + \cdots + y_{t-1} + y_t + y_{t+1} + \cdots + y_{t+\frac{N-1}{2}}\right) \tag{9-16}$$

若所移动平均的项数 N 为偶数,则计算出来的移动平均数对应的中间项是在两个时期之间,不能代表任一时期的趋势值,则需对一次移动平均数再做一次移动平均,即计算二次移动平均数来作为长期趋势值,用 $M_t^{(2)}$ 表示。

某企业生产的男士西裤的销量见表 9-12,其中 3 年移动平均和 5 年移动平均数记录在表里居中的时间点上。

表9-12 男士西裤销量　　　　　　　　　　　　　　　　　　单位:万件

年份	时间标号	销量	3 年移动平均	5 年移动平均
2004	1	31.6		
2005	2	43.7	37.4	
2006	3	36.9	42.6	42.8
2007	4	47.2	46.2	48.1
2008	5	54.4	53.3	49.7
2009	6	58.4	54.7	56.4
2010	7	51.4	60.1	63.1
2011	8	70.6	67.5	68.7
2012	9	80.5	77.9	71.9

续表

年份	时间标号	销量	3年移动平均	5年移动平均
2013	10	82.6	79.2	77.7
2014	11	74.6	79.1	81.7
2015	12	80.2	81.8	85.3
2016	13	90.6	89.7	92.6
2017	14	98.4	102.7	
2018	15	119.2		

从图9-2男士西裤销量移动平均趋势中可以更直观地看到3年移动平均曲线和5年移动平均曲线反映了男士西裤销量的长期趋势。

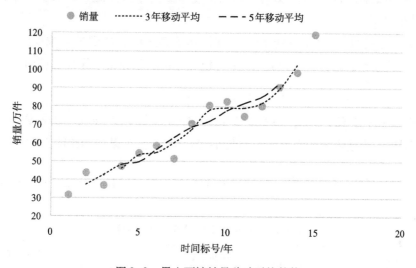

图9-2　男士西裤销量移动平均趋势

移动平均除了需要选择时距之外,表9-12男士西裤销量中在计算移动平均时选择了3年和5年两个时距,还可以在计算移动平均时选择权重,这不是简单的移动平均,而是加权移动平均,以时距3年为例,计算公式为

$$M_t^{(1)} = \frac{y_{t-1}f_1 + y_t f_2 + y_{t+1}f_3}{f_1 + f_2 + f_3} \tag{9-17}$$

三个权系数f_1、f_2和f_3的选择,决定了移动平均的效果,如果试图保留原时间序列的面貌,则中间的权系数f_2应当大一些,两侧的权系数f_1和f_3适当小一些。移动平均法的时距选择,应根据研究的目的决定。如果研究目的是为了将周期变动的因素去除,则移动平均的周期与实际移动周期一致;如果研究目的是为了修匀不规则变动,显示周期的影响,则移动平均的周期应当大大地小于实际周期,并采用加权移动平均法,一定程度地突出实际数值。

9.3.3 模型拟合预测法

使用移动平均数值作为预测值是将一个平均数值,人为地向后移动,作为 $t+1$ 时刻的预测数值,存在着一个固有的不可克服的滞后问题。所以,在许多场合需要采用模型拟合法对长期趋势进行预测和分析。对于长期趋势的模型拟合是用数学方程来模拟客观存在事物及其现象某一特征的基本的、稳定的、长期的规律性,因此,又称为趋势模型。趋势模型与前面第8章的回归模型的共同特点是均可以采用回归的方法来估计模型参数,反映事物及其现象的某一个特征依时间推移所呈现出来的某种变动规律。

模型拟合法是根据时间序列长期趋势的表现形态,采用一个合适的趋势方程来描述现象各期指标值随时间变动的趋势规律性,并据此进行各期趋势值的测定。根据所采用的趋势方程不同,常见的趋型模型有线性模型、二次曲线模型、指数曲线模型、逻辑曲线模型等。

(1)线性模型拟合

当事物及其现象的某一个数量特征随时间推移呈现出稳定的增长或减少的直线变动趋势时,可以采用线性模型来描述其变动规律,进行相关的预测和分析。线性方程为

$$\hat{y}_t = a + bt \tag{9-18}$$

线性方程(9-18)为线性趋势方程,其中 $\hat{y}_t$ 为时间序列 t 项发展水平的趋势值,a 为趋势线在 Y 轴上的截距,b 为趋势线的斜率。根据最小二乘法原理,可以得到趋势方程。

例9-9 表9-13是某款衬衫近10年的销量资料,试用线性模型预测2020年的销量。

表9-13 某款衬衫近10年的销量资料

年份	时间标号	销量/百万元
2010	1	7.1
2011	2	8.2
2012	3	9.2
2013	4	10.4
2014	5	11.6
2015	6	12.4
2016	7	13.7
2017	8	14.8
2018	9	16.0
2019	10	17.5

解: 销量和时间的线性相关性:

根据相关性方法计算得到 $r=0.9990$,可知运动鞋销量和时间的线性相关是显著的。

线性趋势方程:根据第8章回归方程方法得到趋势方程

$$\hat{y}_t = 1.1327t + 5.86$$

然后根据线性趋势方程预测 2020 年销量：

$$\hat{y} = 1.1327 \times 11 + 5.86 \approx 18.3 (百万元)$$

所以，利用线性模型，该衬衫 2020 年的销量预测为 18.3 百万元。

（2）二次曲线模型拟合

当事物及其现象的某一数量特征随时间推移呈现抛物线形态时，可以考虑用二次曲线方程来描述其变动规律性，进行预测和分析。二次曲线的方程为

$$\hat{y}_t = a + b_1 t + b_2 t^2 \tag{9-19}$$

某品牌运动鞋自 2001 ~ 2018 年的销量数据见表 9-14，试采用线性模型拟合方法和二次曲线拟合方法分别估计该企业 2019 年的销量，并判断哪一种方法更合理？

表 9-14　某运动鞋 18 年销量

年份	时间标号	销量/百万元
2001	1	1.5
2002	2	2.0
2003	3	2.6
2004	4	3.3
2005	5	5.2
2006	6	6.4
2007	7	7.7
2008	8	9.1
2009	9	10.7
2010	10	12.4
2011	11	14.2
2012	12	16.2
2013	13	18.3
2014	14	20.6
2015	15	23.1
2016	16	26.3
2017	17	30.3
2018	18	35.0

解：①线性模型预测：销量和时间的线性相关性。

根据相关性方法计算得到 $r = 0.9748$，可知运动鞋销量和时间的线性相关是显著的。线性趋势方程：根据回归方程方法得到趋势方程为

$$\hat{y}_1 = 1.859t - 4.060$$

根据线性趋势方程预测 2019 年销量：$\hat{y}_{19}=1.859\times19-4.060\approx31.26$（百万元）

根据 2019 年预测数值（31.3 百万元）与 2018 年销量数据（35.0 百万元）的比较,2019 年预测销量反而比 2018 年销量下降,这不太符合一般情况。所以,即使销量和时间呈显著的线性关系,但仍然不能很好地预测销量和时间之间的这种长期趋势,需要进行其他模型的拟合预测。根据图 9-3 中的散点图的趋势,可以初步判断销量和时间之间呈现二次曲线关系。

②二次曲线模型预测:先判断该销量和时间之间是否存在显著的二次曲线关系,计算销量 y 和 t^2 之间的相关关系见表 9-15。

表 9-15　相关关系表

	t	t^2	y
t	1		
t^2	0.9717	1	
y	0.9748	0.9978	1

根据相关系数 $r=0.9978$ 可以判断销量 y 和 t^2 之间有显著的二次曲线关系。

根据二次回归方程方法得到趋势方程:$\hat{y}_{t2}=0.088t^2+0.180t+1.538$

根据二次曲线趋势方程预测 2019 年销量:

$$\hat{y}_{19}=0.088\times19\times19+0.180\times19+1.548\approx36.73（百万元）$$

综合比较一次和二次曲线模型,可见二次曲线能更好地预测该运动鞋 2019 年的销量。从图 9-3 上也可以看出,二次曲线更好地反映了运动鞋销量和时间之间的这种长期趋势。

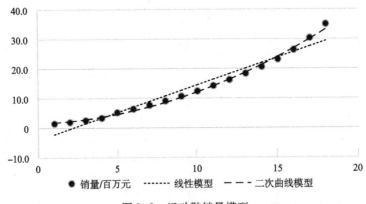

图 9-3　运动鞋销量模型

习题九

1. 某纱线生产企业有资料见表 9-16。

表 9-16　纱线生产企业生产销售数据

月份/月	3	4	5	6
销售额/万元		160	165	185
月末职工人数/人	60	61	63	66

要求计算：

(1)第二季度平均每月销售额；

(2)第二季度平均每月职工人数；

(3)第二季度各月人均销售额(保留 2 位小数)；

(4)第二季度平均每月人均销售额(保留 2 位小数)；

(5)第二季度人均销售额(保留 2 位小数)。

2. 某运动服装企业第三季度各月计划完成情况见表 9-17。

表 9-17　某运动服装企业第三季度各月计划完成情况

月份/月	7	8	9	合计
计划数 b/件	500	600	800	1900
实际数 a/件	500	630	848	1978
完成情况/%	100	105	106	

求该企业第三季度平均每月完成情况。

3. 有某地居民在服装方面每年的消费水平资料见表 9-18。

表 9-18　某地居民在服装方面每年的消费水平

年份/年	2010	2011	2012	2013
消费水平/元	804	1650	1770	1920

要求计算：

(1)各年环比、定基发展速度和环比、定基增长速度(列表显示结果)；

(2)2013 年与 2010 年相比的年平均发展速度和年平均增长速度。

4. 某童装连锁店 2018 年营业额资料见表 9-19,(1)求其三项移动平均趋势；(2)用线性模型分析营业额关于月份的长期趋势,并预测 12 月的营业额。

表 9-19　某童装连锁店 2018 年营业额

月份/月	营业额/万元	移动平均
1	295	
2	283	
3	322	
4	355	
5	286	

月份/月	营业额/万元	移动平均
6	379	
7	381	
8	431	
9	424	
10	510	
11	500	

5. 某非织造布企业 2019 年为满足日益增长的市场需求,一直以最大的生产速度进行口罩的生产,但库存量仍然逐渐减少,资料数据见表 9-20,请分别用线性模型和二次曲线模型预测法预测 12 月底的口罩数量,并比较两种模型预测的结果(单位:万包)。

表 9-20　某非织造布企业 2019 年各月库存

月份/月	1	2	3	4	5	6
月底库存/万	1180	1138	1090	1020	950	870
月份/月	7	8	9	10	11	
月底库存/万	770	660	540	400	250	

习题九答案

第 10 章　概率论和数理统计 MATLAB 实现

10.1　概　　述

前面各章所述知识所涉及的计算,可以用数值计算软件包 MATLAB 实现。

概率分布给出了常见概率分布类型的概率密度函数、累加分布函数(分布函数)、逆累积分布函数、参数估计函数和随机数生成函数。

样本描述提供了描述中心趋势和离中趋势的统计量函数,缺失数据条件下的样本描述方法以及其他一些统计量计算函数。

参数估计提供了多种分布类型分布参数及其置信区间的估计方法。

假设检验包括单样本 T 检验、双样本 T 检验等。

方差分析包括单因素方差分析和双因素方差分析。

回归分析一元线性回归。

10.2　概率分布

10.2.1　随机数的生成

表 10-1 为常见分布随机数生成函数的调用格式。

表 10-1　常见分布随机数生成函数

函数	分布	调用格式		
		格式一	格式二	格式三
binornd	二项分布	$R=\mathrm{binornd}(N,P)$	$R=\mathrm{binornd}(N,P,mm)$	$R=\mathrm{binornd}(N,P,mm,nn)$
chi2rnd	卡方分布	$R=\mathrm{chi2rnd}(V)$	$R=\mathrm{chi2rnd}(V,m)$	$R=\mathrm{chi2rnd}(V,m,n)$
exprnd	指数分布	$R=\mathrm{exprnd}(MU)$	$R=\mathrm{exprnd}(MU,m)$	$R=\mathrm{exprnd}(MU,m,n)$
frnd	F 分布	$R=\mathrm{frnd}(V1,V2)$	$R=\mathrm{frnd}(V1,V2,m)$	$R=\mathrm{frnd}(V1,V2,m,n)$
geornd	几何分布	$R=\mathrm{geornd}(P)$	$R=\mathrm{geornd}(P,m)$	$R=\mathrm{geornd}(P,m,n)$
hygernd	超几何分布	$R=\mathrm{hygernd}(M,K,N)$	$R=\mathrm{hygernd}(M,K,N,mm)$	$R=\mathrm{hygernd}(M,K,N,mm,nn)$

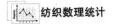

函数	分布	调用格式		
		格式一	格式二	格式三
normrnd	正态分布	$R=\text{normrnd}(MU,SIGMA)$	$R=\text{normrnd}(MU,SIGMA,m)$	$R=\text{normrnd}(MU,SIGMA,m,n)$
poissrnd	泊松分布	$R=\text{poissrnd}(LAMBDA)$	$R=\text{poissrnd}(LAMBDA,m)$	$R=\text{poissrnd}(LAMBDA,m,n)$
trnd	t 分布	$R=\text{trnd}(V)$	$R=\text{trnd}(V,m)$	$R=\text{trnd}(V,m,n)$
unifrnd	均匀分布	$R=\text{unifrnd}(N)$	$R=\text{unifrnd}(N,mm)$	$R=\text{unifrnd}(N,mm,nn)$
weibrnd	威布尔分布	$R=\text{weibrnd}(A,B)$	$R=\text{weibrnd}(A,B,m)$	$R=\text{weibrnd}(A,B,m,n)$

例如，>>a = normrnd(0,1,[1 5])

　　a = 0.8884　-1.1471　-1.0689　-0.8095　-2.9443

生成 5 个随机数,这些随机数服从 $N(0,1)$ 分布。

10.2.2　离散型随机变量的分布

利用 MATLAB 统计工具箱提供的函数,可以比较方便地计算随机变量的分布律(或密度函数)、累积分布函数。常用的离散型随机变量的分布见表 10-2。

表 10-2　常见离散型随机变量的分布

函数名	对应的分布	数学意义	调用格式
binopdf	二项分布分布律	$y=C_n^x p^x(1-p)^{n-x}$	$Y=\text{binopdf}(X,N,P)$
binocdf	二项分布累积分布函数	$y=\sum_{i=0}^{x} C_n^i p^i(1-p)^{n-i}$	$Y=\text{binocdf}(X,N,P)$
poisspdf	泊松分布分布律	$y=\text{e}^{-\lambda}\lambda^x/x!$	$Y=\text{poisspdf}(X,LMD)$
poisscdf	泊松分布累积分布函数	$y=\sum_{i=0}^{x} \text{e}^{-i}\lambda^i/i!$	$Y=\text{poisscdf}(X,LMD).$

例 10-1　已知 $X\sim B(10,0.7)$,求 $P\{X=6\}$,$P\{X\leqslant 6\}$。

解: 输入 MATLAB 代码:

>>binopdf(6,10,0.7)

运行程序后,结果如下:

ans =

　　0.2001

输入 MATLAB 代码:

>>binocdf(6,10,0.7)

运行程序后,结果如下:

```
ans =
    0.3504
```

10.2.3　连续型随机变量的分布

常用的连续型随机变量的概率分布是均匀分布、指数分布和正态分布,其函数见表 10-3。

表 10-3　常见连续型随机变量的概率密度及分布函数

函数名	对应的分布	数学意义	调用格式
unifpdf	均匀分布密度函数	$y=\dfrac{1}{b-a}$	$Y=\text{unifpdf}(X,A,B)$
unifpdf	均匀分布累积分布函数	$y=\dfrac{x-a}{b-a}$	$Y=\text{unifcdf}(X,A,B)$
exppdf	指数分布密度函数	$y=\dfrac{1}{\mu}\text{e}^{-\frac{x}{\mu}}$	$Y=\text{exppdf}(X,MU)$
expcdf	指数分布累积分布函数	$y=1-\text{e}^{-\frac{x}{\mu}}$	$Y=\text{expcdf}(X,MU)$
normpdf	正态分布密度函数	$y=\dfrac{1}{\sqrt{2\pi}}\text{e}^{-\frac{(x-\mu)^2}{2\sigma^2}}$	$Y=\text{normpdf}(X,MU,SIGMA)$
normcdf	正态分布累积分布函数	$y=\displaystyle\int_{-\infty}^{x}\dfrac{1}{\sqrt{2\pi}}\text{e}^{-\frac{(t-\mu)^2}{2\sigma^2}}\text{d}t$	$Y=\text{normcdf}(X,MU,SIGMA)$

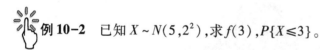

例 10-2　已知 $X \sim N(5,2^2)$,求 $f(3)$,$P\{X \leqslant 3\}$。

解: 输入 MATLAB 代码:

```
>>normpdf(3,5,2)
```

运行程序后,结果如下:

```
ans =
    0.1210
```

输入 MATLAB 代码:

```
>>normcdf(3,5,2)
```

运行程序后,结果如下:

```
ans =
    0.1587
```

10.2.4　二维随机变量及其分布

利用 MATLAB 提供的 mvnpdf 函数可以计算二维正态分布随机变量在指定位置的密度函数值,其命令如下:

```
mvnpdf(x,mu,sigma)
```

例 10-3 绘制出均值为 $(0,0)$,协方差矩阵为 $\begin{pmatrix} 0.25 & 0.2 \\ 0.2 & 1 \end{pmatrix}$ 的二维正态分布的概率密度函数曲面。

解: 输入 MATLAB 代码:

```
>>mu = [0 0]; sigma = [0.25 0.2;0.2 1];
>>[X1,X2] = meshgrid(linspace(-3,3,50)',linspace(-3,3,50)');
>>X = [X1(:) X2(:)];
>>p = mvnpdf(X,mu,sigma);
>>surf(X1,X2,reshape(p,50,50));
```

运行后得到的图像如图 10-1 所示。

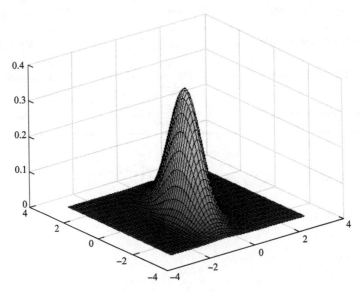

图 10-1　二维正态分布的概率密度函数图像

10.2.5　随机变量的数字特征

MATLAB 提供了常见分布的期望与方差的计算函数,见表 10-4。

表 10-4　常见分布的期望与方差

函数名	对应的分布	调用格式
unifstat	均匀分布的期望与方差	$[M,V] = \text{unifstat}(A,B)$
binostat	二项分布的期望与方差	$[M,V] = \text{binostat}(N,P)$
expstat	指数分布的期望与方差	$[M,V] = \text{expstat}(P,Lamda)$
poisstat	泊松分布的期望与方差	$[M,V] = \text{poisstat}(Lamda)$
normstat	正态分布的期望与方差	$[M,V] = \text{normstat}(MU,SIGMA)$

续表

函数名	对应的分布	调用格式
chi2stat	卡方分布的期望与方差	$[M,V]=\mathrm{chi2stat}(N)$
tstat	t 分布的期望与方差	$[M,V]=\mathrm{tstat}(N)$
fstat	F 分布的期望与分布	$[M,V]=\mathrm{fstat}(n1,n2)$
geostat	几何分布的期望与方差	$[M,V]=\mathrm{geostat}(P)$
hygestat	超几何分布的期望与方差	$[M,V]=\mathrm{hygestat}(N,M,K)$

例 10-4　已知 $X \sim U(1,10)$，求其数学期望和方差。

解：　输入 MATLAB 代码：

```
>>a=1;b=10;
>>[M,V]=unifstat(a,b)
```
运行程序后,结果如下:
```
M =
    5.5000
V =
    6.7500
```

10.3　样本描述

10.3.1　概述

采集到大量的样本数据以后,常常需要用一些统计量来描述数据的集中程度和离散程度,并通过这些指标来对数据的总体特征进行归纳。

描述样本数据集中趋势的统计量有算术平均值、几何均值、调和均值、中位数和截尾均值等。

描述样本数据离中趋势的统计量包括方差、标准差、极差、均值绝对差和内四分极值等。

此外,还有峰度、偏度、相关系数、中心矩和分位数等统计量也能描述样本数据的某些特征。

10.3.2　描述集中趋势的统计量

描述样本数据集中趋势的统计量见表 10-5。

表 10-5　描述样本数据集中趋势的统计量

函数名	调用格式	数学计算式	注释
算术平均	$m = \mathrm{mean}(X)$	$\bar{x}_j = \dfrac{1}{n}\sum\limits_{i=1}^{n} x_{ij}$	对于向量，$\mathrm{mean}(X)$ 为 X 中元素的均值。对于矩阵，$\mathrm{mean}(X)$ 为包含 X 中每列元素均值的行向量
几何平均	$m = \mathrm{geomean}(X)$	$m = \sqrt[n]{\prod\limits_{i=1}^{n} x_i}$	对于向量，$\mathrm{geomean}(X)$ 为数据 X 中元素的几何均值。对于矩阵，$\mathrm{geomean}(X)$ 为一行向量，其中包含每一列数值的几何均值
调和平均	$m = \mathrm{harmmean}(X)$	$m = \dfrac{n}{\sum\limits_{i=1}^{n} \dfrac{1}{x_i}}$	对于向量，$\mathrm{harmmean}(X)$ 函数为 X 中元素的调和平均值。对于矩阵，$\mathrm{harmmean}(X)$ 函数为一包含每列元素调和平均值的行向量
中值	$m = \mathrm{median}(X)$	中值，即中位数，是样本的 50% 分位数	对于向量，$\mathrm{median}(X)$ 为向量 X 中元素的中值。对于矩阵，$\mathrm{median}(X)$ 为包含每一列中元素中值的行向量
截尾均值	$m = \mathrm{trimmean}(X, percent)$	剔除极值后计算样本均值	该函数剔除测量值中最大和最小的数据以后，计算样本 X 的均值

（1）算术均值

例 10-5　求样本的算术均值。

解： 输入 MATLAB 代码：

```
>>x=normrnd(0,1,100,5);
>>xbar = mean(x)
```

运行程序后，结果如下：

```
xbar =
  -0.0785  -0.0983  -0.0727   0.0418   0.0962
```

（2）几何均值

例 10-6　求样本的几何均值。

解： 输入 MATLAB 代码：

```
>>x = exprnd(1,10,6);
>>geometric = geomean(x)
```

运行程序后，结果如下：

```
geometric =
 0.5186   0.5802   0.4427   0.8980   0.6670   0.4651
```

（3）调和均值

例 **10-7**　求样本的调和均值。

解：输入 MATLAB 代码：

```
>>x = exprnd(1,10,6);
>>harmonic=harmmean(x)
```

运行程序后,结果如下：

```
harmonic =
    0.0149    0.4022    0.3113    0.0553    0.2518    0.2243
```

（4）中值

中值是样本数据中心趋势的稳健估计,因为异常值的影响较小。由于计算中值需要首先进行排序,计算大型矩阵的中值向量时将比较费时。

例 **10-8**　求样本的中值。

解：输入 MATLAB 代码：

```
>>xodd = 1:5;
>>modd = median(xodd)
```

运行程序后,结果如下：

```
modd =
    3
```

（5）截尾均值

截尾均值为样本位置参数的稳健性估计。若数据中有异常值,截尾均值为数据中心的一个代表性估计。若数据服从正态分布,则样本均值是比截尾均值更好的估计。

例 **10-9**　用蒙特卡罗法模拟正态数据的 10% 截尾均值与样本均值之间的相关系数。

解：输入 MATLAB 代码：

```
>>x = normrnd(0,1,100,100);
>>m = mean(x);
>>trim = trimmean(x,10);
>>sm = std(m);
>>strim = std(trim);
>>efficiency = (sm/strim).^2
```

运行程序后,结果如下：

```
efficiency =
    0.9572
```

10.3.3　描述离中趋势的统计量

描述样本数据离中趋势的统计量见表10-6。

表 10-6　描述样本数据离中趋势的统计量

函数名	调用格式	注释
方差	$y=\mathrm{var}(X)$ $y=\mathrm{var}(X,1)$ $y=\mathrm{var}(X,w)$	对于向量，$\mathrm{var}(X)$ 为 X 中元素的方差。对于矩阵，$\mathrm{var}(X)$ 是包含 X 中每一列元素方差的行向量 $\mathrm{var}(X)$ 通过除以 $(n-1)$ 来达到正态化，其中 n 为序列长度 $\mathrm{var}(X,1)$ 通过除以 n 来正态化并生成样本数据的二阶矩 $\mathrm{var}(X,w)$ 使用权重向量 w 计算方差。w 中元素的个数必须等于矩阵 X 的行数
标准差	$y=\mathrm{std}(X)$ $y=\mathrm{std}(X,1)$	对于向量 X，$\mathrm{std}(X)$ 为 X 中元素的标准差。对于矩阵，$\mathrm{std}(X)$ 为包含 X 中每一列标准差的行向量 $\mathrm{std}(X)$ 通过除以 $(n-1)$ 来实现正态化，其中 n 为序列长度 $\mathrm{std}(X,1)$ 通过除以 n 正态化并生成样本数据的标准差
极差	$y=\mathrm{range}(X)$	对于向量，$\mathrm{range}(X)$ 为 X 中元素的极差。对于矩阵，$\mathrm{range}(X)$ 为包含每一列中元素极差的行向量
均值绝对差	$y=\mathrm{mad}(X)$	对于向量，$\mathrm{mad}(X)$ 返回 X 元素的绝对平均值。对于矩阵，返回 X 的每一列的均值绝对差
内四分极值	$y=\mathrm{iqr}(X)$	$\mathrm{iqr}(X)$ 计算 X 的 75% 分位数与 25% 分位数之间的差值

（1）方差

例 10-10　计算随机变量的方差。

解： 输入 MATLAB 代码：

```
>>x = [-1 1];
>>w = [1 3];
>>v1 = var(x)
>>v2 = var(x,1)
>>v3 = var(x,w)
```

运行程序后，结果如下：

```
v1 =
    2
v2 =
    1
v3 =
    0.7500
```

（2）标准差

例 10-11 计算标准差。

解：输入 MATLAB 代码：

```
>>x = normrnd(0,1,100,6);
>>y = std(x)
```

运行程序后,结果如下：

```
y =
  0.9217   0.9988   0.9713   1.0528   0.8997   0.8518
```

（3）极差

用极差估计样本数据的范围具有计算简便的优点。缺点是异常值对它的影响较大,因此,它是一个不可靠的估计值。

例 10-12 大样本标准正态分布随机数的极差近似为 6。下面首先生成 5 个包含 1000 个服从标准正态分布的随机数的样本,然后进行求极差的运算。

解：输入 MATLAB 代码：

```
>>rv=normrnd(0,1,1000,5);
>>near6 = range(rv)
```

运行程序后,结果如下：

```
near6 =
   6.5937   5.9009   6.1615   6.8503   6.0673
```

（4）均值绝对差

$\mathrm{mad}(X)$ 计算数据系列与取自该数据系列的样本均值之间绝对差的平均值。当数据取自正态分布时,均值绝对差用于数据范围估计的有效性比标准差要差一些。可以用均值标准差乘以 1.3 来估计 σ。

例 10-13 用蒙特卡罗模拟演示正态数据样本的均值绝对差与标准差之间的相关系数。

解：输入 MATLAB 代码：

```
>>x=normrnd(0,1,100,100);
>>s=std(x);
>>s_MAD=1.3*mad(x);
>>efficiency=(norm(s-1)./norm(s_MAD-1)).^2
```

运行程序后,结果如下：

```
efficiency =
    0.7514
```

（5）内四分极值

iqr(X)计算 X 的 75% 分位数与 25% 分位数之间的差值。IQR 是数据范围的稳健性估计，因为上下 25% 的数据变化对其没有影响。

若数据中没有异常值，则 IQR 用于衡量数据的范围时比标准差更具代表性。当数据源于正态分布时，标准差比 IQR 有效。常用 IQR $*0.7413$ 来代替 σ。

例 10-14　用蒙特卡罗模拟来演示正态数据的 IQR 与样本标准差之间的相关系数。

解：输入 MATLAB 代码：

```
>>x=normrnd(0,1,100,100);
>>s=std(x);
>>s_IQR=0.7413*iqr(x);
>>efficiency=(norm(s-1)./norm(s_IQR-1)).^2
```
运行程序后，结果如下：
```
efficiency =
    0.3140
```

10.3.4　其他统计量

其他统计量见表 10-7。

表 10-7　其他样本统计量

函数名	调用格式	计算式	注释
峰度	$k=\text{kurtosis}(X,flag)$	$k=E\left[\left(\dfrac{x-E(x)}{\sqrt{D(x)}}\right)^4\right]$	对于向量而言，kurtosis(X)函数为向量 X 中元素的峰度。对于矩阵而言，kurtosis(X)函数为 X 的每一列返回样本峰度。当 flag=0 时，纠正偏离；flag=1 时，不纠正偏离
偏度	$y=\text{skewness}(X,flag)$	$y=E\left[\left(\dfrac{x-E(x)}{\sqrt{D(x)}}\right)^3\right]$	对于向量，skewness(X)为 X 的元素的偏度。对于矩阵，skewness(X)为包含每一列中样本偏度的行向量
协方差	$C=\text{cov}(X)$ $C=\text{cov}(X,Y)$		对于向量，cov(X)计算其方差；对于矩阵，cov(X)计算其协方差矩阵；cov(X,Y)计算 X 和 Y 的协方差矩阵
相关系数	$[R,P]=\text{corrcoef}(X)$ $[R,P]=\text{corrcoef}(X,Y)$		该函数返回矩阵的相关系数矩阵 $\boldsymbol{R}$，corrcoef(X,Y)计算 X 和 Y 的相关系数矩阵 $\boldsymbol{R}$，$\boldsymbol{P}$ 为矩阵的 P 值
中心矩	$m=\text{moment}(X,order)$	$m_k=E\left[x-E(x)\right]^k$	该函数返回由正整数 order 指定阶次的 X 的中心矩

续表

函数名	调用格式	计算式	注释
百分位数	$Y=\text{prctile}(X,p)$		计算 X 中大于 p% 的值, p 必须介于 0 和 100 之间。如 p=50, 则 Y 为 X 的中值

（1）峰度

Kurtosis 函数用于度量样本数据偏离某分布的情况, 正态分布的峰度为 3。当样本数据的曲线峰值比正态分布的高时, 峰度大于 3; 当样本数据的曲线峰值比正态分布的低时, 峰度小于 3。

 **例 10-15**　求矩阵的峰度。

解：输入 MATLAB 代码：

```
>>X=randn([5 4])
X =
  -0.1793   -0.8059    0.1826    0.1618
  -0.4471   -0.7860    0.6929   -0.0625
  -0.4127    0.9017   -0.6601   -0.8873
   1.6275    0.9131    0.2615   -0.0471
  -0.0592    1.4921   -0.4512   -0.6696
>>k=kurtosis(X)
k =
   3.0775    1.2821    1.5704    1.4291
>>k=kurtosis(X,0)
k =
   7.3100    0.1285    1.2815    0.7166
```

（2）偏度

偏度用于衡量样本均值的对称性, 若偏度为负, 则数据均值左侧的离散性比右侧的强; 若偏度为正, 则数据均值右侧的离散性比左侧的强。正态分布（或任何严格对称分布）的偏度为零。

 **例 10-16**　求矩阵的峰度。

解：输入 MATLAB 代码：

```
>>X = randn([5 4])
X =
   0.8439    0.3562    0.8604   -0.0521
   0.4087   -0.6351   -0.2825   -0.5429
  -0.5607    1.1078   -0.2853    0.4664
```

```
   -0.1376   -1.5916    0.9134    1.2014
    1.0401   -1.9681   -1.6238    0.1644
>>y = skewness(X)
y =
   -0.2389    0.1610   -0.4550    0.3674
```

（3）协方差、相关系数

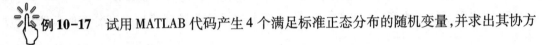 **例 10-17** 试用 MATLAB 代码产生 4 个满足标准正态分布的随机变量,并求出其协方差矩阵。

解：输入 MATLAB 代码：

```
>>p = randn(30000,4);
>>cov(p)
```

运行程序后,结果如下：

```
ans =
    0.9856   -0.0064   -0.0038    0.0039
   -0.0064    1.0129   -0.0017   -0.0015
   -0.0038   -0.0017    1.0080    0.0004
    0.0039   -0.0015    0.0004    0.9961
```

例 10-18 试用 MATLAB 代码产生 3 个满足标准正态分布的随机变量,并求出其相关系数矩阵。

解：输入 MATLAB 代码：

```
>>A = randn(50,3);
>>A(:,4) = sum(A,2);
>>[R,P] = corrcoef(A)
```

运行程序后,结果如下：

```
R =
    1.0000    0.0361    0.0016    0.6104
    0.0361    1.0000   -0.0590    0.5821
    0.0016   -0.0590    1.0000    0.5266
    0.6104    0.5821    0.5266    1.0000
  P =
    1.0000    0.8035    0.9913    0.0000
    0.8035    1.0000    0.6842    0.0000
    0.9913    0.6842    1.0000    0.0001
```

```
0.0000     0.0000     0.0001     1.0000
```

（4）中心矩

 例 10-19　求正态分布随机数的各阶矩。

解：输入 MATLAB 代码：

```
>>A=[ ];B=[ ];
>>p=normrnd(0.5,1.5,40000,1);
>>n=1:5;
>>for r=n,
>>A=[A,sum(p.^r)/length(p)];
>>B=[B,moment(p,r)];
>>end
>>A,B
```

运行程序后，结果如下：

```
A =
   0.5074    2.5101    3.5253   18.6127   40.0912
B =
   0         2.2527   -0.0343   15.1363   -1.1974
```

（5）百分位数

 例 10-20　求百分位数。

解：输入 MATLAB 代码：

```
>>x = (1:5)'*(1:5)
x =
    1     2     3     4     5
    2     4     6     8    10
    3     6     9    12    15
    4     8    12    16    20
    5    10    15    20    25
>>y = prctile(x,[25 50 75])
y =
    1.7500    3.5000    5.2500    7.0000    8.7500
    3.0000    6.0000    9.0000   12.0000   15.0000
    4.2500    8.5000   12.7500   17.0000   21.2500
```

10.4 参数估计

10.4.1 基本数学原理

参数估计包括点估计和区间估计。

点估计是用单个数值作为参数的估计,常用的方法有矩估计和极大似然估计。

区间估计不仅仅给出参数的近似取值,还给出了该取值的误差范围。求参数的区间估计,首先要求出该参数的点估计,然后构造一个含有该参数的随机变量,并根据一定的置信水平求该估计值的误差范围。

10.4.2 常见分布的参数估计

表 10-8 为常见分布的参数估计函数及其调用格式。

表 10-8 常见分布的参数估计函数及其调用格式

函数名	参数估计对应的分布	调用格式
betafit	贝塔分布	phat = betafit(X) [phat, pci] = betafit(x, $alpha$)
betalike	贝塔对数似然函数	logL = betalike($params$, $data$) [logL, info] = betalike($params$, $data$)
binofit	二项分布	phat = binofit(x, n) [phat, pci] = binofit(x, n) [phat, pci] = binofit(x, n, $alpha$)
expfit	指数分布	muhat = expfit(X) [muhat, muci] = expfit(X) [muhat, muci] = expfit(x, $alpha$)
gamfit	伽玛分布	phat = gamfit(X) [phat, pci] = gmfit(X) [phat, pci] = gamfit(x, $alpha$)
gamlike	伽玛似然函数	logL = gamlike($params$, $data$) [logL, info] = gamlike($params$, $data$)
mle	极大似然估计	phat = mle('$dist$', $data$) [phat, pci] = mle('$dist$', $data$) [phat, pci] = mle('$dist$', $data$, $alpha$) [phat, pci] = mle('$dist$', $data$, $alpha$, $p1$)
normlike	正态对数似然函数	L = normlike($params$, $data$)
normfit	正态分布	[muhat, sigmahat, muci, sigmaci] = normfit(X) [muhat, sigmahat, muci, sigmaci] = normfit(X, $alpha$)

续表

函数名	参数估计对应的分布	调用格式
poissfit	泊松分布	lambdahat＝poissfit(X) [lambdahat,lambdaci]＝poissfit(X) [lambdahat,lambdaci]＝poissfit(X,$alpha$)
unifit	均匀分布	lambdahat＝poissfit(X) [lambdahat,lambdaci]＝poissfit(X) [lambdahat,lambdaci]＝poissfit(X,$alpha$)
weibfit	威布尔分布	phat＝weibfit(X) [phat,pci]＝weibfit(X) [phat,pci]＝weibfit(x,$alpha$)
weiblike	威布尔对数似然函数	logL＝weiblike($params$,$data$) [logL,info]＝weiblike($params$,$data$)

（1）正态分布的参数估计

对正态分布数据进行参数估计，可以用 normfit 函数求参数的置信区间。其调用格式为：

[muhat,sigmahat,muci,sigmaci] = normfit(X)

[muhat,sigmahat,muci,sigmaci] = normfit(X,alpha)

[muhat,sigmahat,muci,sigmaci]＝normfit(X)对于给定的服从正态分布的数据矩阵 X，返回参数 μ 和 σ 的估计值 muhat 和 sigmahat。muci 和 sigmaci 为95％置信区间。muci 和 sigmaci 向量分别有两行，其列数与数据矩阵 X 的列数相同。上下两行的数据分别为置信区间的下限和上限。

[muhat,sigmahat,muci,sigmaci]＝normfit(X,alpha)进行参数估计并计算$100(1-\text{alpha})$％置信区间。如 alpha＝0.01 时，给出99％置信区间。

例 10-21　求随机正态分布的置信区间，数据为两列随机正态矩阵，两列都有 $\mu=10$ 和 $\sigma=2$。

解：输入 MATLAB 代码：

```
>>r = normrnd(10,2,100,2);
>>[mu,sigma,muci,sigmaci] = normfit(r)
mu =
 10.0337    9.7556
sigma =
  1.8084    1.9414
muci =
  9.6748    9.3703
 10.3925   10.1408
```

```
sigmaci =
    1.5878    1.7046
    2.1008    2.2553
```

（2）极大似然估计

置信区间的极大似然估计，可以用 mle 函数。其调用格式为：

```
phat = mle('dist',data)
[phat,pci] = mle('dist',data)
[phat,pci] = mle('dist',data,alpha)
[phat,pci] = mle('dist',data,alpha,p1)
```

phat = mle('dist',data)用 data 向量中的样本返回'dist'指定的分布的最大似然估计。[phat,pci] = mle('dist',data)返回最大似然估计和 95% 置信区间。[phat,pci] = mle('dist',data,alpha)返回指定分布的最大似然估计值和 100(1-alpha)% 置信区间。[phat,pci] = mle('dist',data,alpha,p1)该形式仅用于二项分布，其中 p1 为试验次数。

例 **10-22**　求随机二项分布的极大似然估计。

解： 输入 MATLAB 代码：

```
rv = binornd(20,0.75)
rv =
    12
[p,pci] = mle('binomial',rv,0.05,20)
p =
    0.6000
pci =
    0.3605
    0.8088
```

10.4.3　区间估计

（1）逆累积分布函数

逆累积分布函数是累积分布函数的逆函数。利用逆累积分布函数，可以求得满足给定概率时随机变量对应的置信区间的最小值和最大值。表 10-9 为常见分布的累积分布逆函数及其调用格式。

表 10-9　常见分布的累积分布逆函数

函数名	累积分布函数逆函数对应的分布	调用格式
betainv	贝塔分布	$X = \mathrm{betainv}(P,A,B)$

续表

函数名	累积分布函数逆函数对应的分布	调用格式
binoinv	二项分布	$X = \text{binoinv}(Y, N, P)$
chi2inv	卡方分布	$X = \text{chi2inv}(P, V)$
ePpinv	指数分布	$X = \text{ePpinv}(P, MU)$
finv	*F* 分布	$X = \text{finv}(P, V1, V2)$
gaminv	伽玛分布	$X = \text{gaminv}(P, A, B)$
geoinv	几何分布	$X = \text{geoinv}(Y, P)$
hygeinv	超几何分布	$X = \text{hygeinv}(P, M, K, N)$
logninv	对数正态分布	$X = \text{logninv}(P, MU, SIGMA)$
nbininv	负二项分布	$X = \text{nbininv}(Y, R, P)$
ncfinv	非中心 *F* 分布	$X = \text{ncfinv}(P, NU1, NU2, DELTA)$
nctinv	非中心 *t* 分布	$X = \text{nctinv}(P, NU, DELTA)$
ncx2inv	非中心卡方分布	$X = \text{ncX2inv}(P, V, DELTA)$
norminv	正态分布	$X = \text{norminv}(P, MU, SIGMA)$
poissinv	泊松分布	$X = \text{poissinv}(P, LAMBDA)$
raylinv	雷利分布	$X = \text{raylinv}(P, B)$
tinv	*t* 分布	$X = \text{tinv}(P, V)$
unidinv	离散均匀分布	$X = \text{unidinv}(P, N)$
unifinv	连续均匀分布	$X = \text{unifinv}(P, A, B)$
weibinv	威布尔分布	$X = \text{weibinv}(P, A, B)$

（2）单正态总体均值的区间估计

①σ^2 已知

在总体方差 σ^2 已知的情形下，总体均值 μ 的置信度为 $1-\alpha$ 的置信区间为

$$\left(\bar{X} - \frac{\sigma}{\sqrt{n}} u_{\alpha/2}, \bar{X} + \frac{\sigma}{\sqrt{n}} u_{\alpha/2} \right)$$

例 10-23 设 $1.1, 2.2, 3.3, 4.4, 5.5$ 为来自正态总体 $N(\mu, 2.3^2)$ 的简单随机样本，求 μ 的置信水平为 95% 的置信区间。

解： 输入 MATLAB 代码：

```
x=[1.1 2.2 3.3 4.4 5.5];
n=length(x);
m=mean(x);
c=2.3/sqrt(n);
d=c*norminv(0.975);
[m-d,m+d]
```

运行程序后,结果如下:

```
ans =
    1.2840    5.3160
```

②σ^2 未知

在总体方差 σ^2 未知的情形下,总体均值 μ 的置信度为 $1-\alpha$ 的置信区间为

$$\left[\bar{X} - \frac{S}{\sqrt{n}} t_{\alpha/2}(n-1), \bar{X} + \frac{S}{\sqrt{n}} t_{\alpha/2}(n-1) \right]$$

例 10-24 数据同例 10-23,求 μ 的置信水平为 95% 的置信区间。

解: 输入 MATLAB 代码:

```
x=[1.1 2.2 3.3 4.4 5.5];
n=length(x);
m=mean(x);
s=std(x);
dd=s*tinv(0.975,n-1)/sqrt(n);
[m-dd,m+dd]
```

运行程序后,结果如下:

```
ans =
    1.1404    5.4596
```

(3)单正态总体方差的区间估计

单正态总体方差的 $1-\alpha$ 的置信区间为

$$\left[\frac{(n-1)S^2}{\chi_{\alpha/2}^2(n-1)}, \frac{(n-1)S^2}{\chi_{1-\alpha/2}^2(n-1)} \right]$$

例 10-25 数据同例 10-23,求 σ^2 的置信水平为 95% 的置信区间。

解: 输入 MATLAB 代码:

```
x=[1.1 2.2 3.3 4.4 5.5];
n=length(x);
c1=chi2inv(0.025,n-1);
c2=chi2inv(0.975,n-1);
T=(n-1)*var(x);
[T/c2,T/c1]
```

运行程序后,结果如下:

```
ans =
```

1.0859 24.9784

（4）两正态总体均值差的置信区间

当方差已知时，两正态总体均值差 $\mu_1 - \mu_2$ 的置信区间为

$$\left(\bar{X} - \bar{Y} - u_{\alpha/2}\sqrt{\frac{\sigma_1^2}{m} + \frac{\sigma_2^2}{n}}, \bar{X} - \bar{Y} + u_{\alpha/2}\sqrt{\frac{\sigma_1^2}{m} + \frac{\sigma_2^2}{n}} \right)$$

在此，$u_{\alpha/2}$ 可用 norminv$(1-\alpha/2)$ 求得。

当方差未知但相等时，$\mu_1 - \mu_2$ 的置信区间为

$$(\bar{X} - \bar{Y} - t_{\alpha/2}C, \bar{X} - \bar{Y} + t_{\alpha/2}C)$$

其中，$C = \sqrt{\frac{1}{m} + \frac{1}{n}} \cdot \sqrt{\frac{(m-1)S_1^2 + (n-1)S_2^2}{m+n-2}}$，$t_{\alpha/2}$ 可用 tinv$(1-\alpha/2, m+n-2)$ 求得。

（5）两正态总体方差比的置信区间

两正态总体方差比 $\frac{\sigma_1^2}{\sigma_2^2}$ 的置信区间为 $\left[\frac{S_1^2/S_2^2}{F_{\alpha/2}}, \frac{S_1^2/S_2^2}{F_{1-\alpha/2}}\right]$。

其中，$F_{\alpha/2}$ 可用 finv$(1-\alpha/2, v1, v2)$ 求得。

10.5　假设检验

假设检验是数理统计中重要的内容，MATLAB 提供了假设检验的函数，见表 10-10。

表 10-10　假设检验的函数

函数名	适用条件	调用形式	注释
Z 检验法	方差已知，单正态总体均值的假设检验	$[h, sig, ci, zval] =$ ztest$(x, m, sigma, alpha, tail)$	ci 为置信区间，zval 为统计量的值
t 检验法	方差未知，单正态总体均值的假设检验	$[h, sig, ci, tval] =$ ttest$(x, m, alpha, tail)$	ci 为置信区间，tval 为统计量的值
t 检验法	两个正态总体的方差未知，但相等时，比较总体均值的假设检验	$[h, sig, ci] =$ ttest2$(x, y, alpha, tail)$	
χ^2 检验法	总体均值未知时，单正态总体方差检验	$[h, p, varci, stats] =$ vartest$(x, var0, alpha, tail)$	var0 为方差，varci 为方差的置信区间，stats 为 χ^2 统计量的值
F 检验法	总体均值未知时，两个正态总体方差比检验	$[h, p, varci, stats] =$ vartest2$(x, y, alpha, tail)$	varci 为方差比的置信区间，stats 为 F 统计量的值

表中，x, y 为正态总体的样本，m 为均值 μ，$sigma$ 为已知的标准差，$alpha$ 为显著性水平（默认取 0.05），$tail$ 为检验类型，$tail = 0$ 表示双侧检验（默认），$tail = 1$ 表示右侧检验，$tail = -1$ 表示左侧检验。h 为检验结论，若 $h = 0$，表示在显著性水平 $alpha$ 下，接受原假设，若 $h = 1$;表示在显

著性水平 *alpha* 下,拒绝原假设。*sig* 和 *p* 为统计量的 *P* 值。

例 10-26 对第八章例 8-1 进行假设检验。

解：提出假设：$H_0:\mu=\mu_0=500$；$H_1:\mu\neq\mu_0$

输入 MATLAB 代码：

```
>>x=[498  502  505  496  507  503  512  492  496  512];
>>[h,sig,ci,zval]=ztest(x,500,10,0.05,0)
```

运行结果：

```
h =
    0
sig =
    0.4670
ci =
  496.1020  508.4980
zval =
    0.7273
```

结果显示,h=0,sig=0.4670 大于 0.05 的显著性水平,表明在 0.05 的显著性水平下,接受原假设,即认为机器工作正常。

例 10-27 对第八章例 8-1 进行假设检验,忽略每袋食盐净重的标准差已知的条件,则可调用函数 ttest 完成检验。

解：MATLAB 代码如下：

```
>>x=[498  502  505  496  507  503  512  492  496  512];
>>[h,sig,ci,tval]=ttest(x,500,0.05,0)
h =
    0
sig =
    0.3159
ci =
  497.4010  507.1990
tval =
   tstat:1.0620
      df:9
      sd:6.8484
```

结果显示,h=0,sig=0.3159 大于 0.05 的显著性水平,表明在 0.05 的显著性水平下,接受原假设,即认为机器工作正常。

10.6　方差分析与回归分析

事件的发生往往与多个因素有关,但各个因素对事件发生的影响可能是不一样的,而且同一因素的不同水平对事件发生的影响也是不同的。通过方差分析,便可以研究不同因素以及因素的不同水平对事件发生的影响程度。

回归分析是建立变量之间非确定性统计关系的数学方法,而一元线性回归是最简单也是最常用的回归分析。

MATLAB 提供了方差分析与回归分析的函数,见表 10-11。

表 10-11　方差分析与回归分析函数

函数名	调用形式	注释
单因素的方差分析	$P = \text{anoval}(x)$	该函数是比较两组或多组样本数据的均值之间是否有显著性差异,适用于当各总体下的样本数据个数相等时,P 为统计量的 P 值
单因素的方差分析	$P = \text{anoval}(x, group, 'displayopt')$	当各总体下的样本数据个数不等时,可添加 group 参数,用于标识 x 中相应元素所属组的样本。displayopt 为 on 时,则激活 anoval 表和箱形图的显示
双因素的方差分析	$P = \text{anoval2}(x, reps, 'displayopt')$	进行平衡双因子方差分析,以比较样本 x 中两列或两列以上和两行或两行以上的均值。不同列中的数据代表一个因子 A 的变化,不同行中的数据代表因子 B 的变化。若在每一个行—列匹配点上有一个以上的观测值,则变量 reps 指示每一个"单元"中观测量的个数
一元线性回归函数	$[P, S] = \text{polyfit}(x, y, n)$	实现从一次到高次多项式的回归,y 是因变量,x 是自变量,n 是高次多项式的最高项次数,P 为多项式的回归系数,S 为输出结果
多元线性回归函数	$[b, bint, r, rint, stats] = \text{regress}(y, x, alpha)$	实现一元和多元线性回归分析,y 是因变量,x 是自变量矩阵,$alpha$ 是显著性水平,默认取 0.05;b 是回归得到的自变量系数,$bint$ 是 b 的 95% 置信区间,r 是残差向量,$rint$ 是残差的区间估计,$stats$ 是返回的拟合优度 R^2、F 统计量、P 值和标准差估计值

例 10-28　一位教师想要检查三种不同的教学方法的效果,为此,随机地选取了水平相当的 15 位学生。把他们分为三组,每组五人,每一组用一种方法教学,一段时间后,这位教师给这 15 位学生进行统考,统考成绩(单位:分)见表 10-12。

表 10-12　学生统考成绩表

方法	成绩				
甲	75	62	71	58	73
乙	81	85	68	92	90
丙	73	79	60	75	81

要求检验这三种教学方法的效果有没有显著差异(假设这三种教学方法的效果没有显著差异)。

解: 输入 MATLAB 代码:

```
score=[75,62,71,58,73,81,85,68,92,90,73,79,60,75,81];
N=[1 1 1 1 1 2 2 2 2 2 3 3 3 3 3];
[p,table,stat]=ANOVA1(score,N,'displayon')
p =
    0.0401
table =
    'Source'  'SS'            'df'    'MS'          'F'         'Prob>F'
    'Groups'  [  604.9333]    [ 2]    [302.4667]    [4.2561]    [0.0401]
    'Error'   [  852.8000]    [12]    [ 71.0667]    []          []
    'Total'   [1.4577e+03]    [14]    []            []          []
stat =
    gnames: {3x1 cell}
        n: [5 5 5]
    source: 'anova1'
    means: [67.8000 83.2000 73.6000]
        df: 12
        s: 8.4301
```

P 值小于 0.05,拒绝零假设,认为三种教学方法的效果存在显著差异。

图 10-2 为本问题的方差分析表,可以看出,$F_{0.05}(2,12)$ 大于 $F=4.26$ 的概率为 0.0401,小于 0.05,可以认为 $F_{0.05}(2,12)<4.26$,所以,在 0.05 的水平上可以认为三种教学方法的效果有

ANOVA Table

Source	SS	df	MS	F	Prob>F
Groups	604.93	2	302.467	4.26	0.0401
Error	852.8	12	71.067		
Total	1457.73	14			

图 10-2　方差分析表

显著差异。

图 10-3 为本问题的箱形图,可见三种教学方法的效果存在显著差异。

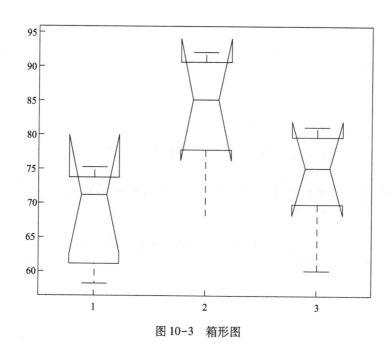

图 10-3　箱形图

例 10-29　为了考察四种不同燃料与三种不同型号的推进器对火箭射程(单位:海里)

的影响,做了 12 次试验,得数据见表 10-13。

表 10-13　燃料—推进器—射程数据表

	推进器 1	推进器 2	推进器 3
燃料 1	58.2	56.2	65.3
燃料 2	49.1	54.1	51.6
燃料 3	60.1	70.9	39.2
燃料 4	75.8	58.2	48.7

要求分析燃料和推进器的不同是否对火箭的射程有显著影响。零假设为没有影响。

解: 输入 MATLAB 代码:

```
x=[58.2 56.2 65.3;49.1 54.1 51.6;60.1 70.9 39.2;75.8 58.2 48.7];
p=anova2(x',1)
p =
    0.7387    0.4491
```

由于燃料和推进器对应的 P 值均大于 0.05,所以,可以接受零假设 H_{01} 和 H_{02},认为燃料和推进器对火箭的射程没有显著影响。图 10-4 为本问题的方差分析表。

ANOVA Table

Source	SS	df	MS	F	Prob>F
Columns	157.59	3	52.53	0.43	0.7387
Rows	223.85	2	111.923	0.92	0.4491
Error	731.98	6	121.997		
Total	1113.42	11			

图 10-4 双因素方差分析表

例 10-30 设火箭的射程在其他条件基本相同时与燃料种类及推进器型号有关。现在考虑四种不同的燃料及三种不同型号的推进器,对于每种搭配各发射了火箭两次,得数据见表 10-14。

表 10-14 燃料—推进器—射程数据表

	推进器 1	推进器 2	推进器 3
燃料 1	58.2 52.6	56.2 41.2	65.3 60.8
燃料 2	49.1 42.8	54.1 50.5	51.6 48.4
燃料 3	60.1 58.3	70.9 73.2	39.2 40.7
燃料 4	75.8 71.5	58.2 51.0	48.7 41.4

要求检验各自变量和自变量的交互效应是否对火箭的射程有显著影响。零假设为没有影响。

解: 输入 MATLAB 代码:

```
x=[58.2 52.6 49.1 42.8 60.1 58.3 75.8 71.5;56.2 41.2 54.1 50.5 70.9
73.2 58.2 51.0;65.3 60.8 51.6 48.4 39.2 40.7 48.7 41.4];
anova2(x',2)
ans =
    0.0035    0.0260    0.0001
```

结果表明,燃料、推进器和两者交互效应对应的 P 值分别为 0.0035、0.0260 和 0.0001,三者均小于 0.05,所以,拒绝三个零假设,认为燃料、推进器和两者的交互效应对于火箭的射程都是有显著影响的。图 10-5 为方差分析表。

```
                    ANOVA Table
Source        SS      df    MS       F      Prob>F
-------------------------------------------------------
Columns      370.98    2   185.49    9.39   0.0035
Rows         261.68    3    87.225   4.42   0.026
Interaction 1768.69    6   294.782  14.93   0.0001
Error        236.95   12    19.746
Total       2638.3    23
```

图 10-5　方差分析表

例 **10-31**　利用 regress 函数进行一元线性回归分析,表 10-15 为产量与积温的一元线性回归分析数据。

表 10-15　产量与积温的数据

x(积温)	1617	1532	1762	1405	1578	1611	1650	1497	1532	1689
y(产量)	435	366	504	290	382	426	460	300	392	473

解：输入 MATLAB 代码：

```
x=[1617 1532 1762 1405 1578 1611 1650 1497 1532 1689];
y=[435 366 504 290 382 426 460 300 392 473];
X=[ones(size(x,2),1),x'];
[b,bint,r,rint,stats]=regress(y',X)
z=b(1)+b(2)*x;
plot(x,y,'o',x,z,'r');
ylabel('y(产量)');
xlabel('x(积温)')
legend('散点','回归线性模型')
```

结果如下：
```
b =
-655.9335
   0.6670
bint =
-905.2005 -406.6664
   0.5103    0.8237
r =
 12.3900
  0.0853
-15.3254
```

```
     8.7946
   -14.5969
     7.3920
    15.3789
   -42.5697
    26.0853
     2.3658
rint =
   -36.0311    60.8111
   -48.9348    49.1054
   -52.8027    22.1519
   -29.2877    46.8769
   -62.7686    33.5749
   -41.9338    56.7178
   -31.4001    62.1579
   -70.9420   -14.1973
   -17.0361    69.2067
   -44.3613    49.0929
stats =
     0.9233   96.2893     0.0000   433.5209
```

结果表明,拟合优度 R^2 为 0.9233,F 统计量为 96.2893,对应的 P 值为 0,小于 0.05 的显著性水平,表明回归方程显著。

所得回归结果为

$$\hat{y} = -655.9335 + 0.667x$$

一元线性回归分析图如图 10-6 所示。

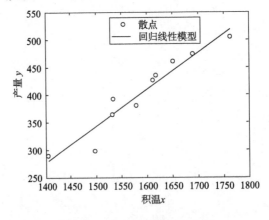

图 10-6　一元线性回归分析图

[1]严灏景. 纺织工程数理统计[M]. 北京：纺织工业出版社，1957.

[2]郁宗隽，李元祥，洪仲秋，等. 数理统计在纺织工程中的应用[M]. 北京：纺织工业出版社，1984.

[3]中国科学院数学研究所数理统计组. 正交试验法[M]. 北京：人民教育出版社，1975.

[4]NAGLA J R. Statistics for Textile Engineers[M]. New Delhi，India：Woodhead Publishing India PVT Ltd，2014.

[5]HAYAVADANA J. Statistics for Textiles and Apparel Management[M]. New Delhi，India：Woodhead Publishing India PVT Ltd，2012.

[6]汪荣鑫. 数理统计[M]. 西安：西安交通大学出版社，1986.

[7]茆诗松，周纪芗. 概率论与数理统计[M].3 版. 北京：中国统计出版社，2008.

[8]王明溪，沈恒范. 概率论与数理统计[M]. 北京：高等教育出版社，2008.

[9]于伟东. 纺织材料学[M]. 2 版.北京：中国纺织出版社，2018.

[10]安瑞凤. 概率论与数理统计学[M]. 北京：纺织工业出版社，1990.

[11]盛骤，谢式千，潘承毅. 概率论与数理统计[M]. 北京：高等教育出版社，2008.

[12]吴赣昌. 概率论与数理统计[M]. 北京：中国人民大学出版社，2017.

[13]苗晨，刘国志. 概率论与数理统计及其 MATLAB 实现[M]. 北京：化学工业出版社，2019.

[14]邓奋发. MATLAB R2015b 概率论与数理统计[M]. 北京：清华大学出版社，2017.

[15]匡雪琴，杨建平，郁崇文. 混合 Weibull 分布在棉纤维长度分布表征上的应用[J]. 纺织学报，2014(35)：35-39.

[16]金敬业，杨欢，吴美琴，等. 基于双端须丛试样的棉毛纤维长度频率分布测量[J]. 东华大学学报（自然科学版），2018(44)：196-204.

[17]林倩，严广松，郁崇文. 棉纤维长度分布密度函数的非参数核估计[J]. 纺织学报，2008(29)：22-25.

[18]中国纺织网,http://info. texnet. com. cn.

附表 1　标准正态分布函数 $\Phi(x) = \dfrac{1}{\sqrt{2\pi}} \displaystyle\int_{-\infty}^{x} e^{-\frac{u^2}{2}} du$ 数值表

x	0.00	0.01	0.02	0.03	0.04	0.05	0.06	0.07	0.08	0.09
0.0	0.5000	0.5040	0.5080	0.5120	0.5160	0.5199	0.5239	0.5279	0.5319	0.5359
0.1	0.5398	0.5438	0.5478	0.5517	0.5557	0.5596	0.5636	0.5675	0.5714	0.5753
0.2	0.5793	0.5832	0.5871	0.5910	0.5948	0.5987	0.6026	0.6064	0.6103	0.6141
0.3	0.6179	0.6217	0.6255	0.6293	0.6331	0.6368	0.6406	0.6443	0.6480	0.6517
0.4	0.6554	0.6591	0.6628	0.6664	0.6700	0.6736	0.6772	0.6808	0.6844	0.6879
0.5	0.6915	0.6950	0.6985	0.7019	0.7054	0.7088	0.7123	0.7157	0.7190	0.7224
0.6	0.7257	0.7291	0.7324	0.7357	0.7389	0.7422	0.7454	0.7485	0.7517	0.7549
0.7	0.7580	0.7611	0.7642	0.7673	0.7703	0.7734	0.7764	0.7794	0.7823	0.7852
0.8	0.7881	0.7910	0.7939	0.7967	0.7995	0.8023	0.8051	0.8078	0.8106	0.8133
0.9	0.8159	0.8186	0.8212	0.8238	0.8264	0.8289	0.8315	0.8340	0.8365	0.8389
1.0	0.8413	0.8438	0.8461	0.8485	0.8508	0.8531	0.8554	0.8577	0.8599	0.8621
1.1	0.8643	0.8665	0.8686	0.8708	0.8729	0.8749	0.8770	0.8790	0.8810	0.8830
1.2	0.8849	0.8869	0.8888	0.8907	0.8925	0.8944	0.8962	0.8980	0.8997	0.9015
1.3	0.9032	0.9049	0.9066	0.9082	0.9099	0.9115	0.9131	0.9147	0.9162	0.9177
1.4	0.9192	0.9207	0.9222	0.9236	0.9251	0.9265	0.9278	0.9292	0.9306	0.9319
1.5	0.9932	0.9345	0.9357	0.9370	0.9382	0.9394	0.9406	0.9418	0.9430	0.9441
1.6	0.9452	0.9465	0.9474	0.9484	0.9495	0.9505	0.9515	0.9525	0.9535	0.9545
1.7	0.9554	0.9564	0.9573	0.9582	0.9591	0.9599	0.9608	0.9616	0.9625	0.9633
1.8	0.9641	0.9648	0.9656	0.9664	0.9671	0.9678	0.9686	0.9693	0.9700	0.9706
1.9	0.9712	0.9719	0.9726	0.9732	0.9738	0.9744	0.9750	0.9756	0.9762	0.9767
2.0	0.9772	0.9778	0.9783	0.9788	0.9793	0.9798	0.9803	0.9808	0.9812	0.9817
2.1	0.9821	0.9826	0.9830	0.9834	0.9838	0.9842	0.9864	0.9850	0.9854	0.9857
2.2	0.9861	0.9864	0.9868	0.9871	0.9874	0.9878	0.9881	0.9884	0.9887	0.9890
2.3	0.9893	0.9896	0.9898	0.9901	0.9904	0.9906	0.9909	0.9911	0.9913	0.9916
2.4	0.9918	0.9920	0.9922	0.9925	0.9927	0.9929	0.9931	0.9932	0.9934	0.9936
2.5	0.9938	0.9940	0.9941	0.9943	0.9945	0.9946	0.9948	0.9940	0.9951	0.9952
2.6	0.9953	0.9955	0.9956	0.9957	0.9959	0.9960	0.9961	0.9962	0.9963	0.9964
2.7	0.9965	0.9966	0.9967	0.9968	0.9969	0.9970	0.9971	0.9972	0.9973	0.9974
2.8	0.9974	0.9975	0.9976	0.9977	0.9977	0.9978	0.9979	0.9979	0.9980	0.9981
2.9	0.9981	0.9982	0.9982	0.9983	0.9984	0.9984	0.9985	0.9985	0.9986	0.9986
3.0	0.9987	0.9987	0.9987	0.9988	0.9988	0.9989	0.9989	0.9989	0.9990	0.9990
3.1	0.9990	0.9991	0.9991	0.9991	0.9992	0.9992	0.9992	0.9992	0.9993	0.9993
3.2	0.9993	0.9993	0.9994	0.9994	0.9994	0.9994	0.9994	0.9995	0.9995	0.9995
3.3	0.9995	0.9995	0.9995	0.9996	0.9996	0.9996	0.9996	0.9996	0.9996	0.9997
3.4	0.9997	0.9997	0.9997	0.9997	0.9997	0.9997	0.9997	0.9997	0.9997	0.9998
3.5	0.9998	0.9998	0.9998	0.9998	0.9998	0.9998	0.9998	0.9998	0.9998	0.9998
3.6	0.9998	0.9998	0.9999	0.9999	0.9999	0.9999	0.9999	0.9999	0.9999	0.9999

附表 2　对应于概率 $P(\chi^2 > \chi_\alpha^2) = \alpha$ 及自由度 k 的 χ_α^2 数值表

k	概率值 α												
	0.995	0.99	0.975	0.95	0.90	0.75	0.50	0.25	0.10	0.05	0.025	0.01	0.005
1	0.044	0.032	0.001	0.004	0.016	0.102	0.455	1.32	2.71	3.84	5.02	6.64	7.88
2	0.010	0.020	0.051	0.103	0.211	0.575	1.39	2.77	4.61	5.99	7.38	9.21	10.6
3	0.072	0.115	0.216	0.352	0.584	1.21	2.37	4.11	6.25	7.82	9.35	11.3	12.8
4	0.207	0.297	0.484	0.711	1.06	1.92	3.36	5.39	7.78	9.49	11.1	13.3	14.9
5	0.412	0.554	0.831	1.15	1.61	2.67	4.35	6.63	9.24	11.1	12.8	15.1	16.7
6	0.676	0.872	1.24	1.64	2.20	3.45	5.35	7.84	10.6	12.6	14.4	16.8	18.5
7	0.989	1.24	1.69	2.17	2.83	4.25	6.35	9.04	12.0	14.1	16.0	18.5	20.3
8	1.34	1.65	2.18	2.73	3.49	5.07	7.34	10.2	13.4	15.5	17.5	20.1	22.0
9	1.73	2.09	2.70	3.33	4.17	5.90	8.34	11.4	14.7	16.9	19.0	21.7	23.6
10	2.16	2.56	3.25	3.94	4.87	6.74	9.34	12.5	16.0	18.3	20.5	23.2	25.2
11	2.60	3.05	3.82	4.57	5.58	7.58	10.3	13.7	17.3	19.7	21.9	24.7	26.8
12	3.07	3.57	4.40	5.23	6.30	8.44	11.3	14.8	18.5	21.0	23.3	26.2	28.3
13	3.57	4.11	5.01	5.89	7.04	9.30	12.3	16.0	19.8	22.4	24.7	27.7	29.8
14	4.07	4.66	5.63	6.57	7.79	10.2	13.3	17.1	21.1	23.7	26.1	29.1	31.3
15	4.60	5.23	6.26	7.26	8.55	11.0	14.3	18.2	22.3	25.0	27.5	30.6	32.8
16	5.14	5.81	6.91	7.96	9.31	11.9	15.3	19.4	23.5	26.3	28.8	32.0	34.3
17	5.70	6.41	7.56	8.67	10.1	12.8	16.3	20.5	24.8	27.6	30.2	33.4	35.7
18	6.26	7.02	8.23	9.39	10.9	13.7	17.3	21.6	26.0	28.9	31.5	34.8	37.2
19	6.84	7.63	8.91	10.1	11.7	14.6	18.3	22.7	27.2	30.1	32.9	36.2	38.6
20	7.43	8.26	9.59	10.9	12.4	15.5	19.3	23.8	28.4	31.4	34.2	37.6	40.0
21	8.03	8.90	10.3	11.6	13.2	16.3	20.3	24.9	29.6	32.7	35.5	38.9	41.4
22	8.64	9.54	11.0	12.3	14	17.2	21.3	26.0	30.8	33.9	36.8	40.3	42.8
23	9.26	10.2	11.7	13.1	14.8	18.1	22.3	27.1	32.0	35.2	38.1	41.6	44.2
24	9.89	10.9	12.4	13.8	15.7	19.0	23.3	28.2	33.2	36.4	39.4	43.0	45.6
25	10.5	11.5	13.1	14.6	16.5	19.9	24.3	29.3	34.4	37.7	40.6	44.3	46.9
26	11.2	12.2	13.8	15.4	17.3	20.8	25.3	30.4	35.6	38.9	41.9	45.6	48.3
27	11.8	12.9	14.6	16.2	18.1	21.7	26.3	31.5	36.7	40.1	43.2	47.0	49.6
28	12.5	13.6	15.3	16.9	18.9	22.7	27.3	32.6	37.9	41.3	44.5	48.3	51.0
29	13.1	14.3	16.0	17.7	19.8	23.6	28.3	33.7	39.1	42.6	45.7	49.6	52.3
30	13.8	15.0	16.8	18.5	20.6	24.5	29.3	34.8	40.3	43.8	47.0	50.9	53.7
40	20.7	22.2	24.4	26.5	29.1	33.7	39.3	45.6	51.8	55.8	59.3	63.7	66.8
50	28.0	29.7	32.4	34.8	37.7	42.9	49.3	56.3	63.2	67.5	71.4	76.2	79.5
60	33.5	37.5	40.5	43.2	46.5	52.3	59.3	67.0	74.4	79.1	83.3	88.4	92.0

附表3 对应于概率 $P(t \geqslant t_\alpha) = \alpha$ 及自由度 k 的 t_α 的数值表

k	α											
	0.45	0.40	0.35	0.30	0.25	0.20	0.15	0.10	0.05	0.025	0.01	0.005
1	0.158	0.325	0.51	0.727	1.000	1.376	1.963	3.080	6.31	12.71	31.80	63.7
2	142	289	445	617	0.816	1.061	1.386	1.886	2.92	4.30	6.96	9.92
3	137	277	424	584	765	0.978	1.250	1.638	2.35	3.18	4.54	5.84
4	134	271	414	569	741	941	1.910	1.533	2.13	2.78	3.75	4.60
5	132	267	408	559	727	920	1.156	1.476	2.02	2.57	3.36	4.03
6	131	265	404	553	718	906	1.134	1.440	1.943	2.45	3.14	3.71
7	130	263	402	549	711	896	1.119	1.415	1.895	2.36	3.00	3.50
8	130	262	399	546	706	889	1.108	1.397	1.860	2.31	2.90	3.36
9	129	261	398	543	703	883	1.100	1.383	1.833	2.26	2.82	3.25
10	129	260	397	542	700	879	1.093	1.372	1.812	2.23	2.76	3.17
11	129	260	396	540	697	876	1.088	1.363	1.796	2.20	2.72	3.11
12	128	259	395	539	695	873	1.083	1.356	1.782	2.18	2.68	3.06
13	128	259	394	538	694	870	1.079	1.350	1.771	2.16	2.65	3.01
14	128	258	393	537	692	868	1.076	1.345	1.761	2.14	2.62	2.98
15	128	258	393	536	691	866	1.074	1.341	1.753	2.13	2.60	2.95
16	128	258	392	535	690	865	1.071	1.337	1.746	2.12	2.58	2.92
17	128	257	392	534	689	863	1.069	1.333	1.770	2.110	2.57	2.90
18	127	257	392	534	688	862	1.067	1.330	1.734	2.10	2.55	2.88
19	127	257	391	533	688	861	1.066	1.328	1.729	2.09	2.54	2.86
20	127	257	391	533	687	860	1.064	1.325	1.725	2.09	2.53	2.85
21	127	257	391	532	686	859	1.063	1.323	1.721	2.08	2.52	2.83
22	127	256	390	532	686	858	1.061	1.321	1.717	2.07	2.51	2.82
23	127	256	390	532	685	858	1.060	1.319	1.714	2.07	2.50	2.81
24	127	256	390	531	685	857	1.059	1.318	1.711	2.06	2.49	2.80
25	127	256	390	531	684	856	1.058	1.316	1.708	2.06	2.48	2.79
26	127	256	390	531	684	856	1.058	1.315	1.706	2.06	2.48	2.78
27	127	256	389	531	684	855	1.057	1.314	1.703	2.05	2.47	2.77
28	127	256	389	530	683	855	1.056	1.313	1.701	2.05	2.47	2.76
29	127	256	389	530	683	854	1.055	1.311	1.699	2.04	2.46	2.76
30	127	256	389	530	683	854	0.055	1.310	1.697	2.04	2.46	2.75
40	126	255	388	529	681	851	0.050	1.303	1.684	2.02	2.42	2.70
60	126	254	387	527	679	848	0.046	1.296	1.671	2.00	2.39	2.66
120	126	254	386	526	677	845	1.041	1.289	1.658	1.98	2.36	2.62
∞	0.126	0.253	0.385	0.524	0.674	0.842	1.036	1.282	1.645	1.96	2.33	2.58

附表4　对应于概率 $P(F \geqslant F_\alpha) = \alpha$ 及自由度 (k_1, k_2) 的 F_α 的数值表

$$\alpha = 0.05$$

k_2	k_1																		
	1	2	3	4	5	6	7	8	9	10	12	15	20	24	30	40	60	120	∞
1	161.4	199.5	215.7	224.6	230.2	234	236.8	238.9	240.5	241.9	243.9	245.9	248	249.1	250.1	251.1	252.2	253.3	254.3
2	18.51	19.00	19.16	19.25	19.30	19.33	19.35	19.37	19.38	19.40	19.41	19.43	19.45	19.45	19.46	19.47	19.48	19.49	19.50
3	10.13	9.55	9.28	9.12	9.01	8.94	8.89	8.85	8.81	8.79	8.74	8.70	8.66	8.64	8.62	8.59	8.57	8.55	8.53
4	7.71	6.94	6.59	6.39	6.26	6.16	6.09	6.04	6.00	5.96	5.91	5.86	5.80	5.77	5.75	5.72	5.69	5.66	5.63
5	6.61	5.79	5.41	5.19	5.05	4.95	4.88	4.82	4.77	4.74	4.68	4.62	4.56	4.53	4.50	4.46	4.43	4.40	4.36
6	5.99	5.14	4.76	4.53	4.39	4.28	4.21	4.15	4.10	4.06	4.00	3.94	3.87	3.84	3.81	3.77	3.74	3.70	3.67
7	5.59	4.74	4.35	4.12	3.97	3.87	3.79	3.73	3.68	3.64	3.57	3.51	3.44	3.41	3.38	3.34	3.30	3.27	3.23
8	5.32	4.46	4.07	3.84	3.69	3.58	3.50	3.44	3.39	3.35	3.28	3.22	3.15	3.12	3.08	3.04	3.01	2.97	2.93
9	5.12	4.26	3.86	3.63	3.48	3.37	3.29	3.23	3.18	3.14	3.07	3.01	2.94	2.90	2.86	2.83	2.79	2.75	2.71
10	4.96	4.10	3.71	3.48	3.33	3.22	3.14	3.07	3.02	2.98	2.91	2.85	2.77	32.74	2.70	2.66	2.62	2.58	2.54
11	4.84	3.98	3.59	3.36	3.20	3.09	3.01	2.95	2.90	2.85	2.79	2.72	2.65	2.61	2.57	2.53	2.49	2.45	2.40
12	4.75	3.89	3.49	3.26	3.11	3.00	2.91	2.85	2.80	2.75	2.69	2.62	2.54	2.51	2.47	2.43	2.38	2.34	2.30
13	4.67	3.81	3.41	3.18	3.03	2.92	2.83	2.77	2.71	2.67	2.60	2.53	2.46	2.42	2.38	2.34	2.30	2.25	2.21
14	4.60	3.74	3.34	3.11	2.96	2.85	2.76	2.70	2.65	2.60	2.53	2.46	2.39	2.35	2.31	2.27	2.22	2.18	2.13
15	4.54	3.68	3.29	3.06	2.90	2.79	2.71	2.64	2.59	2.54	2.48	2.40	2.33	2.29	2.25	2.20	2.16	2.11	2.07
16	4.49	3.63	3.24	3.01	2.85	2.74	2.66	2.59	2.54	2.49	2.42	2.35	2.28	2.24	2.19	2.15	2.11	2.06	2.01
17	4.45	3.59	3.20	2.96	2.81	2.70	2.61	2.55	2.49	2.45	2.38	2.31	2.23	2.19	2.15	2.10	2.06	2.01	1.96
18	4.41	3.55	3.16	2.93	2.77	2.66	2.58	2.51	2.46	2.41	2.34	2.27	2.19	2.15	2.11	2.06	2.02	1.97	1.92
19	4.38	3.52	3.13	2.90	2.74	2.63	2.54	2.48	2.42	2.38	2.31	2.23	2.16	2.11	2.07	2.03	1.98	1.93	1.88
20	4.35	3.49	3.10	2.87	2.71	2.60	2.51	2.45	2.39	2.35	2.28	2.20	2.12	2.08	2.04	1.99	1.95	1.90	1.84
21	4.32	3.47	3.07	2.84	2.68	2.57	2.49	2.42	2.37	2.32	2.25	2.18	2.10	2.05	2.01	1.96	1.92	1.87	1.81
22	4.30	3.44	3.05	2.82	2.66	2.55	2.46	2.40	2.34	2.30	2.23	2.15	2.07	2.03	1.98	1.94	1.89	1.84	1.78
23	4.28	3.42	3.03	2.80	2.64	2.53	2.44	2.37	2.32	2.27	2.20	2.13	2.05	2.01	1.96	1.91	1.86	1.81	1.76
24	4.26	3.40	3.01	2.78	2.62	2.51	2.42	2.36	2.30	2.25	2.18	2.11	2.03	1.98	1.94	1.89	1.84	1.79	1.73
25	4.24	3.39	2.99	2.76	2.60	2.49	2.40	2.34	2.28	2.24	2.16	2.09	2.01	1.96	1.92	1.87	1.82	1.77	1.71
26	4.23	3.37	2.98	2.74	2.59	2.47	2.39	2.32	2.27	2.22	2.15	2.07	1.99	1.95	1.90	1.85	1.80	1.75	1.69
27	4.21	3.35	2.96	2.73	2.57	2.46	2.37	2.31	2.25	2.20	2.13	2.06	1.97	1.93	1.88	1.84	1.79	1.73	1.67
28	4.20	3.34	2.95	2.71	2.56	2.45	2.36	2.29	2.24	2.19	2.12	2.04	1.96	1.91	1.87	1.82	1.77	1.71	1.65
29	4.18	3.33	2.93	2.70	2.55	2.43	2.35	2.28	2.22	2.18	2.10	2.03	1.94	1.90	1.85	1.81	1.75	1.70	1.64
30	4.17	3.32	2.92	2.69	2.53	2.42	2.33	2.27	2.21	2.16	2.09	2.01	1.93	1.89	1.84	1.79	1.74	1.68	1.62
40	4.08	3.23	2.84	2.61	2.45	2.34	2.25	2.18	2.12	2.08	2.00	1.92	1.84	1.79	1.74	1.69	1.64	1.58	1.51
60	4.00	3.15	2.76	2.53	2.37	2.25	2.17	2.10	2.04	1.99	1.92	1.84	1.75	1.70	1.65	1.59	1.53	1.47	1.39
120	3.92	3.07	2.68	2.45	2.29	2.17	2.09	2.02	1.96	1.91	1.83	1.75	1.66	1.61	1.55	1.50	1.43	1.35	1.25
∞	3.84	3.00	2.60	2.37	2.21	2.10	2.01	1.94	1.88	1.83	1.75	1.67	1.57	1.52	1.46	1.39	1.32	1.22	1.00

$$\alpha = 0.025$$

k_2	k_1																		
	1	2	3	4	5	6	7	8	9	10	12	15	20	24	30	40	60	120	∞
1	647.8	799.5	864.2	899.6	921.8	937.1	948.2	956.7	963.3	968.6	976.7	984.9	993.1	997.2	1001	1006	1010	1014	1018
2	38.51	39.00	39.17	39.25	39.30	39.33	39.36	39.37	39.39	39.40	39.41	39.43	39.45	39.46	39.46	39.47	39.48	39.49	39.50
3	17.44	16.04	15.44	15.10	14.88	14.73	14.62	14.54	14.47	14.42	44.34	14.25	14.17	14.12	14.08	14.04	13.99	13.95	13.90
4	12.22	10.65	9.98	9.60	9.36	9.20	9.07	8.98	8.90	8.84	8.75	8.66	8.56	8.51	8.46	8.41	8.36	8.31	8.26
5	10.01	8.43	7.76	7.39	7.15	6.98	6.85	6.76	6.68	6.62	6.52	6.43	6.31	6.28	6.23	6.18	6.12	6.07	6.02
6	8.81	7.26	6.60	6.23	5.99	5.82	5.70	5.60	5.52	5.46	5.37	5.27	5.17	5.12	5.07	5.01	4.96	4.90	4.85
7	8.07	6.54	5.89	5.52	5.29	5.12	4.99	4.90	4.80	4.76	4.67	4.57	4.47	4.42	6.36	4.31	4.25	4.20	4.14
8	7.57	6.06	5.42	5.05	4.82	4.65	4.53	4.43	4.36	4.30	4.20	4.10	4.00	3.95	3.89	3.84	3.78	3.73	3.67
9	7.21	5.71	5.08	4.72	4.48	4.32	4.20	4.10	4.03	3.96	3.87	3.77	3.67	3.61	3.56	3.51	3.45	3.39	3.33
10	6.94	5.46	4.83	4.47	4.24	4.07	3.95	3.85	3.78	3.72	3.62	3.52	3.42	3.37	3.31	3.26	3.20	3.14	3.08
11	6.72	5.26	4.63	4.28	4.04	3.88	3.76	3.66	3.59	3.53	3.43	3.33	3.23	3.17	3.12	3.06	3.00	2.94	2.88
12	6.55	5.10	4.47	4.12	3.89	3.73	3.61	3.51	3.44	3.37	3.28	3.18	3.07	3.02	2.96	2.91	2.85	2.79	2.72
13	6.41	4.97	4.35	4.00	3.77	3.60	3.48	3.39	3.31	3.25	3.15	3.05	2.95	2.89	2.84	2.78	2.72	2.66	2.60
14	6.30	4.86	4.24	3.89	3.66	3.50	3.38	3.29	3.21	3.15	3.05	2.95	2.84	2.79	2.73	2.67	2.61	2.55	2.49
15	6.20	4.77	4.15	3.80	3.58	3.41	3.29	3.20	3.12	3.06	2.96	2.86	2.76	2.70	2.64	2.59	2.52	2.46	2.40
16	6.12	4.69	4.08	3.73	3.50	3.34	3.22	3.12	3.05	2.99	2.89	2.79	2.68	2.63	2.57	2.51	2.45	2.38	2.32
17	6.04	4.62	4.01	3.66	3.44	3.28	3.16	3.06	2.98	2.92	2.82	2.72	2.62	2.56	2.50	2.44	2.38	2.32	2.25
18	5.98	4.56	3.95	3.61	3.38	3.22	3.10	3.01	2.93	2.87	2.77	2.67	2.56	2.50	2.44	2.38	2.32	2.66	2.19
19	5.92	4.51	3.90	3.56	3.33	3.17	3.05	2.96	2.88	2.80	2.72	2.62	2.51	2.45	2.39	2.33	2.27	2.20	2.13
20	5.87	4.46	3.86	3.51	3.29	3.13	3.01	2.91	2.84	2.77	2.68	2.57	2.46	2.41	2.35	2.29	2.22	2.16	2.09
21	5.83	4.42	3.82	3.48	3.25	3.09	2.97	2.87	2.80	2.73	2.64	2.53	2.42	2.37	2.31	2.25	2.18	2.11	2.04
22	5.79	4.38	3.78	3.44	3.22	3.05	2.93	2.84	2.76	2.70	2.60	2.50	2.39	2.33	2.27	2.21	2.14	2.08	2.00
23	5.75	4.35	3.75	3.41	3.18	3.02	2.90	2.81	2.73	2.67	2.57	2.47	2.36	2.30	2.24	2.18	2.11	2.04	1.97
24	5.72	4.32	3.72	3.38	3.15	2.99	2.87	2.78	2.70	2.64	2.54	2.44	2.33	2.27	2.21	2.15	2.08	2.01	1.94
25	5.69	4.29	3.69	3.35	3.13	2.97	2.85	2.75	2.68	2.61	2.51	2.41	2.30	2.24	2.18	2.12	2.05	1.98	1.91
26	5.66	4.27	3.67	3.33	3.10	2.94	2.82	2.73	2.65	2.59	2.49	2.39	2.28	2.22	2.16	2.09	2.03	1.95	1.88
27	5.63	4.24	3.65	3.31	3.08	2.92	2.80	2.71	2.63	2.57	2.47	2.36	2.28	2.19	2.13	2.07	2.00	1.93	1.85
28	5.61	4.22	3.63	3.29	3.06	2.90	2.78	2.69	2.61	2.55	2.45	2.34	2.23	2.17	2.11	2.05	1.98	1.91	1.83
29	5.59	4.20	3.61	3.27	3.04	2.88	2.76	2.67	2.59	2.53	2.43	2.32	2.21	2.15	2.09	2.03	1.96	1.89	1.81
30	5.57	4.18	3.59	3.25	3.03	2.87	2.75	2.65	2.57	2.51	2.41	2.31	2.20	2.14	2.07	2.01	1.94	1.87	1.79
40	5.42	4.05	3.46	3.13	2.90	2.74	2.62	2.53	2.45	2.39	2.29	2.18	2.07	2.01	1.94	1.88	1.80	1.72	1.64
60	5.29	3.93	3.34	3.01	2.79	2.63	2.51	2.41	2.33	2.27	2.17	2.06	1.94	1.88	1.82	1.74	1.67	1.58	1.48
120	5.15	3.80	3.23	2.89	2.67	2.52	2.39	2.30	2.22	2.16	2.05	1.94	1.82	1.76	1.69	1.61	1.53	1.43	1.31
∞	5.02	3.69	3.12	2.79	2.57	2.41	2.29	2.19	2.11	2.05	1.94	1.83	1.71	1.64	1.57	1.48	1.39	1.27	1.00

$\alpha=0.01$

k_2	k_1																		
	1	2	3	4	5	6	7	8	9	10	12	15	20	24	30	40	60	120	∞
1	4052	4999.5	5403	5625	5764	5859	5928	5982	6022	6156	6106	6157	6209	6235	6261	6287	6313	6339	6366
2	98.50	99.00	99.17	99.25	99.30	99.33	99.36	99.37	99.39	99.40	99.42	99.43	99.45	99.46	99.47	99.47	99.48	99.49	99.50
3	34.12	30.82	29.46	28.71	28.24	27.91	27.67	27.49	27.35	27.23	27.05	26.87	26.69	26.60	26.50	26.41	26.32	26.22	26.13
4	21.20	18.00	16.69	15.98	15.52	15.21	14.98	14.80	14.66	14.55	14.37	14.20	14.02	13.93	13.84	13.75	13.65	13.56	13.46
5	16.26	13.27	12.06	11.39	10.97	10.67	10.46	10.29	10.16	10.05	9.89	9.72	9.55	9.47	9.38	9.29	9.20	9.11	9.02
6	13.75	10.92	9.78	9.15	8.75	8.47	8.26	8.10	7.98	7.87	7.72	7.56	7.40	7.31	7.23	7.14	7.06	6.97	6.88
7	12.25	9.55	8.45	7.85	7.46	7.19	6.99	6.84	6.72	6.62	6.47	6.31	6.16	6.07	5.99	5.91	5.82	5.74	5.65
8	11.26	8.65	7.59	7.01	6.63	6.37	6.18	6.03	5.91	5.81	5.67	5.52	5.36	5.28	5.20	5.12	5.03	4.95	4.86
9	10.56	8.02	6.99	6.42	6.06	5.80	5.61	5.47	5.35	5.26	5.11	4.96	4.81	4.73	4.65	4.57	4.48	4.40	4.31
10	10.04	7.56	6.55	5.99	5.64	5.39	5.20	5.06	4.94	4.85	4.71	4.56	4.41	4.33	4.25	4.17	4.08	4.00	3.91
11	9.65	7.21	6.22	5.67	5.32	5.07	4.89	4.74	4.63	4.54	4.40	4.25	4.10	4.02	3.94	3.86	3.78	3.69	3.60
12	9.33	6.93	5.95	5.41	5.06	4.82	4.64	4.50	4.39	4.30	4.16	4.01	3.86	3.78	3.70	3.62	3.54	3.45	3.36
13	9.07	6.70	5.74	5.21	4.86	4.62	4.44	4.30	4.19	4.10	3.96	3.82	3.66	3.59	3.51	3.43	3.34	3.25	3.17
14	8.86	6.51	5.56	5.04	4.69	4.46	4.28	4.14	4.03	3.94	3.80	3.66	3.51	3.43	3.35	3.27	3.18	3.09	3.00
15	8.68	6.36	5.42	4.89	4.56	4.32	4.14	4.00	3.89	3.80	3.67	3.52	3.37	3.29	3.21	3.13	3.05	2.96	2.87
16	8.53	6.23	5.29	4.77	4.44	4.20	4.03	3.89	3.78	3.69	3.55	3.41	3.26	3.18	3.10	3.02	2.93	2.84	2.75
17	8.40	6.11	5.18	4.67	4.34	4.10	3.93	3.79	3.68	6.59	3.46	3.31	3.16	3.08	3.00	2.92	2.83	2.75	2.65
18	8.29	6.01	5.09	4.58	4.25	4.01	3.84	3.71	3.60	3.51	3.37	3.23	3.08	3.00	2.92	2.84	2.75	2.66	2.57
19	8.18	5.93	5.01	4.50	4.17	3.94	3.77	3.63	3.52	3.43	3.30	3.15	3.00	2.92	2.84	2.76	2.67	2.58	2.49
20	8.10	5.85	4.94	4.43	4.10	3.87	3.70	3.56	3.46	3.37	3.23	3.09	2.94	2.86	2.78	2.69	2.61	2.52	2.42
21	8.02	5.78	4.87	4.37	4.04	3.81	3.64	3.51	3.40	3.31	3.17	3.03	2.88	2.80	2.72	2.64	2.55	2.46	2.36
22	7.95	5.72	4.82	4.31	3.99	3.76	3.59	3.45	3.35	3.26	3.12	3.98	2.83	2.75	2.67	2.58	2.50	2.40	2.31
23	7.88	5.66	4.76	4.26	3.94	3.71	3.54	3.41	3.30	3.21	3.07	3.93	2.78	2.70	2.62	2.54	2.45	2.35	2.26
24	7.82	5.61	4.72	4.22	3.90	3.67	3.50	3.36	3.26	3.17	3.03	3.89	2.74	2.66	2.58	2.49	2.40	2.31	2.21
25	7.77	5.57	4.68	4.18	3.85	3.63	3.46	3.32	3.22	3.13	2.99	3.85	2.70	2.62	2.54	2.45	2.36	2.27	2.17
26	7.72	5.53	4.64	4.14	3.82	3.59	3.42	3.29	3.18	3.09	2.96	2.81	2.66	2.58	2.50	2.42	2.33	2.23	2.13
27	7.68	5.49	4.60	4.11	3.78	3.56	3.39	3.26	3.15	3.06	2.93	2.78	2.63	2.55	2.47	2.38	2.29	2.20	2.10
28	7.64	5.45	4.57	4.07	3.75	3.53	3.36	3.23	3.12	3.03	2.90	2.75	2.60	2.52	2.44	2.35	2.26	2.17	2.06
29	7.60	5.42	4.54	4.04	3.73	3.50	3.33	3.20	3.09	3.00	2.87	2.73	2.57	2.49	2.41	2.33	2.26	2.14	2.03
30	7.56	5.39	4.51	4.02	3.70	3.47	3.30	3.17	3.07	2.98	2.84	2.70	2.55	2.47	2.39	2.30	2.21	2.11	2.01
40	7.31	5.18	4.31	3.83	3.51	3.29	3.12	2.99	2.89	2.80	2.66	2.52	2.37	2.29	2.20	2.11	2.02	1.92	1.80
60	7.08	4.98	4.13	3.65	3.34	3.12	2.95	2.82	2.72	2.63	2.50	2.35	2.20	2.12	2.03	1.94	1.84	1.73	1.60
120	6.85	4.79	3.95	3.48	3.17	2.96	2.79	2.66	2.56	2.47	2.34	2.19	2.03	1.95	1.86	1.76	1.66	1.53	1.38
∞	6.63	4.61	3.78	3.32	3.02	2.80	2.64	2.51	2.41	2.32	2.18	2.04	1.88	1.79	1.70	1.59	1.47	1.32	1.00

$$\alpha = 0.005$$

k_2	k_1																		
	1	2	3	4	5	6	7	8	9	10	12	15	20	24	30	40	60	120	∞
1	16211	20000	21615	22500	23056	23437	23715	23925	24091	24224	24426	24630	24836	24940	25044	25148	25253	25359	25465
2	198.5	199.0	199.2	199.2	199.3	199.3	199.4	199.4	199.4	199.4	199.4	199.4	199.4	199.4	199.5	199.5	199.5	199.5	199.5
3	55.55	49.80	47.47	46.19	45.39	44.84	44.43	44.13	43.88	43.69	43.39	43.08	42.78	42.62	42.47	42.31	42.15	41.99	41.83
4	31.33	26.28	24.26	23.65	22.46	21.97	21.62	21.35	21.14	20.97	20.70	20.44	20.17	20.03	19.89	19.75	19.61	19.47	19.32
5	22.78	18.31	16.53	15.56	14.94	14.51	14.20	13.96	13.77	13.62	13.38	13.15	12.90	12.78	12.66	12.53	12.40	12.27	12.14
6	18.63	14.54	12.92	12.03	11.46	11.07	10.79	10.57	10.39	10.25	10.03	9.51	9.59	9.47	9.36	9.24	9.12	9.00	8.88
7	16.24	12.42	10.88	10.05	9.52	9.16	8.88	8.68	8.51	8.38	8.18	7.97	7.75	7.65	7.53	7.42	7.31	7.19	7.08
8	14.69	11.04	9.60	8.81	8.30	7.95	7.69	7.50	7.34	7.21	7.01	6.81	6.61	6.50	6.40	6.69	6.18	6.06	5.95
9	13.61	10.11	8.72	7.96	7.47	7.13	6.88	6.69	6.54	6.42	6.23	6.03	5.83	5.73	5.62	5.52	5.41	5.30	5.19
10	12.83	9.43	8.08	7.34	6.87	6.54	6.30	6.12	5.97	5.85	5.66	5.47	5.27	5.17	5.07	4.97	4.86	4.75	4.64
11	12.23	8.91	7.60	6.88	6.42	6.10	5.86	5.68	5.54	5.42	5.24	4.05	4.86	4.76	4.65	4.55	4.44	4.34	4.23
12	11.75	8.51	7.23	6.52	6.07	5.76	5.52	5.35	5.20	5.09	4.91	4.72	4.53	4.43	4.33	4.23	4.12	4.01	3.90
13	11.37	8.19	6.93	6.23	5.79	6.48	5.25	5.08	4.94	4.82	4.64	4.46	4.27	4.17	4.07	3.97	3.87	3.76	3.65
14	11.06	7.92	6.68	6.00	5.56	5.26	5.03	4.86	4.72	4.60	4.43	4.25	4.06	3.96	3.86	3.76	3.66	3.55	3.44
15	10.80	7.70	6.48	5.80	5.37	5.07	4.85	4.67	4.54	4.42	4.25	4.07	3.88	3.79	3.69	3.58	3.48	3.37	3.26
16	10.58	7.51	6.30	5.64	5.21	4.91	4.69	4.52	4.38	4.27	4.10	3.92	3.73	3.64	3.54	3.44	3.33	3.22	3.11
17	10.38	7.35	6.16	5.50	5.07	4.78	4.56	4.39	4.25	4.14	3.97	3.79	3.61	3.51	3.41	3.31	3.21	3.10	2.98
18	10.22	7.21	6.03	5.37	4.96	4.66	4.44	4.28	4.14	4.03	3.86	3.68	3.50	3.40	3.30	3.20	3.10	2.99	2.87
19	10.07	7.09	5.92	5.27	4.85	4.56	4.34	4.18	4.04	3.93	3.76	3.59	3.40	3.31	3.21	3.11	3.00	2.89	2.78
20	9.94	6.99	5.82	5.17	4.76	4.47	4.26	4.09	3.96	3.85	3.68	3.50	3.32	3.22	3.12	3.02	2.92	2.81	2.69
21	9.83	6.89	5.73	5.09	4.68	4.39	4.18	4.01	3.88	3.77	3.60	3.43	3.24	3.15	3.05	2.95	2.84	2.73	2.61
22	9.73	6.81	5.65	5.09	4.61	4.32	4.11	3.94	3.81	3.70	3.54	3.36	3.18	3.08	2.98	2.88	2.77	2.66	2.55
23	9.63	6.73	5.58	4.95	4.54	4.26	4.05	3.88	3.75	3.64	3.47	3.30	3.12	3.02	2.92	2.82	2.71	2.60	2.48
24	9.55	6.66	5.52	4.89	4.49	4.20	3.99	3.83	3.69	3.59	3.42	3.25	3.06	2.97	2.87	2.77	2.66	2.55	2.43
25	9.48	6.60	5.46	4.84	4.43	4.15	3.94	3.78	3.64	3.54	3.37	3.20	3.01	2.92	2.82	2.72	2.61	2.50	2.38
26	9.41	6.54	5.41	4.79	4.38	4.10	3.89	3.73	3.60	3.49	3.33	3.15	2.97	2.87	2.77	2.67	2.56	2.45	2.33
27	9.34	6.49	5.36	4.74	4.34	4.06	3.85	3.69	3.56	3.45	3.28	3.11	2.93	2.83	2.73	2.63	2.52	2.41	2.29
28	9.28	6.44	5.32	4.70	4.30	4.02	3.81	3.65	3.52	3.41	3.25	3.07	2.89	2.79	2.69	2.59	2.48	2.37	2.25
29	9.23	6.40	5.28	4.66	4.26	3.98	3.77	3.61	3.48	3.38	3.21	3.04	2.86	2.76	2.66	2.56	2.45	2.33	2.21
30	9.18	6.35	5.24	4.62	4.23	3.95	3.74	3.58	3.45	3.34	3.18	3.01	2.82	2.73	2.63	2.52	2.42	2.30	2.18
40	8.83	6.07	4.98	4.37	3.99	3.71	3.51	3.35	3.22	3.12	2.95	2.78	2.60	2.50	2.40	2.30	2.18	2.06	1.93
60	8.49	5.79	4.73	4.14	3.76	3.49	3.29	3.13	3.01	2.90	2.74	2.57	2.39	2.29	2.19	2.08	1.96	1.83	1.69
120	8.18	5.54	4.50	3.92	3.55	3.28	3.09	2.93	2.81	2.71	2.54	2.37	2.19	2.09	1.98	1.87	1.75	1.61	1.43
∞	7.88	5.30	4.28	3.72	3.35	3.09	2.90	2.74	2.62	2.52	2.36	2.19	2.00	1.90	1.79	1.67	1.53	1.36	1.00

附表5　满足等式 $P\left(r > r_\alpha(n-2)\right) = \alpha$ 的 $r_\alpha(n-2)$ 数值表

自由度 ($n-2$)	显著性水平		自由度 ($n-2$)	显著性水平		自由度 ($n-2$)	显著性水平	
	0.05	0.01		0.05	0.01		0.05	0.01
1	0.997	1.00	16	0.468	0.59	35	0.325	0.418
2	0.95	0.99	17	0.456	0.575	40	0.304	0.393
3	0.878	0.959	18	0.444	0.561	45	0.288	0.372
4	0.811	0.917	19	0.433	0.549	50	0.273	0.354
5	0.754	0.874	20	0.423	0.537	60	0.25	0.325
6	0.707	0.834	21	0.413	0.526	70	0.232	0.302
7	0.666	0.798	22	0.404	0.515	80	0.217	0.283
8	0.632	0.765	23	0.396	0.505	90	0.205	0.267
9	0.602	0.735	24	0.388	0.496	100	0.195	0.254
10	0.576	0.708	25	0.381	0.487	125	0.174	0.228
11	0.553	0.684	26	0.374	0.478	150	0.159	0.208
12	0.532	0.661	27	0.367	0.47	200	0.138	0.181
13	0.514	0.641	28	0.361	0.463	300	0.113	0.148
14	0.497	0.623	29	0.355	0.456	400	0.098	0.128
15	0.482	0.606	30	0.349	0.449	1000	0.062	0.081

附表6 多重比较中的 q 值表

5% q 值表(两尾)

自由度 v	测验极差的平均个数 p																		
	2	3	4	5	6	7	8	9	10	11	12	13	14	15	16	17	18	19	20
1	18.0	26.7	32.8	37.2	40.5	43.1	45.4	47.3	49.1	50.6	51.9	53.2	54.3	55.4	56.3	57.2	58.0	58.8	59.6
2	6.09	8.28	9.80	10.89	11.73	12.43	13.03	13.54	13.99	14.39	14.75	15.08	15.38	15.65	15.91	16.14	16.36	16.57	16.77
3	4.50	5.88	6.83	7.51	8.04	8.47	8.85	9.18	9.46	9.72	9.95	10.16	10.35	10.72	10.69	10.84	10.98	11.12	11.24
4	3.93	5.00	5.76	6.31	6.73	7.06	7.35	7.60	7.83	8.03	8.21	8.37	8.52	8.67	8.80	8.92	9.03	9.14	9.24
5	3.61	4.54	5.18	5.64	5.99	6.28	6.52	6.74	6.93	7.10	7.25	7.39	7.52	7.64	7.75	7.86	7.95	8.04	8.13
6	3.46	4.34	4.90	5.31	5.63	5.89	6.12	6.32	6.49	6.65	6.79	6.92	7.04	7.14	7.24	7.34	7.43	7.51	7.59
7	3.34	4.16	4.63	5.06	5.35	5.59	5.80	5.99	6.15	6.29	6.42	6.54	6.65	6.75	6.84	6.93	7.01	7.08	7.16
8	3.26	4.04	4.53	4.89	5.17	5.40	5.60	5.77	5.92	6.05	6.18	6.29	6.39	6.48	6.57	6.65	6.73	6.80	6.87
9	3.20	3.95	4.42	4.76	5.02	5.24	5.43	5.60	5.74	5.87	5.98	6.09	6.19	6.28	6.36	6.44	6.51	6.58	6.65
10	3.15	3.88	4.33	4.66	4.91	5.12	5.30	5.46	5.60	5.72	5.83	5.93	6.03	6.12	6.20	6.27	6.34	6.41	6.47
11	3.11	3.82	4.26	4.58	4.82	5.03	5.20	5.35	5.49	5.61	5.71	5.81	5.90	5.98	6.06	6.14	6.20	6.27	6.33
12	3.08	3.77	4.20	4.51	4.75	4.95	5.12	5.27	5.40	5.51	5.61	5.71	5.80	5.88	5.95	6.02	6.09	6.15	6.21
13	3.06	3.73	4.15	4.46	4.69	4.88	5.05	5.19	5.32	5.43	5.53	5.63	5.71	5.79	5.86	5.93	6.00	6.06	6.11
14	3.03	3.70	4.11	4.41	4.64	4.83	4.99	5.13	5.25	5.36	5.46	5.56	5.64	5.72	5.79	5.86	5.92	5.98	6.03
15	3.01	3.67	4.08	4.37	4.59	4.78	4.94	5.08	5.20	5.31	5.40	5.49	5.57	5.65	5.72	5.79	5.85	5.91	5.96
16	3.00	3.65	4.05	4.34	4.56	4.74	4.90	5.03	5.15	5.26	5.35	5.44	5.52	5.59	5.66	5.73	5.79	5.84	5.90
17	2.98	3.62	4.02	4.31	4.52	4.70	4.86	4.99	5.11	5.21	5.31	5.39	5.47	5.55	5.61	5.68	5.74	5.79	5.84
18	2.97	3.61	4.00	4.28	4.49	4.67	4.83	4.96	5.07	5.17	5.27	5.35	5.43	5.50	5.57	5.63	5.69	5.74	5.79
19	2.96	3.59	3.98	4.26	4.47	4.64	4.79	4.92	5.04	5.14	5.23	5.32	5.39	5.46	5.53	5.59	5.65	5.70	5.75
20	2.95	3.58	3.96	4.24	4.45	4.62	4.77	4.90	5.01	5.11	5.20	5.28	5.36	5.43	5.50	5.56	5.61	5.66	5.71
24	2.92	3.53	3.90	4.17	4.37	4.54	4.68	4.81	4.92	5.01	5.10	5.18	5.25	5.32	5.38	5.44	5.50	5.55	5.59
30	2.89	3.48	3.84	4.11	4.30	4.46	4.60	4.72	4.83	4.92	5.00	5.08	5.15	5.21	5.27	5.33	5.38	5.43	5.48
40	2.86	3.44	3.79	4.04	4.23	4.39	4.52	4.63	4.74	4.82	4.90	4.98	5.05	5.11	5.17	5.22	5.27	5.32	5.36
60	2.83	3.40	3.74	3.98	4.16	4.31	4.44	4.55	4.65	4.73	4.81	4.88	4.94	5.00	5.06	5.11	5.15	5.20	5.24
120	2.80	3.36	3.69	3.92	4.10	4.24	4.36	4.47	4.56	4.64	4.71	4.78	4.84	4.90	4.95	5.00	5.04	5.09	5.13
∞	2.77	3.32	3.63	3.86	4.03	4.17	4.29	4.39	4.47	4.55	4.62	4.68	4.74	4.80	4.84	4.89	4.93	4.97	5.01

1% q 值表（两尾）

自由度 v	\multicolumn{19}{c}{测验极差的平均个数 p}																		
	2	3	4	5	6	7	8	9	10	11	12	13	14	15	16	17	18	19	20
1	90.0	135.0	164.0	186.0	202.0	216.0	227.0	237.0	246.0	253.0	260.0	266.0	272.0	277.0	282.0	286.0	290.0	294.0	298.0
2	14.0	19.0	22.3	24.7	26.6	28.2	29.5	30.7	31.7	32.6	33.4	34.1	34.8	35.4	36.0	36.5	37.0	37.5	37.9
3	8.26	10.6	12.2	13.3	14.2	15.0	15.6	16.2	16.7	17.1	17.5	17.9	18.2	18.5	18.8	19.1	19.3	19.5	19.8
4	6.51	8.12	9.17	9.96	10.6	11.1	11.5	11.9	12.3	12.6	12.8	13.1	13.3	13.5	13.7	13.9	14.1	14.2	14.4
5	5.70	6.97	7.80	8.42	8.91	9.32	9.67	9.97	10.2	10.5	10.7	10.9	11.1	11.2	11.4	11.6	11.7	11.8	11.9
6	5.24	6.33	7.03	7.56	7.97	8.32	8.61	8.87	9.10	9.30	9.49	9.65	9.81	9.95	10.1	10.2	10.3	10.4	10.5
7	4.95	5.92	6.54	7.01	7.87	7.63	7.94	8.17	8.37	8.55	8.71	8.86	9.00	9.12	9.24	9.35	9.46	9.55	9.65
8	4.74	5.63	6.20	6.63	6.96	7.24	7.47	7.68	7.87	8.03	8.18	8.31	8.44	8.55	8.66	8.76	8.85	8.94	9.03
9	4.60	5.43	5.96	6.35	6.66	6.91	7.13	7.32	7.49	7.65	7.78	7.91	8.03	8.13	8.23	8.32	8.41	8.49	8.57
10	4.48	5.27	5.77	6.14	6.48	6.67	6.87	7.05	7.21	7.36	7.48	7.60	7.71	7.81	7.91	7.99	8.07	8.15	8.22
11	4.39	5.14	5.62	5.97	6.25	6.48	6.67	6.84	6.99	7.13	7.25	7.36	7.46	7.56	7.65	7.73	7.81	7.88	7.95
12	4.32	5.04	5.50	5.84	6.10	6.32	6.51	6.67	6.81	6.94	7.06	7.17	7.26	7.36	7.44	7.52	7.59	7.66	7.73
13	4.26	4.96	5.40	5.73	5.98	6.19	6.37	6.56	6.67	6.79	6.90	7.01	7.10	7.19	7.27	7.34	7.42	7.48	7.55
14	4.21	4.89	5.32	5.63	5.88	6.08	6.26	6.41	6.54	6.66	6.77	6.87	6.96	7.05	7.12	7.20	7.27	7.33	7.39
15	4.17	4.83	5.25	5.56	5.80	5.99	6.16	6.31	6.44	6.55	6.66	6.76	6.84	6.93	7.00	7.07	7.14	7.20	7.26
16	4.13	4.78	5.19	5.49	5.72	5.92	6.08	6.22	6.35	6.46	6.56	6.66	6.74	6.82	6.90	6.97	7.03	7.09	7.15
17	4.10	4.74	5.14	5.43	5.66	5.85	6.01	6.15	6.27	6.38	6.48	6.57	6.66	6.73	6.80	6.87	6.94	7.00	7.05
18	4.07	4.70	5.09	5.38	5.60	5.79	5.94	6.08	6.20	6.31	6.41	6.50	6.58	6.65	6.72	6.79	6.85	6.91	6.96
19	4.05	4.67	5.05	5.33	5.55	5.73	5.89	6.02	6.14	6.25	6.34	6.43	6.51	6.58	6.65	6.72	6.78	6.84	6.89
20	4.02	4.64	5.02	5.29	5.51	5.69	5.84	5.97	6.09	6.19	6.29	6.37	6.45	6.52	6.59	6.65	6.71	6.76	6.82
24	3.96	4.54	4.91	5.17	5.37	5.54	5.69	5.81	5.92	6.02	6.11	6.19	6.26	6.33	6.39	6.45	6.51	6.56	6.61
30	3.89	4.45	4.80	5.05	5.24	5.40	5.54	5.65	5.76	5.85	5.93	6.01	6.08	6.14	6.20	6.26	6.31	6.36	6.41
40	3.82	4.37	4.70	4.93	5.11	5.27	5.39	5.50	5.60	5.69	5.77	5.84	5.90	5.96	6.02	6.07	6.12	6.17	6.21
60	3.76	4.28	4.60	4.82	4.99	5.13	5.25	5.36	5.45	5.53	5.60	5.67	5.73	5.79	5.84	5.89	5.93	5.98	6.02
120	3.70	4.20	4.50	4.71	4.87	5.01	5.12	5.21	5.30	5.33	5.44	5.51	5.56	5.61	5.66	5.71	5.75	5.79	5.83
∞	3.64	4.12	4.40	4.60	4.76	4.88	4.99	5.08	5.16	5.23	5.29	5.35	5.40	5.45	5.49	5.54	5.57	5.61	5.65

附表7　正交表

$L_4(2^3)$

试验号	列号		
	1	2	3
1	1	1	1
2	1	2	2
3	2	1	2
4	2	2	1

注　任意两列之间的交互作用出现于另一列

$L_8(2^7)$

试验号	列号						
	1	2	3	4	5	6	7
1	1	1	1	1	1	1	1
2	1	1	1	2	2	2	2
3	1	2	2	1	1	2	2
4	1	2	2	2	2	1	1
5	2	1	2	1	2	1	2
6	2	1	2	2	1	2	1
7	2	2	1	1	2	2	1
8	2	2	1	2	1	1	2

$L_8(2^7)$ 二列间的交互作用

列号	列号						
	1	2	3	4	5	6	7
1	(1)	3	2	5	4	7	6
2		(2)	1	6	7	4	5
3			(3)	7	6	5	4
4				(4)	1	2	3
5					(5)	3	2
6						(6)	1
7							(7)

$L_8(2^7)$ 表头设计

因子数	列号						
	1	2	3	4	5	6	7
3	A	B	AB	C	AC	BC	
4	A	B	AB	C	AC	BC	D
			CD		BD	AD	
4	A	B	AB	C	AC	D	AD
		CD		BD		BC	
5	A	B	AB	C	AC	D	E
	DE	CD	CE	BD	BE	AE	AD
						BC	

$$L_{12}(2^{11})$$

试验号	列号										
	1	2	3	4	5	6	7	8	9	10	11
1	1	1	1	1	1	1	1	1	1	1	1
2	1	1	1	1	1	2	2	2	2	2	2
3	1	1	2	2	2	1	1	1	2	2	2
4	1	2	1	2	2	1	2	2	1	1	2
5	1	2	2	1	2	2	1	2	1	2	1
6	1	2	2	2	1	2	2	1	2	1	1
7	2	1	2	2	1	1	2	2	1	2	1
8	2	1	2	1	2	2	2	1	1	1	2
9	2	1	1	2	2	2	1	2	2	1	1
10	2	2	2	1	1	1	1	2	2	1	2]
11	2	2	1	2	1	2	1	1	1	2	2
12	2	2	1	1	2	1	2	1	2	2	1

$$L_{16}(2^{15})$$

试验号	列号														
	1	2	3	4	5	6	7	8	9	10	11	12	13	14	15
1	1	1	1	1	1	1	1	1	1	1	1	1	1	1	1
2	1	1	1	1	1	1	1	2	2	2	2	2	2	2	2
3	1	1	1	2	2	2	2	1	1	1	1	2	2	2	2
4	1	1	1	2	2	2	2	2	2	2	2	1	1	1	1
5	1	2	2	1	1	2	2	1	1	2	2	1	1	2	2
6	1	2	2	1	1	2	2	2	2	1	1	2	2	1	1
7	1	2	2	2	2	1	1	1	1	2	2	2	2	1	1
8	1	2	2	2	2	1	1	2	2	1	1	1	1	2	2
9	2	1	2	1	2	1	2	1	2	1	2	1	2	1	2
10	2	1	2	1	2	1	2	2	1	2	1	2	1	2	1
11	2	1	2	2	1	2	1	1	2	1	2	2	1	2	1
12	2	1	2	2	1	2	1	2	1	2	1	1	2	1	2
13	2	2	1	1	2	2	1	1	2	2	1	1	2	2	1
14	2	2	1	1	2	2	1	2	1	1	2	2	1	1	2
15	2	2	1	2	1	1	2	1	2	2	1	2	1	1	2
16	2	2	1	2	1	1	2	2	1	1	2	1	2	2	1

$$L_{27}(3^{13})$$

试验号	列号												
	1	2	3	4	5	6	7	8	9	10	11	12	13
1	1	1	1	1	1	1	1	1	1	1	1	1	1
2	1	1	1	1	2	2	2	2	2	2	2	2	2
3	1	1	1	1	3	3	3	3	3	3	3	3	3
4	1	2	2	2	1	1	1	2	2	2	3	3	3
5	1	2	2	2	2	2	2	3	3	3	1	1	1
6	1	2	2	2	3	3	3	1	1	1	2	2	2
7	1	3	3	3	1	1	1	3	3	3	2	2	2
8	1	3	3	3	2	2	2	1	1	1	3	3	3
9	1	3	3	3	3	3	3	2	2	2	1	1	1
10	2	1	2	3	1	2	3	1	2	3	1	2	3
11	2	1	2	3	2	3	1	2	3	1	2	3	1
12	2	1	2	3	3	1	2	3	1	2	3	1	2
13	2	2	3	1	1	2	3	2	3	1	3	1	2
14	2	2	3	1	2	3	1	3	1	2	1	2	3
15	2	2	3	1	3	1	2	1	2	3	2	3	1
16	2	3	1	2	1	2	3	3	1	2	2	3	1
17	2	3	1	2	2	3	1	1	2	3	3	1	2
18	2	3	1	2	3	1	2	2	3	1	1	2	3
19	3	1	3	2	1	3	2	1	3	2	1	3	2
20	3	1	3	2	2	1	3	2	1	3	2	1	3
21	3	1	3	2	3	2	1	3	2	1	3	2	1
22	3	2	1	3	1	3	2	2	1	3	3	2	1
23	3	2	1	3	2	1	3	3	2	1	1	3	2
24	3	2	1	3	3	2	1	1	3	2	2	1	3
25	3	3	2	1	1	3	2	3	2	1	2	1	3
26	3	3	2	1	2	1	3	1	3	2	3	2	1
27	3	3	2	1	3	2	1	2	1	3	1	3	2

$L_{27}(3^{13})$ 二列间的交互作用

试验号	1	2	3	4	5	6	7	8	9	10	11	12	13
1	(1) $\lceil$3	2	2	6	5	5	9	8	8	12	11	11	
1	$\lfloor$4	4	3	7	7	6	10	10	9	13	13	12	
2		(2) $\lceil$1	1	8	9	10	5	6	7	5	6	7	
2		$\lfloor$4	3	11	12	13	11	12	13	8	9	10	
3			(3) $\lceil$1	9	10	8	7	5	6	6	7	5	
3			$\lfloor$2	13	11	12	12	13	11	10	8	9	
4				(4) $\lceil$10	8	9	6	7	5	7	5	6	
4				$\lfloor$12	13	11	13	11	12	9	10	8	
5					(5) $\lceil$1	1	2	3	4	2	4	3	
5					$\lfloor$7	6	11	13	12	8	10	9	
6						(6) $\lceil$1	4	2	3	3	2	4	
6						$\lfloor$5	13	12	11	10	9	8	
7							(7) $\lceil$3	4	2	4	3	2	
7							$\lfloor$12	11	13	9	8	10	
8								(8) $\lceil$1	1	2	3	4	
8								$\lfloor$10	9	5	7	6	
9									(9) $\lceil$1	4	2	3	
9									$\lfloor$8	7	6	5	
10										(10) $\lceil$3	4	2	
10										$\lfloor$6	5	7	
11											(11) $\lceil$1	1	
11											$\lfloor$13	2	
12												(12) $\lceil$1	
12												$\lfloor$12	

$L_{27}(3^{13})$ 表头设计

因子数	1	2	3	4	5	6	7	8	9	10	11	12	13
3	A	B	AB_1	AB_2	C	AC_1	AC_2	BC_1			BC_2		
4	A	B	AB_1 CD_1	AB_2	C	AC_1 BD_2	AC_2	BC_1 AD_2	D	AD_1	BC_2	BD_1	CD_2
5	A	B	AB_1 CD_1	AB_2	C	AC_1 BD_2	AC_2	BC_1 AD_2	D	E	BC_2		
6	A	B	AB_1 CD_1	AB_2	C	AC_1 BD_2	AC_2	BC_1	D	E	BC_2	F	

$$L_{16}(4^5)$$

试验号	列号				
	1	2	3	4	5
1	1	1	1	1	1
2	1	2	2	2	2
3	1	3	3	3	3
4	1	4	4	4	4
5	2	1	2	3	4
6	2	2	1	4	3
7	2	3	4	1	2
8	2	4	3	2	1
9	3	1	3	4	2
10	3	2	4	3	1
11	3	3	1	2	4
12	3	4	2	1	3
13	4	1	4	2	3
14	4	2	3	1	4
15	4	3	2	4	1
16	4	4	1	3	2

$$L_{25}(5^6)$$

试验号	列号					
	1	2	3	4	5	6
1	1	1	1	1	1	1
2	1	2	2	2	2	2
3	1	3	3	3	3	3
4	1	4	4	4	4	4
5	1	5	5	5	5	5
6	2	1	2	3	4	5
7	2	2	3	4	5	1
8	2	3	4	5	1	2
9	2	4	5	1	2	3
10	2	5	1	2	3	4
11	3	1	3	5	2	4
12	3	2	4	1	3	5
13	3	3	5	2	4	1
14	3	4	1	3	5	2
15	3	5	2	4	1	3
16	4	1	4	2	5	3
17	4	2	5	3	1	4
18	4	3	1	4	2	5
19	4	4	2	5	3	1
20	4	5	3	1	4	2
21	5	1	5	4	3	2
22	5	2	1	5	4	3
23	5	3	2	1	5	4
24	5	4	3	2	1	5
25	5	5	4	3	2	1

附表8 二次回归设计表

二因子二次回归正交组合设计表

试验号	Z_0	Z_1	Z_2	Z_1Z_2	Z_1'	Z_2'
1	1	−1	−1	1	0.397	0.397
2	1	−1	1	−1	0.397	0.397
3	1	1	−1	−1	0.397	0.397
4	1	1	1	1	0.397	0.397
5	1	−1.148	0	0	0.714	−0.603
6	1	1.148	0	0	0.714	−0.603
7	1	0	−1.148	0	−0.603	0.714
8	1	0	1.148	0	−0.603	0.714
9	1	0	0	0	−0.603	−0.603
10	1	0	0	0	−0.603	−0.603
11	1	0	0	0	−0.603	−0.603

三因子二次回归正交组合设计表

试验号	Z_0	Z_1	Z_2	Z_3	Z_1Z_2	Z_1Z_3	Z_2Z_3	Z_1'	Z_2'	Z_3'
1	1	−1	−1	−1	1	1	1	0.314	0.314	0.314
2	1	−1	−1	1	1	−1	−1	0.314	0.314	0.314
3	1	−1	1	−1	−1	1	−1	0.314	0.314	0.314
4	1	−1	1	1	−1	−1	1	0.314	0.314	0.314
5	1	1	−1	−1	−1	−1	1	0.314	0.314	0.314
6	1	1	−1	1	−1	1	−1	0.314	0.314	0.314
7	1	1	1	−1	1	−1	−1	0.314	0.314	0.314
8	1	1	1	1	1	1	1	0.314	0.314	0.314
9	1	−1.353	0	0	0	0	0	1.145	−0.686	−0.686
10	1	1.353	0	0	0	0	0	1.145	−0.686	−0.686
11	1	0	−1.353	0	0	0	0	−0.686	1.145	−0.686
12	1	0	1.353	0	0	0	0	−0.686	1.145	−0.686
13	1	0	0	−1.353	0	0	0	−0.686	−0.686	1.145
14	1	0	0	1.353	0	0	0	−0.686	−0.686	1.145
15	1	0	0	0	0	0	0	−0.686	−0.686	−0.686
16	1	0	0	0	0	0	0	−0.686	−0.686	−0.686
17	1	0	0	0	0	0	0	−0.686	−0.686	−0.686

四因子二次回归正交组合设计表

试验号	Z_0	Z_1	Z_2	Z_3	Z_4	Z_1Z_2	Z_1Z_3	Z_1Z_4	Z_2Z_3	Z_2Z_4	Z_3Z_4	Z_1'	Z_2'	Z_3'	Z_4'
1	1	−1	−1	−1	−1	1	1	1	1	1	1	0.23	0.23	0.23	0.23
2	1	−1	−1	−1	1	1	1	−1	1	−1	−1	0.23	0.23	0.23	0.23
3	1	−1	−1	1	−1	1	−1	1	−1	1	−1	0.23	0.23	0.23	0.23
4	1	−1	−1	1	1	1	−1	−1	−1	−1	1	0.23	0.23	0.23	0.23
5	1	−1	1	−1	−1	−1	1	1	−1	−1	1	0.23	0.23	0.23	0.23
6	1	−1	1	−1	1	−1	1	−1	−1	1	−1	0.23	0.23	0.23	0.23
7	1	−1	1	1	−1	−1	−1	1	1	−1	−1	0.23	0.23	0.23	0.23
8	1	−1	1	1	1	−1	−1	−1	1	1	1	0.23	0.23	0.23	0.23
9	1	1	−1	−1	−1	−1	−1	−1	1	1	1	0.23	0.23	0.23	0.23
10	1	1	−1	−1	1	−1	−1	1	1	−1	−1	0.23	0.23	0.23	0.23
11	1	1	−1	1	−1	−1	1	−1	−1	1	−1	0.23	0.23	0.23	0.23
12	1	1	−1	1	1	−1	1	1	−1	−1	1	0.23	0.23	0.23	0.23
13	1	1	1	−1	−1	1	−1	−1	−1	−1	1	0.23	0.23	0.23	0.23
14	1	1	1	−1	1	1	−1	1	−1	1	−1	0.23	0.23	0.23	0.23
15	1	1	1	1	−1	1	1	−1	1	−1	−1	0.23	0.23	0.23	0.23
16	1	1	1	1	1	1	1	1	1	1	1	0.23	0.23	0.23	0.23
17	1	−1.546	0	0	0	0	0	0	0	0	0	1.62	−0.77	−0.77	−0.77
18	1	1.546	0	0	0	0	0	0	0	0	0	1.62	−0.77	−0.77	−0.77
19	1	0	−1.546	0	0	0	0	0	0	0	0	−0.77	1.62	−0.77	−0.77
20	1	0	1.546	0	0	0	0	0	0	0	0	−0.77	1.62	−0.77	−0.77
21	1	0	0	−1.546	0	0	0	0	0	0	0	−0.77	−0.77	1.62	−0.77
22	1	0	0	1.546	0	0	0	0	0	0	0	−0.77	−0.77	1.62	−0.77
23	1	0	0	0	−1.546	0	0	0	0	0	0	−0.77	−0.77	−0.77	1.62
24	1	0	0	0	1.546	0	0	0	0	0	0	−0.77	−0.77	−0.77	1.62
25	1	0	0	0	0	0	0	0	0	0	0	−0.77	−0.77	−0.77	−0.77
26	1	0	0	0	0	0	0	0	0	0	0	−0.77	−0.77	−0.77	−0.77
27	1	0	0	0	0	0	0	0	0	0	0	−0.77	−0.77	−0.77	−0.77

四因子(1/2 实施)二次回归正交组合设计表

试验号	Z_0	Z_1	Z_2	Z_3	Z_4	Z_1Z_2	Z_1Z_3	Z_1Z_4	Z_2Z_3	Z_2Z_4	Z_3Z_4	Z_1'	Z_2'	Z_3'	Z_4'
1	1	−1	−1	−1	−1	1	1	1	1	1	1	0.351	0.351	0.351	0.351
2	1	−1	−1	1	1	1	−1	−1	−1	−1	1	0.351	0.351	0.351	0.351
3	1	−1	1	−1	1	−1	1	−1	−1	1	−1	0.351	0.351	0.351	0.351
4	1	−1	1	1	−1	−1	−1	1	1	−1	−1	0.351	0.351	0.351	0.351
5	1	1	−1	−1	1	−1	−1	1	1	−1	−1	0.351	0.351	0.351	0.351
6	1	1	−1	1	−1	−1	1	−1	−1	1	−1	0.351	0.351	0.351	0.351
7	1	1	1	−1	−1	1	−1	−1	−1	−1	1	0.351	0.351	0.351	0.351
8	1	1	1	1	1	1	1	1	1	1	1	0.351	0.351	0.351	0.351
9	1	−1.471	0	0	0	0	0	0	0	0	0	1.515	−0.649	−0.649	−0.649
10	1	1.471	0	0	0	0	0	0	0	0	0	1.515	−0.649	−0.649	−0.649
11	1	0	−1.471	0	0	0	0	0	0	0	0	−0.649	1.515	−0.649	−0.649
12	1	0	1.471	0	0	0	0	0	0	0	0	−0.649	1.515	−0.649	−0.649
13	1	0	0	−1.471	0	0	0	0	0	0	0	−0.649	−0.649	1.515	−0.649
14	1	0	0	1.471	0	0	0	0	0	0	0	−0.649	−0.649	1.515	−0.649
15	1	0	0	0	−1.471	0	0	0	0	0	0	−0.649	−0.649	−0.649	1.515
16	1	0	0	0	1.471	0	0	0	0	0	0	−0.649	−0.649	−0.649	1.515
17	1	0	0	0	0	0	0	0	0	0	0	−0.649	−0.649	−0.649	−0.649
18	1	0	0	0	0	0	0	0	0	0	0	−0.649	−0.649	−0.649	−0.649
19	1	0	0	0	0	0	0	0	0	0	0	−0.649	−0.649	−0.649	−0.649

附表9 二次回归正交旋转组合设计表

二因子二次回归正交旋转组合设计

试验号	Z_0	Z_1	Z_2	Z_1Z_2	Z_1'	Z_2'
1	1	−1	−1	1	0.5	0.5
2	1	−1	1	−1	0.5	0.5
3	1	1	−1	−1	0.5	0.5
4	1	1	1	1	0.5	0.5
5	1	−1.414	0	0	1.5	−0.5
6	1	1.414	0	0	1.5	−0.5
7	1	0	−1.414	0	−0.5	1.5
8	1	0	1.414	0	−0.5	1.5
9	1	0	0	0	−0.5	−0.5
10	1	0	0	0	−0.5	−0.5
11	1	0	0	0	−0.5	−0.5
12	1	0	0	0	−0.5	−0.5
13	1	0	0	0	−0.5	−0.5
14	1	0	0	0	−0.5	−0.5
15	1	0	0	0	−0.5	−0.5
16	1	0	0	0	−0.5	−0.5

三次因子二次回归正交旋转组合设计

试验号	Z_0	Z_1	Z_2	Z_3	Z_1Z_2	Z_1Z_3	Z_2Z_3	Z_1'	Z_2'	Z_3'
1	1	−1	−1	−1	1	1	1	0.406	0.406	0.406
2	1	−1	−1	1	1	−1	−1	0.406	0.406	0.406
3	1	−1	1	−1	−1	1	−1	0.406	0.406	0.406
4	1	−1	1	1	−1	−1	1	0.406	0.406	0.406
5	1	1	−1	−1	−1	−1	1	0.406	0.406	0.406
6	1	1	−1	1	−1	1	−1	0.406	0.406	0.406
7	1	1	1	−1	1	−1	−1	0.406	0.406	0.406
8	1	1	1	1	1	1	1	2.234	−0.594	−0.594
9	1	−1.682	0	0	0	0	0	2.234	−0.594	−0.594
10	1	1.682	0	0	0	0	0	−0.594	2.234	−0.594
11	1	0	−1.682	0	0	0	0	−0.594	2.234	−0.594
12	1	0	1.682	0	0	0	0	−0.594	−0.594	2.234
13	1	0	0	−1.682	0	0	0	−0.594	−0.594	2.234
14	1	0	0	1.682	0	0	0	−0.594	−0.594	−0.594
15	1	0	0	0	0	0	0	−0.594	−0.594	−0.594
16	1	0	0	0	0	0	0	−0.594	−0.594	−0.594
17	1	0	0	0	0	0	0	−0.594	−0.594	−0.594
18	1	0	0	0	0	0	0	−0.594	−0.594	−0.594
19	1	0	0	0	0	0	0	−0.594	−0.594	−0.594
20	1	0	0	0	0	0	0	−0.594	−0.594	−0.594
21	1	0	0	0	0	0	0	−0.594	−0.594	−0.594
22	1	0	0	0	0	0	0	−0.594	−0.594	−0.594
23	1	0	0	0	0	0	0	−0.594	−0.594	−0.594

四因子(1/2实施)二次回归正交旋转组合设计表

试验号	Z_0	Z_1	Z_2	Z_3	Z_4	Z_1Z_2	Z_1Z_3	Z_1Z_4	Z_2Z_3	Z_2Z_4	Z_3Z_4	$Z_1{}'$	$Z_2{}'$	$Z_3{}'$	$Z_4{}'$
1	1	-1	-1	-1	-1	1	1	1	1	1	1	0.406	0.406	0.406	0.406
2	1	-1	-1	1	1	1	-1	-1	-1	-1	1	0.406	0.406	0.406	0.406
3	1	-1	1	-1	1	-1	1	-1	-1	1	-1	0.406	0.406	0.406	0.406
4	1	-1	1	1	-1	-1	-1	1	1	-1	-1	0.406	0.406	0.406	0.406
5	1	1	-1	-1	1	-1	-1	1	1	-1	-1	0.406	0.406	0.406	0.406
6	1	1	-1	1	-1	-1	1	-1	-1	1	-1	0.406	0.406	0.406	0.406
7	1	1	1	-1	-1	1	-1	-1	-1	-1	1	0.406	0.406	0.406	0.406
8	1	1	1	1	1	1	1	1	1	1	1	0.406	0.406	0.406	0.406
9	1	-1.682	0	0	0	0	0	0	0	0	0	2.234	-0.594	-0.594	-0.594
10	1	1.682	0	0	0	0	0	0	0	0	0	2.234	-0.594	-0.594	-0.594
11	1	0	-1.682	0	0	0	0	0	0	0	0	-0.594	2.234	-0.594	-0.594
12	1	0	1.682	0	0	0	0	0	0	0	0	-0.594	2.234	-0.594	-0.594
13	1	0	0	-1.682	0	0	0	0	0	0	0	-0.594	-0.594	2.234	-0.594
14	1	0	0	1.682	0	0	0	0	0	0	0	-0.594	-0.594	2.234	-0.594
15	1	0	0	0	-1.682	0	0	0	0	0	0	-0.594	-0.594	-0.594	2.234
16	1	0	0	0	1.682	0	0	0	0	0	0	-0.594	-0.594	-0.594	2.234
17	1	0	0	0	0	0	0	0	0	0	0	-0.594	-0.594	-0.594	-0.594
18	1	0	0	0	0	0	0	0	0	0	0	-0.594	-0.594	-0.594	-0.594
19	1	0	0	0	0	0	0	0	0	0	0	-0.594	-0.594	-0.594	-0.594
20	1	0	0	0	0	0	0	0	0	0	0	-0.594	-0.594	-0.594	-0.594
21	1	0	0	0	0	0	0	0	0	0	0	-0.594	-0.594	-0.594	-0.594
22	1	0	0	0	0	0	0	0	0	0	0	-0.594	-0.594	-0.594	-0.594
23	1	0	0	0	0	0	0	0	0	0	0	-0.594	-0.594	-0.594	-0.594

二因子二次回归通用旋转组合设计

试验号	Z_0	Z_1	Z_2	Z_1Z_2	Z_1^2	Z_2^2
1	1	-1	-1	1	1	1
2	1	-1	1	-1	1	1
3	1	1	-1	-1	1	1
4	1	1	1	1	1	1
5	1	-1.414	0	0	2	0
6	1	1.414	0	0	2	0
7	1	0	-1.414	0	0	2
8	1	0	1.414	0	0	2
9	1	0	0	0	0	0
10	1	0	0	0	0	0
11	1	0	0	0	0	0
12	1	0	0	0	0	0
13	1	0	0	0	0	0

四因子二次回归正交旋转组合设计

试验号	Z_0	Z_1	Z_2	Z_3	Z_4	Z_1Z_2	Z_1Z_3	Z_1Z_4	Z_2Z_3	Z_2Z_4	Z_3Z_4	$Z_1{}'$	$Z_2{}'$	$Z_3{}'$	$Z_4{}'$
1	1	−1	−1	−1	−1	1	1	1	1	1	1	0.333	0.333	0.333	0.333
2	1	−1	−1	−1	1	1	1	−1	1	−1	−1	0.333	0.333	0.333	0.333
3	1	−1	−1	1	−1	1	−1	1	−1	1	−1	0.333	0.333	0.333	0.333
4	1	−1	−1	1	1	1	−1	−1	−1	−1	1	0.333	0.333	0.333	0.333
5	1	−1	1	−1	−1	−1	1	1	−1	−1	1	0.333	0.333	0.333	0.333
6	1	−1	1	−1	1	−1	1	−1	−1	1	−1	0.333	0.333	0.333	0.333
7	1	−1	1	1	−1	−1	−1	1	1	−1	−1	0.333	0.333	0.333	0.333
8	1	−1	1	1	1	−1	−1	−1	1	1	1	0.333	0.333	0.333	0.333
9	1	1	−1	−1	−1	−1	−1	−1	1	1	1	0.333	0.333	0.333	0.333
10	1	1	−1	−1	1	−1	−1	1	1	−1	−1	0.333	0.333	0.333	0.333
11	1	1	−1	1	−1	−1	1	−1	−1	1	−1	0.333	0.333	0.333	0.333
12	1	1	−1	1	1	−1	1	1	−1	−1	1	0.333	0.333	0.333	0.333
13	1	1	1	−1	−1	1	−1	−1	−1	−1	1	0.333	0.333	0.333	0.333
14	1	1	1	−1	1	1	−1	1	−1	1	−1	0.333	0.333	0.333	0.333
15	1	1	1	1	−1	1	1	−1	1	−1	−1	0.333	0.333	0.333	0.333
16	1	1	1	1	1	1	1	1	1	1	1	0.333	0.333	0.333	0.333
17	1	−2	0	0	0	0	0	0	0	0	0	3.333	−0.667	−0.667	−0.667
18	1	2	0	0	0	0	0	0	0	0	0	3.333	−0.667	−0.667	−0.667
19	1	0	−2	0	0	0	0	0	0	0	0	−0.667	3.333	−0.667	−0.667
20	1	0	2	0	0	0	0	0	0	0	0	−0.667	3.333	−0.667	−0.667
21	1	0	0	−2	0	0	0	0	0	0	0	−0.667	−0.667	3.333	−0.667
22	1	0	0	2	0	0	0	0	0	0	0	−0.667	−0.667	3.333	−0.667
23	1	0	0	0	−2	0	0	0	0	0	0	−0.667	−0.667	−0.667	3.333
24	1	0	0	0	2	0	0	0	0	0	0	−0.667	−0.667	−0.667	3.333
25	1	0	0	0	0	0	0	0	0	0	0	−0.667	−0.667	−0.667	−0.667
26	1	0	0	0	0	0	0	0	0	0	0	−0.667	−0.667	−0.667	−0.667
27	1	0	0	0	0	0	0	0	0	0	0	−0.667	−0.667	−0.667	−0.667
28	1	0	0	0	0	0	0	0	0	0	0	−0.667	−0.667	−0.667	−0.667
29	1	0	0	0	0	0	0	0	0	0	0	−0.667	−0.667	−0.667	−0.667
30	1	0	0	0	0	0	0	0	0	0	0	−0.667	−0.667	−0.667	−0.667
31	1	0	0	0	0	0	0	0	0	0	0	−0.667	−0.667	−0.667	−0.667
32	1	0	0	0	0	0	0	0	0	0	0	−0.667	−0.667	−0.667	−0.667
33	1	0	0	0	0	0	0	0	0	0	0	−0.667	−0.667	−0.667	−0.667
34	1	0	0	0	0	0	0	0	0	0	0	−0.667	−0.667	−0.667	−0.667
35	1	0	0	0	0	0	0	0	0	0	0	−0.667	−0.667	−0.667	−0.667
36	1	0	0	0	0	0	0	0	0	0	0	−0.667	−0.667	−0.667	−0.667

三因子二次回归通用旋转纵使设计

试验号	Z_0	Z_1	Z_2	Z_3	Z_1Z_2	Z_1Z_3	Z_2Z_3	Z_{12}	Z_{22}	Z_{32}
1	1	−1	−1	−1	1	1	1	1	1	1
2	1	−1	−1	1	1	−1	−1	1	1	1
3	1	−1	1	−1	−1	1	−1	1	1	1
4	1	−1	1	1	−1	−1	1	1	1	1
5	1	1	−1	−1	−1	−1	1	1	1	1
6	1	1	−1	1	−1	1	−1	1	1	1
7	1	1	1	−1	1	−1	−1	1	1	1
8	1	1	1	1	1	1	1	1	1	1
9	1	−1.682	0	0	0	0	0	2.828	0	0
10	1	1.682	0	0	0	0	0	2.828	0	0
11	1	0	−1.682	0	0	0	0	0	2.828	0
12	1	0	1.682	0	0	0	0	0	2.828	0
13	1	0	0	−1.682	0	0	0	0	0	2.828
14	1	0	0	1.682	0	0	0	0	0	2.828
15	1	0	0	0	0	0	0	0	0	0
16	1	0	0	0	0	0	0	0	0	0
17	1	0	0	0	0	0	0	0	0	0
18	1	0	0	0	0	0	0	0	0	0
19	1	0	0	0	0	0	0	0	0	0
20	1	0	0	0	0	0	0	0	0	0

四因子(1/2 实施)二次回归通用旋转设计

试验号	Z_0	Z_1	Z_2	Z_3	Z_4	Z_1Z_2	Z_1Z_3	Z_1Z_4	Z_2Z_3	Z_2Z_4	Z_3Z_4	Z_1^2	Z_2^2	Z_3^2	Z_4^2
1	1	−1	−1	−1	−1	1	1	1	1	1	1	1	1	1	1
2	1	−1	−1	1	1	1	−1	−1	−1	−1	1	1	1	1	1
3	1	−1	1	−1	1	−1	1	−1	−1	1	−1	1	1	1	1
4	1	−1	1	1	−1	−1	−1	1	1	−1	−1	1	1	1	1
5	1	1	−1	−1	1	−1	−1	1	1	−1	−1	1	1	1	1
6	1	1	−1	1	−1	−1	1	−1	−1	1	−1	1	1	1	1
7	1	1	1	−1	−1	1	−1	−1	−1	−1	1	1	1	1	1
8	1	1	1	1	1	1	1	1	1	1	1	1	1	1	1
9	1	−1.682	0	0	0	0	0	0	0	0	2.828	0	0	0	
10	1	1.682	0	0	0	0	0	0	0	0	2.828	0	0	0	
11	1	0	−1.682	0	0	0	0	0	0	0	0	2.828	0	0	
12	1	0	1.682	0	0	0	0	0	0	0	0	2.828	0	0	
13	1	0	0	−1.682	0	0	0	0	0	0	0	0	2.828	0	
14	1	0	0	1.682	0	0	0	0	0	0	0	0	2.828	0	
15	1	0	0	0	−1.682	0	0	0	0	0	0	0	0	2.828	
16	1	0	0	0	1.682	0	0	0	0	0	0	0	0	2.828	
17	1	0	0	0	0	0	0	0	0	0	0	0	0	0	
18	1	0	0	0	0	0	0	0	0	0	0	0	0	0	
19	1	0	0	0	0	0	0	0	0	0	0	0	0	0	
20	1	0	0	0	0	0	0	0	0	0	0	0	0	0	

附表10 均匀设计表

(1) $U_5(5^4)$

试验号 \ 列号	1	2	3	4
1	1	2	3	4
2	2	4	1	3
3	3	1	4	2
4	4	3	2	1
5	5	5	5	5

$U_5(5^4)$ 表的使用

因素数	列号
2	1,2
3	1,2,4
4	1,2,3,4

(2) $U_7(7^6)$

试验号 \ 列号	1	2	3	4	5	6
1	1	2	3	4	5	6
2	2	4	6	1	3	5
3	3	6	2	5	1	4
4	4	1	5	2	6	3
5	5	3	1	6	4	2
6	6	5	4	3	2	1
7	7	7	7	7	7	7

$U_7(7^6)$ 表的使用

因素数	列号
2	1,3
3	1,2,3
4	1,2,3,6
5	1,2,3,4,6
6	1,2,3,4,5,6

(3) $U_9(9^6)$

试验号 \ 列号	1	2	3	4	5	6
1	1	2	4	5	7	8
2	2	4	8	1	5	7
3	3	6	3	6	3	6
4	4	8	7	2	1	5
5	5	1	2	7	8	4
6	6	3	6	3	6	3
7	7	5	1	8	4	2
8	8	7	5	4	2	1
9	9	9	9	9	9	9

$U_9(9^6)$ 表的使用

因素数	列号
2	1,3
3	1,3,5
4	1,2,3,5
5	1,2,3,4,5
6	1,2,3,4,5,6

(4) $U_{11}(11^{10})$

列号 试验号	1	2	3	4	5	6	7	8	9	10
1	1	2	3	4	5	6	7	8	9	10
2	2	4	6	8	10	1	3	5	7	9
3	3	6	9	1	4	7	10	2	5	8
4	4	8	1	5	9	2	6	10	3	7
5	5	10	4	9	3	8	2	7	1	6
6	6	1	7	2	8	3	9	4	10	5
7	7	3	10	6	2	9	5	1	8	4
8	8	5	2	10	7	4	1	9	6	3
9	9	7	5	3	1	10	8	6	4	2
10	10	9	8	7	6	5	4	3	2	1
11	11	11	11	11	11	11	11	11	11	11

$U_{11}(11^{10})$ 表的使用

因素数	列号									
2	1	7								
3	1	5	7							
4	1	2	5	7						
5	1	2	3	5	7					
6	1	2	3	5	7	10				
7	1	2	3	4	5	7	10			
8	1	2	3	4	5	6	7	10		
9	1	2	3	4	5	6	7	9	10	
10	1	2	3	4	5	6	7	8	9	10

（5）$U_{13}(13^2)$

试验号 \ 列号												
1	1	2	3	4	5	6	7	8	9	10	11	12
2	2	4	6	8	10	12	1	3	5	7	9	11
3	3	6	9	12	2	5	8	11	1	4	7	10
4	4	8	12	3	7	11	2	6	10	1	5	9
5	5	10	2	7	12	4	9	1	6	11	3	8
6	6	12	5	11	4	10	3	9	2	8	1	7
7	7	1	8	2	9	3	10	4	11	5	12	6
8	8	3	11	6	1	9	4	12	7	2	10	5
9	9	5	1	10	6	2	11	7	3	12	8	4
10	10	7	4	1	11	8	5	2	12	9	6	3
11	11	9	7	5	3	1	12	10	8	6	4	2
12	12	11	10	9	8	7	6	5	4	3	2	1
13	13	13	13	13	13	13	13	13	13	13	13	13

$U_{13}(13^2)$ 表的使用

因素数	列号										
2	1	5									
3	1	3	4								
4	1	6	8	10							
5	1	6	8	9	10						
6	1	2	6	8	9	10					
7	1	2	6	8	9	10	12				
8	1	2	6	7	8	9	10	12			
9	1	2	3	6	7	8	9	10	12		
10	1	2	3	5	6	7	8	9	10	12	
11	1	2	3	4	5	6	7	8	9	10	12
12	1	2	3	4	5	6	7	8	9	10	11	12

(6) $U_{15}(15^8)$

试验号\列号	1	2	3	4	5	6	7	8
1	1	2	4	7	8	11	13	14
2	2	4	8	14	1	7	11	13
3	3	6	12	6	9	3	9	12
4	4	8	1	13	2	14	7	11
5	5	10	5	5	10	10	5	10
6	6	12	9	12	3	6	3	9
7	7	14	13	4	11	2	1	8
8	8	1	2	11	4	13	14	7
9	9	3	6	3	12	9	12	6
10	10	5	10	10	5	5	10	5
11	11	7	14	2	13	1	8	4
12	12	9	3	9	6	12	6	3
13	13	11	7	1	14	8	4	2
14	14	13	11	8	7	4	2	1
15	15	15	15	15	15	15	15	15

$U_{15}(15^8)$ 表的使用

因素数	列号						
2	1	6					
3	1	3	4				
4	1	3	4	7			
5	1	2	3	4	7		
6	1	2	3	4	6	8	
7	1	2	3	4	6	7	10
8	1	2	3	4	5	6	7	8

$$(7)\ U_{17}(17^{16})$$

试验号 \ 列号	1	2	3	4	5	6	7	8	9	10	11	12	13	14	15	16
1	1	2	3	4	5	6	7	8	9	10	11	12	13	14	15	16
2	2	4	6	8	10	12	14	16	1	3	5	7	9	11	13	15
3	3	6	9	12	15	1	4	7	10	13	16	2	5	8	11	14
4	4	8	12	16	3	7	11	15	2	6	10	14	1	5	9	13
5	5	10	15	3	8	13	1	6	11	16	4	9	14	2	7	12
6	6	12	1	7	13	2	8	14	3	9	15	4	10	16	5	11
7	7	14	4	11	1	8	15	5	12	2	9	16	6	13	3	10
8	8	16	7	15	6	14	5	13	4	12	3	11	2	10	1	9
9	9	1	10	2	11	3	12	4	13	5	14	6	15	7	16	8
10	10	3	13	6	16	9	2	12	5	15	8	1	11	4	14	7
11	11	5	16	10	4	15	9	3	14	8	2	13	7	1	12	6
12	12	7	2	14	9	4	16	11	6	1	13	8	3	15	10	5
13	13	9	5	1	14	10	6	2	15	11	7	3	16	12	8	4
14	14	11	8	5	2	16	13	10	7	4	1	15	12	9	6	3
15	15	13	11	9	7	5	3	1	16	14	12	10	8	6	4	2
16	16	15	14	13	12	11	10	9	8	7	6	5	4	3	2	1
17	17	17	17	17	17	17	17	17	17	17	17	17	17	17	17	17

$$U_{17}(17^{16})\ 表的使用$$

因素数	列号														
2	1	10													
3	1	10	15												
4	1	10	14	15											
5	1	4	10	14	15										
6	1	4	6	10	14	15									
7	1	4	6	9	10	14	15								
8	1	4	5	6	9	10	14	15							
9	1	4	5	6	9	10	14	15	16						
10	1	4	5	6	7	9	10	14	15	16					
11	1	2	4	5	6	7	9	10	14	15	16				
12	1	2	3	4	5	6	7	9	10	14	15	16			
13	1	2	3	4	5	6	7	9	10	13	14	15	16		
14	1	2	3	4	5	6	7	9	10	11	13	14	15	16	
15	1	2	3	4	5	6	7	8	9	10	11	13	14	15	16
16	1	2	3	4	5	6	7	8	9	10	11	12	13	14	15	16

(8) $U_{19}(19^{18})$

试验号\列号	1	2	3	4	5	6	7	8	9	10	11	12	13	14	15	16	17	18
1	1	2	3	4	5	6	7	8	9	10	11	12	13	14	15	16	17	18
2	2	4	6	8	10	12	14	16	18	1	3	5	7	9	11	13	15	17
3	3	6	9	12	15	18	2	5	8	11	14	17	1	4	7	10	13	16
4	4	8	12	16	1	5	9	13	17	2	6	10	14	18	3	7	11	15
5	5	10	15	1	6	11	16	2	7	12	17	3	8	13	18	4	9	14
6	6	12	18	5	11	17	4	10	16	3	9	15	2	8	14	1	7	13
7	7	14	2	9	16	4	11	18	6	13	1	8	15	3	10	17	5	12
8	8	16	5	13	2	10	18	7	15	4	12	1	9	17	6	14	3	11
9	9	18	8	17	7	16	6	15	5	14	4	13	3	12	2	11	1	10
10	10	1	11	2	12	3	13	4	14	5	14	6	16	7	17	8	18	9
11	11	3	14	6	17	9	1	12	4	15	7	18	10	2	13	5	16	8
12	12	5	17	10	3	15	8	1	13	6	18	11	4	16	9	2	14	7
13	13	7	1	14	8	2	15	9	3	16	10	4	17	11	5	18	12	6
14	14	9	4	18	13	8	3	17	12	7	2	16	11	6	1	15	10	5
15	15	11	7	3	18	14	10	6	2	17	13	9	5	1	16	12	8	4
16	16	13	10	7	4	1	17	14	11	8	5	2	18	15	12	9	6	3
17	17	15	13	11	9	7	5	3	1	18	16	14	12	10	8	6	4	2
18	18	17	16	15	14	13	12	11	10	9	8	7	6	5	4	3	2	1
19	19	19	19	19	19	19	19	19	19	19	19	19	19	19	19	19	19	19

$U_{19}(19^{18})$ 表的使用

因素数	列号																	
2	1	8																
3	1	7	8															
4	1	6	8	14														
5	1	6	8	14	17													
6	1	6	8	10	14	17												
7	1	6	7	8	10	14	17											
8	1	3	6	7	8	10	14	17										
9	1	3	4	6	7	8	10	14	17									
10	1	3	4	6	7	8	10	14	17	18								
11	1	3	4	5	6	7	8	10	14	17	18							
12	1	3	4	5	6	7	8	10	13	14	17	18						
13	1	2	3	4	5	6	7	8	10	13	14	17	18					
14	1	2	3	4	5	6	7	8	9	10	13	14	17	18				
15	1	2	3	4	5	6	7	8	9	10	11	13	14	17	18			
16	1	2	3	4	5	6	7	8	9	10	11	12	13	14	17	18		
17	1	2	3	4	5	6	7	8	9	10	11	12	13	14	16	17	18	
18	1	2	3	4	5	6	7	8	9	10	11	12	13	14	15	16	17	18

(9) $U_{21}(21^{12})$

试验号 \ 列号	1	2	3	4	5	6	7	8	9	10	11	12
1	1	2	4	5	8	10	11	13	16	17	19	20
2	2	4	8	10	16	20	1	5	11	13	17	19
3	3	6	12	15	3	9	12	18	6	9	15	18
4	4	8	16	20	11	19	2	10	1	5	13	17
5	5	10	20	4	19	8	13	2	17	1	11	16
6	6	12	3	9	6	18	3	15	12	18	9	15
7	7	14	7	14	14	7	14	7	7	14	7	14
8	8	16	11	19	1	17	4	20	2	10	5	13
9	9	18	15	3	9	6	15	12	18	6	3	12
10	10	20	19	8	17	16	5	4	13	2	1	11
11	11	1	2	13	4	5	16	17	8	19	20	10
12	12	3	6	18	12	15	6	9	3	15	18	9
13	13	5	10	2	20	4	17	1	19	11	16	8
14	14	7	14	7	7	14	7	14	14	7	14	7
15	15	9	18	12	15	3	18	6	9	3	12	6
16	16	11	1	17	2	13	8	19	4	20	10	5
17	17	13	2	1	10	2	19	11	20	16	8	4
18	18	15	9	6	18	12	9	3	15	12	6	3
19	19	17	13	11	5	1	20	16	10	8	4	2
20	20	19	17	16	13	11	10	8	5	4	2	1
21	21	21	21	21	21	21	21	21	21	21	21	21

$U_{21}(21^{12})$ 表的使用

因素数	列号
2	1　13
3	1　4　10
4	1　4　10　13
5	1　4　10　16　19
6	1　4　10　13　16　19
7	1　4　10　13　16　19　20
8	1　4　5　8　10　11　17　19
9	1　2　4　5　8　10　11　17　19
10	1　2　4　5　8　10　11　16　17　19
11	1　2　4　5　8　10　11　13　16　17　19
12	1　2　4　5　8　10　11　13　16　17　19　20